HTML5 移动Web开发指南

唐俊开 著

電子工業出版社
Publishing House of Electronics Industry
北京•BEIJING

内 容 简 介

本书主要围绕HTML5技术，讲述如何利用HTML5相关技术开发移动Web网站和Web App应用程序。本书共分为四大部分，第一部分主要讲述Web技术的发展及HTML5标准在移动Web技术中的应用；第二部分主要介绍HTML5的新功能和新特性如何在移动设备浏览器中使用及相关展望；第三部分主要介绍目前比较流行的两套JavaScript移动开发框架jQuery Mobile、Sencha Touch，以及PhoneGap，并配备丰富的例子作为实践；第四部分主要结合Sencha Touch框架库和HTML5技术构建进行讲解，旨在帮助读者将HTML5技术运用于实践之中。

本书是为从未接触过HTML5新技术但同时又对移动Web技术感兴趣的读者而编写的。如果你有一定的HTML开发经验，将会更容易掌握HTML5知识。

同时，如果你是如下几类人群之一，那么本书非常适合你阅读。

- 有一定基础或者未来计划的职业是Web前端开发工程师。
- 具有一定HTML基础的UI设计师。
- Web项目中的项目经理以及策划人员。
- 对手机Web开发技术感兴趣的开发者。
- 开设计算机课程的高等院校及培训机构的师生。

此外，本书也适合熟悉Java、PHP、ASP.NET等后端Web技术的开发者阅读。

图书在版编目（CIP）数据

HTML5移动Web开发指南 / 唐俊开著. —北京：电子工业出版社，2012.3
ISBN 978-7-121-16083-7

Ⅰ. ①H… Ⅱ. ①唐… Ⅲ. ①超文本标记语言，HTML 5－程序设计－指南 Ⅳ. ①TP312-62

中国版本图书馆CIP数据核字（2012）第028043号

策划编辑：张春雨
责任编辑：葛 娜
特约编辑：高洪霞
印 刷：北京天宇星印刷厂
装 订：北京天宇星印刷厂
出版发行：电子工业出版社
北京市海淀区万寿路173信箱 邮编 100036
开 本：787×980 1/16 印张：24 字数：468千字
版 次：2012年3月第1版
印 次：2016年7月第11次印刷
印 数：19501～21500册 定价：59.00元

凡所购买电子工业出版社图书有缺损问题，请向购买书店调换。若书店售缺，请与本社发行部联系，联系及邮购电话：（010）88254888，88258888。

质量投诉请发邮件至 zlts@phei.com.cn，盗版侵权举报请发邮件至 dbqq@phei.com.cn。

本书咨询联系方式：（010）51260888-819，faq@phei.com.cn。

前　言

你是否使用过智能手机浏览真正的网页？

你在使用智能手机浏览网页时会感到困惑吗？

你是否想知道智能手机上的 Web 网页是如何实现的？

如果你存在以上的问题并想解决，那么阅读本书将是你的最佳选择。

HTML5 从讨论到实践

现今，HTML5 已经成为互联网的热门话题之一。2011 年的 HTML5 发展得非常快，各大浏览器开发公司如 Google、苹果、微软、Mozilla 及 Opera 的最新版本浏览器都纷纷支持 HTML5 标准规范。在桌面端 Web 技术领域，HTML5 标准的强大已经开始威胁 Adobe 公司的 Flash 在 Web 上的统治地位。然而，在移动端 Web 技术领域，由于历史的原因，HTML5 标准才刚刚起步，但随着 HTML5 和 CSS3 逐渐兴起，其强大的特性在移动 Web 应用当中得到了非常好的发挥。

随着 HTML5 网站、HTML5 应用软件及 HTML5 游戏不断涌现，让我们更加有理由相信未来 HTML5 技术将会成为我们在计算机行业当中必备的专业知识。因此，我希望能够借助此书帮助国内的 Web 开发从业者或者即将在此行业发展的读者，在学习 HTML5 的同时也能掌握移动 Web 技术。

为什么写作本书

2011 年是 HTML5 实践的一年，无论是国外的开发者，还是国内的开发者，都热衷于研究 HTML5 新标准究竟能给我们带来什么。由于 HTML5 技术非常新，国内很多开发者在实践过程中经常遇到非常多的困难，例如如何入门与解决 BUG 等常见问题，都很难找到解答问题的中文资源。因此，开发者们亟需一本能够带领他们入门的 HTML5 书籍。

2011 年也是移动互联网高速发展的一年，随着 iPhone、Android 等智能设备的迅速普及，以及 Web 技术跨平台等优点更广泛的为人所知，移动 Web 技术逐渐成为大家关注的新热点之一。目前，国内移动 Web 技术中文资源相对缺乏，社区尚待不断发展，很多开发者仍处于探索研究阶段。同时也有部分准备进入移动 Web 开发领域的新手，苦于入门困难，而难以上手。因此，一本介绍移动 Web 开发的书籍便成为开发者最渴望的资源之一。

基于上述两种原因，作者认为需要编写一本能够利用 HTML5 新技术开发移动 Web 应用的入门书籍，令广大读者在真正学习到 HTML5 新技术的同时，也能快速掌握移动 Web 开发的基础知识。

关于本书

本书主要围绕 HTML5 技术，讲述如何利用 HTML5 相关技术开发移动 Web 网站和 Web App 应用程序。全书共分为四大部分。

第一部分概述了移动互联网时代的 Web 技术发展情况，介绍了在移动设备上的 Web 技术发展现状，同时还列举出有哪些 HTML5 新技术能够应用于移动 Web 应用。

第二部分主要介绍 HTML5 标准的新功能和新特性，其中包括新元素、本地存储、离线功能、表单、CSS3、Geolocation 地理定位。在介绍基本知识的同时，结合 HTML5 技术如何应用于移动设备 Web 浏览器，进行简单的入门讲解及相关展望。

第三部分主要介绍目前比较流行的 HTML5 移动开发框架：jQuery Mobile、Sencha Touch，以及 PhoneGap，并通过丰富的例子介绍框架中各个组件的基本用法。

第四部分是一个综合例子，主要结合 SenchaTouch 框架类库和 HTML5 技术构建生活轨迹 Web App 应用程序，旨在帮助读者加深对 HTML5 技术的理解并能应用于实践之中。

不足之处在于，本书并没有全面地介绍 HTML5 技术，但这并不代表 HTML5 的其他知识点不能适用于移动 Web 开发。毕竟 HTML5 是一个新生事物，它的标准规范仍然在制定之中，而它的不断发展对于未来的移动 Web 技术的发展，必将有很大的推动作用。

本书在编写过程中参考了下列网站、社区及官方文档等，并引用了部分内容。

- HTML5 研究小组官方网站
- Sencha Touch 官方接口文档及 demo 例子
- jQuery Mobile 官方接口文档
- PhoneGap 官方网站及接口文档
- PhoneGap 中国（http://www.phonegap.cn）

本书第 11 章源码的下载地址为：http://www.broadview.com.cn/16083。

读者对象

本书是为从未接触过 HTML5 新技术但同时又对移动 Web 技术感兴趣的读者而编写的。如果你有一定的 HTML 开发经验，将会更容易掌握 HTML5 知识。

同时，如果你是如下几类人群之一，那么本书非常适合你阅读。

- 有一定基础或者未来的职业规划是 Web 前端开发工程师。
- 具有一定 HTML 基础的 UI 设计师。
- Web 项目中的项目经理以及策划人员。
- 对手机 Web 开发技术感兴趣的开发者。
- 开设计算机课程的高等院校及培训机构的师生。

此外，本书也适合熟悉 Java、PHP、ASP.NET 等后端 Web 技术的开发者阅读。

致谢

在本书的写作过程中，得到了很多人士的悉心帮助。在此谨向给予本书帮助的诸位及我所参考的网站社区、官方网站表示诚挚的感谢。特别感谢 HTML5 研究小组负责人田爱娜女士给予了很大的帮助和支持，她推荐的很多专业人士对本书提供了很多中肯的建议。

另外，由于时间及水平有限，在本书编写过程中可能存在一些对 HTML5 及移动 Web 技术认识不全面或者表述错漏的地方，敬请读者批评指正。作者的联系邮箱为 imsankyu@qq.com，新浪微博是@三桥 sankyu。谨以最真诚的心希望能与读者共同交流，共同成长。

目　录

第 1 章

移动互联网时代的 Web 技术

移动互联网的发展速度已经远远超出我们的估计，在一个全新的领域里，Android、iOS 等新技术在移动互联网领域成为最热点的话题之一。与此同时，跨平台的 HTML5 应用在未来更有可能对移动互联网领域起到巨大的影响。

本书将主要介绍 HTML5 的一些新标准及新特性，同时结合移动互联网领域，将为读者带来全新的技术体验，甚至可以让只有 Web 技术基础的你同样能参与移动互联网开发。

1.1 移动互联网的发展

当前，随着 3G 网络的不断普及，全球各国运营商都相继推出 3G 移动互联网业务，移动互联网业务应用也日益完善。同时使用移动互联网业务的用户规模持续地增长，使更多的传统互联网厂商看到未来的发展方向。

当 3G 网络在国内得到正式商用后，国内的移动互联网业务逐渐发展起来。同时，Android 和 iPhone 等智能手机的出现，更让移动互联网领域得到充分的发挥。在未来，移动互联网业务将会朝着多元化的方向发展。

1. 移动广告

移动互联网在未来高速发展阶段的趋势，必定会带动移动广告业务的发展。目前已经有不少的创业者开始尝试该领域。

2. 移动搜索

目前，各大搜索引擎公司相继把其桌面浏览器的搜索网站搬到移动领域。相信在未来几年内，移动搜索将会为移动用户提供更便利的搜索体验。

3．移动购物

移动购物即用户通过移动设备（如手机）接入无线互联网购买商品或服务的业务。在国内，淘宝等网站已经开展手机在线购物业务，但发展的效果并不理想。其原因是目前受到 Web 技术的限制以及用户的使用习惯等问题导致了移动 Web 还在初级阶段。随着 Web 技术的不断发展，移动购物必定会得到用户的认同和广泛应用。

4．移动社交网络

正当传统互联网 Web 2.0 模式的社交网络热火朝天的时候，移动互联网悄悄地进入了用户的生活当中，它们通过各种手机和平板电脑就能实现社交和分享。与传统互联网相比，移动互联网的社交功能前景更加乐观，目前 QQ、Facebook、微博等传统社交网站或应用已经在移动社交领域占有一份子。

5．多媒体

在 3G 网络出来之前，手机用户使用最多的多媒体业务是铃声、彩铃、图片下载等手机业务。随着 3G 网络及无线网络的发展，用户可以通过无线互联网享受音乐、电影、动画等多种服务。

6．移动游戏

以现在手机的发展速度来看，未来手机必定成为游戏厂商开发和推广游戏的平台之一。特别是在这个移动互联网时代，3G 上网速度的提升，必然会引发一场移动互联网的网游争夺战。

1.2 智能手机发展迅速

Android 和 iOS 平台的智能手机伴随着移动互联网的发展，让越来越多的应用程序在其平台下的软件市场发布软件。同时，各家公司为了使自己的产品线能够更快地在移动互联网上占有市场份额，也纷纷将自己的产品线布局到移动设备上。因此，移动互联网大战一触即发。

1．WAP 1.0 时代

实际上，早在 2000 年的时候，移动互联网已经进入了我们的生活当中，这个时候手机所提供的功能有限，基本上都是只提供铃声、彩铃、图片等服务内容。这种服务使相当一部分创业者在短期内得到可观的收入，这个时代通常被称为 SP 时代。但是，这种服务只能满足部分手机用户的低层次需求。

2．WAP 2.0 时代

直到 2006 年，智能手机得到不断发展，手机用户的需求开始产生变化，各种新的手机应用不断推出，如新闻类资讯、即时聊天等。事实上，这些新的应用也只不过是在 SP 时代功能基础上的升级，这就是 WAP 2.0 时代。

3．3G 时代

进入 3G 时代，移动互联网发展速度非常快，特别是以谷歌、苹果为首的 Android 和 iOS 平台的手机推出后，智能手机的功能逐渐变得非常强大，例如 WIFI 无线联网、蓝牙、加速计、指南针、重力感应、数据存储等功能，让智能手机变得不再是一部简单的手机。

Android 平台手机和 iOS 平台的 iPhone 在中国乃至全球的手机市场份额不断扩大，越来越多的用户愿意尝试使用这种新平台的智能手机，其原因有以下几点。

（1）硬件设备的提升

手机经过十多年的发展，其硬件设备相比十年前已经发生翻天覆地的变化。各种单核、双核甚至四核 CPU 的智能手机不断推出，其运算速度得到很大的提升，为大型软件和游戏提供了最好的硬件基础。

（2）平台的开放性

Android 平台以免费开源的方式打破了过去手机操作系统的封闭性，让各个手机制造商可以利用 Android 平台制造出用户体验更好、功能更强大的手机。虽然 iOS 平台没有像 Android 那样开放源代码，但是 iOS 和 Android 都提供非常丰富的 API 接口和文档，开发者可以通过其提供的 API 接口开发出极具创意的应用程序。

（3）更好的用户体验

过去，Symbian 系统占据着整个手机系统市场的半壁江山。然而使用 Symbian 系统的手机只是一款符合手机用户操作习惯的移动电话。但是运行 Android 或 iOS 的手机更像是一款移动掌上设备。它们不仅提供手机最基本的功能，还能使用许多丰富的软件、游戏开发接口以及可定制的用户界面库。这就使得手机用户可以使用用户体验更好、更具创意的应用软件。

（4）丰富的应用程序

目前基于 iOS 平台的 App Store 软件商店上软件数量已经超过 30 万，Android 平台的 Android Market 软件市场上软件数量更是已经超过 App Store。以目前这样的应用程序数量发展情况来看，手机用户没有不使用它们的理由。

（5）创业机会

Android 平台的开发采用的是 Java 语言，它是目前最流行的语言之一，而 iOS 平台则采用类似 C 的 Object-C 语言。这两种语言对于开发者来说并不陌生，要真正去学习这两个平台的开发，其成本非常低。基于此原因，很多开发者都会利用这个契机去实现创业梦想，同时通过开发各种应用程序，并结合移动网络、社交功能、网上支付等重要功能，不断寻找这些应用程序的赢利方向。

1.3 智能手机的 Web 浏览器

随着智能手机的发展，Android 平台手机、iOS 平台的 iPhone、黑莓（BlackBerry）手机不断推出各种应用程序。然而，它们都各自内置有一款令人感到陌生的应用程序，就是移动 Web 浏览器，例如：

- Android 中的 Android Browser
- IOS 中的 Mobile Safari
- BlackBerry 中的 Webkit 浏览器
- Symbian S60 中的 Web Browser for S60

这些移动 Web 浏览器不同于过去的 WAP 浏览器，它能识别和解释 HTML、CSS、JavaScript 等代码，而且它们都有一个共同的特点就是其浏览器的核心都是基于 Webkit。随着 iOS 5.0 版本的发布，Safari 浏览器已经成为移动端表现最好的 Web 浏览器。

虽然 Symbian 最新版本已经开始自带有 Webkit 核心的浏览器，但从目前情况来看，它并没有像其余三种平台那样得到广泛使用。

基于 Webkit 的浏览器

Webkit 实际上是一种浏览器引擎，同时也是一个开源的项目，其起源可以追溯到 Kool Desktop Environment（KDE）。在桌面浏览器中，Chrome 谷歌浏览器、Apple 的 Safari 浏览器都已经内置了 Webkit 引擎，并支持 HTML5 和 CSS3 特性。在移动端方面，黑莓更是直接将 Webkit 浏览器内置到平台当中。

Mobile Safari 和 Android Browser 作为两大平台内置的移动 Web 浏览器，更是继承各自桌面端浏览器的特点，既支持 Webkit 引擎特性，也支持 HTML5 和 CSS3 的多项特性。

移动 Web 浏览器所带来真正意义上的改变，就是可以通过浏览器直接访问任何通过 HTML 静态语言或类似 PHP、ASP.NET 等动态语言构建的 Web 网站或应用程序，而不仅仅是 WAP 网站。

如图 1-1 所示的是在 iPhone 的 Mobile Safari 下访问 Google 首页效果图。

图 1-1　Google 首页在 iPhone Mobile Safari 下的效果图

从图 1-1 中可以看到，虽然我们通过 Mobile Safari 访问 Google 首页，页面被完全缩放到整个手机屏幕的大小，原有的页面文字大小和图片就会自动缩放以适应屏幕的大小，但是以这种屏幕大小，根本无法正常浏览页面内容。

针对上面提到的这种情况，可以通过 iPhone 触摸特性，在屏幕中利用滚动、放大、缩小等方式来浏览 Web 页面，然而这种方式对于手机用户来说操作非常烦琐，通常都需要放大、滚动等多个步骤才能到达目标页面内容。因此，这种用户体验非常不合理。

为了更合理地显示 Web 页面，需要根据智能手机的屏幕大小重构 Web 页面的体验。如图 1-2 所示是 Google 针对智能手机 Web 浏览器的屏幕大小重构其首页布局效果图。

图 1-2　Google 移动版首页在 iPhone 下的页面效果

经过图 1-2 所示改良后的 Google 首页，页面已经能自适应屏幕的大小。此外，Google 首页根据屏幕的实际大小，调整了页面顶部的导航区域，让用户可以更清楚地知道当前有哪些模块页面可以直接访问。

接着，搜索区域也根据屏幕的大小调整了搜索框长度，并将搜索按钮从传统网页版的长按钮替换成类似一个图标的按钮。

从 Google 首页的两种页面分析页面显示效果可以看出，智能手机的移动 Web 浏览器具有以下几个特点：

（1）有限的屏幕尺寸。

由于智能手机屏幕尺寸的原因，例如 iPhone 4 的实际屏幕尺寸是 320×480 或 480×320

（横向），传统的 Web 网站在移动 Web 浏览器中很难给用户完美体验，因此需要根据智能手机的屏幕大小定制移动版 Web 应用程序。

（2）触屏、缩放。

在移动互联网时代，触屏手机的大规模应用及手机应用范围的转变，使触摸屏成为行业的大趋势。其中 Web 页面浏览、下载、消费等都成为主要应用场景，用户可以直接在屏幕上进行触摸、点击来完成交互操作。

（3）硬件设备的提升。

智能手机硬件的不断升级换代，使 Apple 的 Mobile Safari 和 Android 的 Android Browser 两种移动 Web 浏览器得到更好的发展，同时能够充分利用 CPU 等硬件的更高性能去做更多的事情。

（4）基于 Webkit 内核。

移动 Web 浏览器支持各种 Web 技术标准，并且支持 HTML5 和 CSS3 大部分标准。

1.4　移动 Web 应用的发展

自 2007 年 Apple 公司发布了第一款 iPhone 手机后，基于移动终端的 Web 应用便得到发展。当时 Apple 公司并不允许第三方开发者开发其 iPhone 应用软件，只允许他们开发基于 Web 的应用。

2008 年，Apple 正式推出 iPhone SDK，并开放 App Store 应用软件市场，这种创新不仅给第三方开发者带来了巨大利益，同时也使 Apple 的移动设备事业进入高速、稳定的发展轨道。SDK 的推出，让原本需要开发基于 Web 应用的第三方开发者几乎都转向 iPhone SDK 的开发。

现在，移动智能设备之所以能够风靡全球，除了因其具有强大的硬件特性外，更重要的是它们拥有庞大的软件应用数量。特别是在 App Store 和 Android market 上的应用都是基于两大公司（Apple 和 Google）提供 SDK 给第三方开发者进行开发的。Apple 提供的是基于 Object-C 语言的 iOS SDK 应用开发，Google 提供的是基于 Java 语言的 Android SDK 应用开发。

基于原生 SDK 的开发存在以下几点优势：

- 更好的用户体验和交互操作；

- 不受网络限制，节省带宽成本；
- 可以充分发挥设备硬件和操作系统的特性。

原生 SDK 在开发应用软件方面的优势非常明显，但仍存在一些不足之处，例如：

- 平台间移植困难，存在版本间的兼容问题的风险；
- 开发周期长，维护成本高，调试困难；
- 需要依赖第三方应用商店的审核上架，如 App Store。

除了基于 SDK 开发方式外，移动智能设备还支持 Web 开发方式，例如 iPhone 上的 App Store 就是典型的 Web App 应用软件。尤其是 HTML5 和 Webkit 的不断发展，让移动 Web 应用变得更加强大。

与原生 SDK 开发相比，基于 Web 的应用开发存在以下几点优势：

- 开发效率高，成本低；
- 跨平台应用，界面风格统一；
- 调试和发布方便，一次编写，云端升级；
- 无须安装或更新。

基于 Web 的开发方式虽然在跨平台方面有优势，但并不是所有原生 SDK 应用都适合通过 Web 方式实现，还存在一些问题，例如：

- 无法发挥本地硬件和操作系统的优势；
- 受网络环境的限制；
- 难以实现复杂的用户界面效果。

将原生 SDK 应用和基于 Web 应用进行比较来看，两种开发模式各有其优点。目前来看原生 SDK 应用能发挥出智能手机特性的最大效果，而基于 Web 应用则更适合一些传统的 Web 站点建立移动 Web 版本。

HTML5 标准及 Webkit 项目的推进，对于移动 Web 的发展有着重要的影响。下一节我们将介绍目前有哪些 HTML5 技术标准适合应用在移动 Web 应用程序中。

1.5 基于 HTML5 的移动 Web 应用

基于 Webkit 内核的浏览器的一个最大特点就是支持 HTML5 和 CSS3 标准。基于 HTML5、CSS3 和 JavaScript 的移动应用程序将会是未来的趋势。

作为下一代 Web 技术标准，HTML5 标准定义的规范非常广泛，以下标准在目前的移动浏览器中已得到支持。

1. Canvas 绘图

HTML5 标准最大的变化就是支持 Web 绘图功能。Canvas 绘图功能非常强大，如图形绘制、路径绘制、变形、像素绘图、动画等。用户可以通过获取 HTML 中 Dom 元素 Canvas，并调用其渲染上下文的 Context 对象，使用 JavaScript 进行图形绘制。

现在已经有至少 10 种基于 HTML5 图表的开源 JavaScript 类库。如图 1-3 所示是 Sencha Touch Charts 图表框架库的 Demo 例子在 iPhone Safari 下的浏览效果。

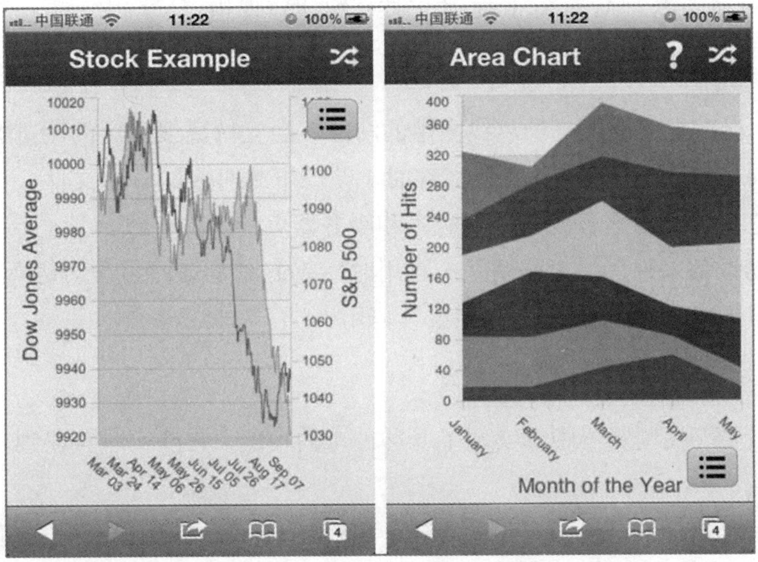

图 1-3　Sencha Touch Charts 在 iPhone Safari 下的效果图

2. 多媒体

Apple 的 iOS 在平台默认情况下不支持播放 Flash 文件。HTML5 的多媒体标准就是 Apple 公司的最佳解决方案，因为它不需要任何插件，只需要几个页面标签就能实现多媒体的播放。

HTML5 标准中的多媒体，Video 视频和 Audio 音频正好弥补了多年来需要插件才能播放 Flash 模式的缺陷。现在只需要利用 Video 和 Audio 只通过简单几行页面代码，就能播放互联网上的各种视频文件。

可是，各家浏览器提供商对多媒体标准所支持的播放格式不一致，导致多媒体标准的发展无法像其他标准那样大放异彩。例如 Google 的 Chrome 最新版本支持的多媒体视频格式是：Ogg、MPEG4、WebM，而 Apple 的 Safari 则只支持 MPEG4。

因此，真正在移动设备的 Web 浏览器上实现多媒体功能还尚需时日。

3．本地存储

为了满足本地存储数据的需求，HTML5 标准中新增两种存储机制，Web Storage 和 Web SQL Database。前者通过提供 key/value 方式存储数据，后者通过类似关系数据库的形式存储数据。

移动 Web 浏览器对 Web Storage 的支持情况比较理想。

4．离线应用

HTML5 标准规范提供一种离线应用的功能。当支持离线应用的浏览器检测到清单文件（Manifest File）中的任何资源文件时，便会下载对应的资源文件，将它们缓存到本地，同时它也保证本地资源文件的版本和服务器上的保持一致。

对于移动设备来说，当无网络状态可用时，Web 浏览器便会自动切换到离线状态，并读取本地资源以保证 Web 应用程序继续可用。

5．使用地理位置

现在，很多现代浏览器中都实现了一种神奇的功能，它能实时获取到你当前在地图上所在的位置。

虽然地理定位标准严格上来说并不属于 HTML5 标准规范的一部分，但它已经逐渐得到大部分浏览器的支持。

6．移动 Web 框架

因为有了 Webkit 和 HTML5 的支持，越来越多的 Web 开发者开始研究基于移动平台的 Web 应用框架，例如基于 jQuery 页面驱动的 jQuery Mobile、基于 ExtJS 架构的 Sencha Touch，以及能打通 Web 和 Native 两者之间通道的 PhoneGap 框架。

目前基于 HTML5 移动 Web 框架存在两种不同的开发模式：基于传统 Web 的开发和基于组件式的 Web 开发。

基于传统 Web 的开发模式，就是在传统 Web 网站上，根据移动设备（如手机）平台的特点展示其移动版的 Web 站点。目前最能体现该开发模式优势的 Web 框架是 jQuery Mobile。通过使用 CSS3 的新特性，Media Queries 模块在实现一个站点同时能自适应任何设备，包括桌面电脑和智能手机。

基于组件式的 Web 开发有些类似于 Ext 所提供的富客户端开发模式，在该模式下几乎所有的组件或视图都封装在 JavaScript 内，然后通过调用这些组件展示 Web 应用。这种模式的最佳代表是 Sencha Touch。

在本书的后续章节中，我们将会为读者介绍 jQuery Mobile 和 Sencha Touch 两套移动 Web 应用框架的基本知识。

第 2 章

移动设备 HTML5 页面布局

本章主要结合移动设备（手机和平板电脑）的特性，介绍 HTML5 中新增的语义化标签元素，以及在移动 Web 浏览器下 Web 页面布局的知识及例子。

HTML5 标准添加的新元素当中，用于标识常见页面结构的包括：section、header、footer、nav、article 和 mark 等。

2.1 页面语义化简介

2.1.1 HTML5 新语义元素概述

1. header

<header>元素定义文档的页面组合，通常是一些引导和导航信息。而定义中说明<header>标签内通常包含 section 的头部信息，如 h1～h6 或 hgroup 等，但这不是必需的。同时也可以包含列表、搜索框或主题相关的 Logo。如下代码所示：

```
<header>
        <h1>这是一本 HTML5 移动开发书籍</h1>
        <p>本章主要介绍 HTML5 新标签含义</p>
</header>
```

实际上，这是一段带有含义的 HTML 标签，用来表示头部信息，里面还有 h1 和 p 的内容，而且与以下的页面代码是一致的。

```
<div class="header">
        <h1>这是一本 HTML5 移动开发书籍</h1>
        <p>本章主要介绍 HTML5 新标签含义</p>
</div>
```

2. footer

<footer>元素定义文档或章节的末尾部分，通常包含一些章节的基本信息，如作者信息、相关链接及版权信息。而联系信息相关的内容一般会配合<address>标签。例如以下代码：

```
<footer>
    <p>私隐信息 | 版权信息</p>
    <p>关于我们 | 联系我们</p>
</footer>
```

需要注意的是，一个 HTML 页面上可以允许有一个或多个 header 和 footer。

在 footer 标签内，不仅可以包含 p 标签等相关内容，同时也可以插入比如 nav、ul、div 等其他元素。因此需要根据实际情况而布局页面。从上述代码可以看出，虽然 footer 标签的内容插入了部分版权信息及相关的联系信息，但并不是带含义的内容，下面将介绍 nav 元素，它可以帮助此部分含有语义内容。

3. nav

<nav>元素定义为用来构建导航，显示导航链接。nav 标签的主要作用是放入一些当前页面的主要导航链接，例如在页脚显示一个站点的导航链接。我们将刚才 footer 标签的实例代码稍微更改一下，以表达导航语义的性质，如下代码所示：

```
<footer>
    <nav>
        <ul>
                <li><a href="/privacy.html">私隐信息</a></li>
                <li><a href="/copyright.html">版权信息</a></li>
                <li><a href="/aboutus.html">关于我们</a></li>
                <li><a href="/contactus.html">联系我们</a></li>
        </ul>
    </nav>
</footer>
```

代码改写后，footer 页脚内容在页面中已经表达出基本的含义，这就是一个页脚的导航链接列表。当然，nav 标签并不仅限于使用在 footer 中，其具体使用的地方并没有严格的要求。一般情况下，作为导航标签，在页面中任意地方都可以使用 nav 元素。但是为了更好地对页面进行规划和被搜索引擎收录，建议在真正含有导航功能意义的地方，才使用 nav 元素标签。

4．aside

<aside>元素定义一个页面的区域，用来表示包含和页面相关的主要内容，其作用主要是装载非正文类的内容，例如广告、侧边栏等。在传统的 WordPress 博客模板中，其基本的布局主要是两栏或三栏布局，如图 2-1 所示。

其中图 2-1 所示的布局方式属于典型的博客页面布局，该布局的右侧边栏部分，即<div class="aside"></div>区域，从页面的功能分布来看，一般作为页面主要内容的额外信息部分，可以归结为非正文类的内容。基于这样的功能区域，我们可以使用 aside 元素标签作为该页面区域，用来表示非正文类内容。同时，<div class="banner">区域、<div class="footer">区域及<div class="nav">区域都可以调整成前面提到的几个 HTML5 元素标签，如图 2-2 所示。

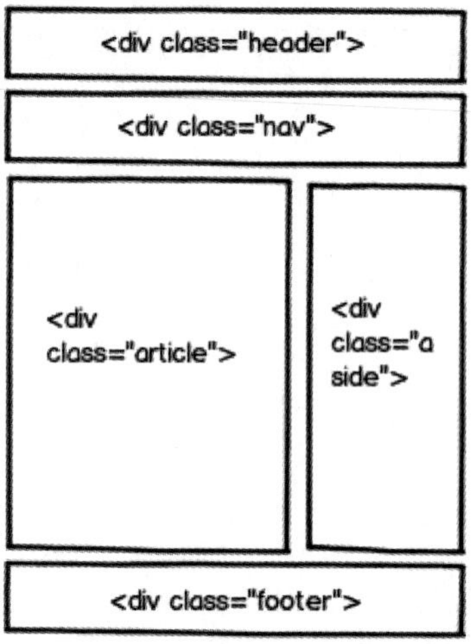

图 2-1　采用 div+css 元素布局页面

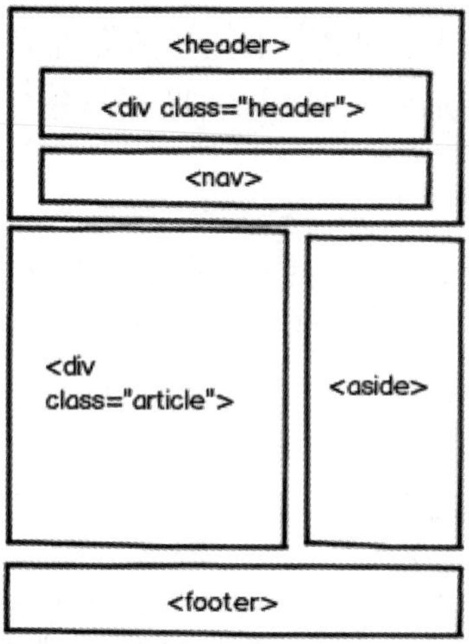

图 2-2　采用 HTML5 新元素布局

5．article

在 HTML5 规范中，article 元素表示文档、页面，用来显示一块独立的文章内容，如一则网站新闻、一篇博客文章等。article 标签是可以相互嵌套的。例如如下代码：

```
<article>
    <header>
        <h1>HTML5 新元素 article 示例标题</h1>
    </header>
    <p>article 新元素内容区域</p>
    <footer>
```

```
        <ul>
            <li>文章标签 1</li>
            <li>文章标签 2</li>
        </ul>
    </footer>
</article>
```

我们来解释一下上述代码。代码中使用 article 表示一篇文章主题内容元素，其内主要由三部分组成。其中 header 部分主要表示文章的头部信息，一般包含标题、时间、作者等信息，代码中使用 h1 元素表示文章的标题。第二部分目前使用 p 元素表示文章的主体内容。第三部分是 footer，该部分一般包含文章标签等相关信息。

6．section

在 HTML5 规范中，section 元素定义为文档中的节。比如章节、页眉、页脚或文档中的其他部分。例如如下代码：

```
<article>
    <section>
        <h1>Apple<h1>
        <p>iPhone 手机内置的移动 Web 浏览器是 Mobile Safari</p>
    </section>
    <section>
        <h1>Google</h1>
        <p>Android 平台下自带的移动 Web 浏览器是 Android Browser</p>
    </section>
</article>
```

7．hgroup

HTML5 将 hgroup 标签定义为对网页或区段的标题元素进行组合，通常使用多级别的 h1～h6 标签节点进行分组，例如副标题、标签行等。例如：

```
<header>
        <hgroup>
            <h1>这是一本 HTML5 移动开发书籍</h1>
            <h2>本章主要介绍 HTML5 新标签含义</h2>
        <hgroup>
</header>
```

代码中，我们在 header 内使用 hgroup 元素表示一组信息。hgroup 内共有 h1 和 h2 两部分元素内容，它们都分别表示为主标题和副标题等。

对于 hgroup 元素的用法，虽然没有严格的要求，但适当的使用 hgroup 元素对于 SEO 有一定的好处，因此 hgroup 标签内建议使用 h1－h6 标签。

2.1.2 更多 HTML5 新元素

实际上，除了上一节我们介绍的语义标签外，在 HTML5 的标准中还定义了更多不同语义的标签。

- audio：定义音频内容；
- canvas：定义画布功能；
- command：定义一个命令按钮；
- datalist：定义一个下拉列表；
- details：定义一个元素的详细内容；
- dialog：定义一个对话框；
- keygen：定义表单里一个声称的键值；
- mark：定义有标记的文本；
- output：定义一些输出类型；
- progress：定义任务的过程；
- source：定义媒体资源；
- video：定义一个视频内容。

虽然 HTML5 标准中新增了很多新的元素，但实际上在移动 Web 应用中使用的机会并不多。

canvas、audio 及 video 等标签虽然可以在移动 Web 应用中得到实践，但由于其性能、兼容性以及页面渲染等原因，它们还不能很好地应用到智能手机以及平板电脑的 Web 浏览器上。

2.2 页面结构与移动设备的布局

在上一节我们介绍了 HTML5 一些新的语义元素及如何使用这些新元素。接下来我们将为读者探讨目前智能手机或平板电脑上的各种软件界面布局结构，以及如何将这些新元素应用到 Web 页面布局中。

2.2.1　常见的移动应用布局

智能手机和平板电脑的 Web 应用与传统桌面电脑的应用相比，存在以下几点区别：

- 硬件的配置。传统的 PC 及笔记本电脑硬件配置都相对强大，各种浏览器对硬件的要求已经无须太多的限定。而智能手机和平板电脑，受限于体积超小，特别是智能手机，其 CPU 性能相比普通电脑要低很多，内置的浏览器就不得不考虑硬件因素，因此智能手机和平板电脑的 Web 浏览器功能相对有限。
- 屏幕的大小。桌面电脑经过多年的发展，现在显示器的屏幕分辨率已经能够达到 1024×768 及更高的 1280×1024 等。因此我们访问的网站，依然可以根据实际需求开发各种 Web 应用。但智能手机（平板电脑有所不同）的屏幕分辨率不高，无法将普通网页全屏显示在智能手机上，就算通过屏幕放大缩小也可访问传统的网页，也由于用户体验不佳，很难得到实际的应用。

因此移动 Web 应用程序需要另外一种更好的页面体验。HTML5 正好可以满足移动 Web 应用的需要，而且 Android Browser 及 iOS Safari 都良好地支持 Webkit，也就可以使用 CSS3 等功能实现原生应用程序的 UI 界面。

如图 2-3 所示的是一个在 iPhone 上的应用程序 UI 界面。

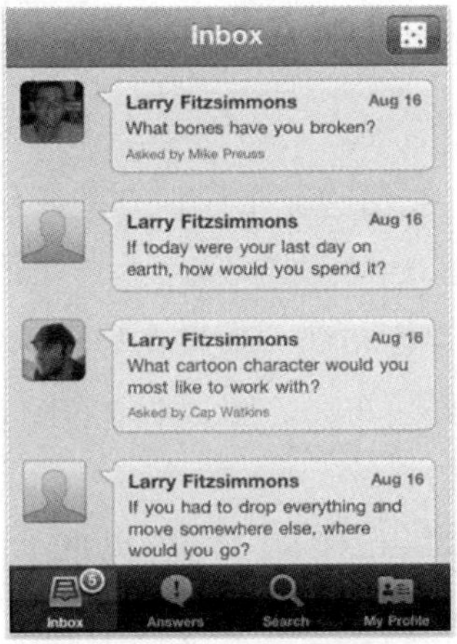

图 2-3　iPhone 应用程序 UI

图 2-3 所示是 iPhone 常见的 UI 布局方式，如果使用 HTML 语义来分析，主要分为

三个部分，第一部分是 header 部分，包括标题及一些操作按钮；第二部分是中间 article 部分，此部分是正文区域，主要显示详细的内容；第三部分是 footer 部分，此部分采用 nav 导航的特性，显示各种可选的导航菜单。

再来看如图 2-4 所示的 facebook 在 iPhone 中的 UI 界面。

图 2-4　两套 iPhone 版的 facebook 应用程序 UI

图 2-4 所显示的软件界面，右图这套布局基本上同图 2-3 的布局一致，但在 header 部分比图 2-3 多了一个搜索框。左图这套布局则有些变化，其 header 部分也包含了 nav 导航清单，同时比图 2-3 缺少 footer 页脚部分。

上述是三套 iPhone 常用的界面布局。如果在移动 Web 浏览器下，依然可以实现同样的效果，而且作为 Web 应用界面布局，图 2-4 中右图布局比其余两种布局更简洁。

2.2.2　使用 HTML5 创建标准的移动 Web 页面

从图 2-5 中的右图 UI 布局可以看出，其区域主要包括 header 及正文 article 内容。header 标签内包括标题和 nav 导航列表。section 标签则包含全部 article 正文内容，每条 article 相当于列表的一项值，根据分析可以得出布局代码如代码 2-1 所示。

代码 2-1　图 2-5 右图的 Web 页面布局

```
<!DOCTYPE html>
<html>
<head>
    <meta charset="utf-8">
    <title>使用 HTML5 创建一个标准的移动 Web 页面</title>
</head>
<body>
    <!-- 定义页头信息 -->
    <header>
        <div class="title">HTML5 移动开发指南</div>
        <!-- 定义导航目录 -->
        <nav>
            <ul>
                <li>前言</li>
                <li>目录</li>
                <li>附录</li>
            </ul>
        </nav>
    </header>
    <!-- 定义主体内容 -->
    <section>
        <article>
            <h1>Web 技术的发展</h1>
        </article>
        <article>
            <h1>HTML5 的发展状况</h1>
        </article>
        <article>
            <h1>移动设备页面布局</h1>
        </article>
    </section>
</body>
</html>
```

代码 2-1 在 iPhone 的 Safari 下运行效果如图 2-5 所示。

由于本节只展示 HTML5 新元素在智能手机上的应用，没有添加任何 CSS 样式美化网页，因此网页看上去更像一些纯文字组成的页面。

分析图 2-4 的界面布局情况，其区域主要包括 header 部分、article 部分及 footer 部分。我们仍然采用刚才代码 2-1 的大部分代码，但在其中增加 footer 标签，并且将 header 标签内的导航栏移到 footer 标签下，如代码 2-2 所示。

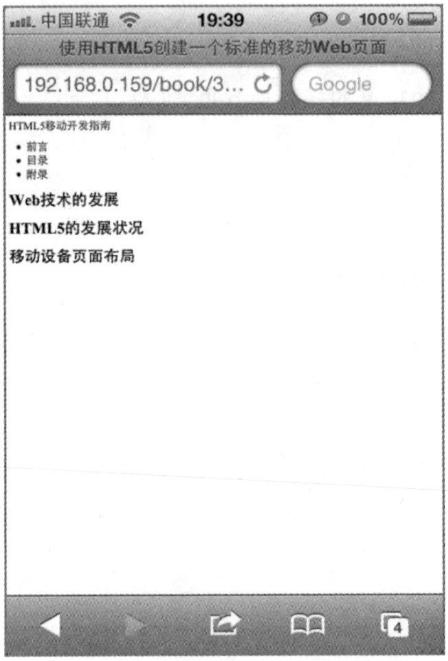

图 2-5　代码 2-1 在 iPhone Safari 下运行效果图

代码 2-2　图 2-4 的 Web 页面布局

```
<!DOCTYPE html>
<html>
<head>
    <meta charset="utf-8">
    <title>使用 HTML5 创建一个标准的移动 Web 页面 - 布局 demo</title>
</head>
<body>
    <!-- 定义页头信息 -->
    <header>
        <div class="title">HTML5 移动开发指南</div>
    </header>
    <!-- 定义主体内容 -->
    <section>
        <article>
            <h1>Web 技术的发展</h1>
        </article>
```

```
        <article>
            <h1>HTML5 的发展状况</h1>
        </article>
        <article>
            <h1>移动设备页面布局</h1>
        </article>
    </section>
    <!-- 定义底部信息，该代码此地方主要显示导航栏 -->
    <footer>
        <!-- 定义导航目录 -->
        <nav>
            <ul>
                <li>前言</li>
                <li>目录</li>
                <li>附录</li>
            </ul>
        </nav>
    </footer>
</body>
</html>
```

代码 2-2 在 iPhone 的 Safari 下的运行效果如图 2-6 所示。

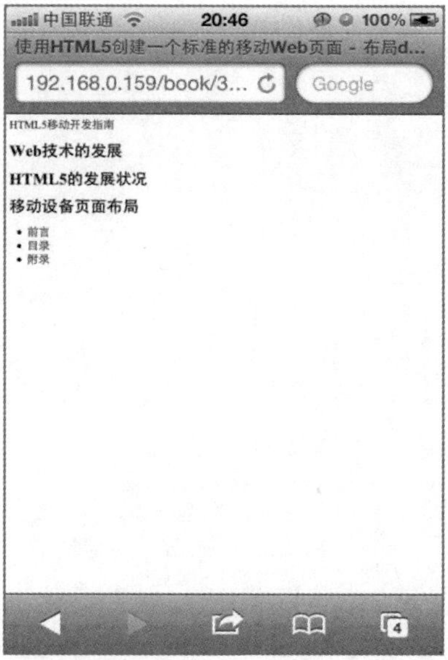

图 2-6　代码 2-2 在 iPhone Safari 下的运行效果图

2.3 本章小结

本章主要讨论 HTML5 规范中的几个主要的元素标签 header、footer、nav、aside、article、section、time、hgroup 的含义及基本用法。同时，还讨论了智能手机中各种常用的 UI 界面布局设计及如何使用 HTML5 新元素布局页面。

第 3 章

HTML5 规范的本地存储

HTML5 本地存储规范中，定义了两个重要的 API：Web Storage 和本地数据库 Web SQL Database。本章重点讲述 Web Storage 的基本用法。

对于本地存储的另外一个 HTML5 规范——本地数据库 Web SQL Database，本章不做详细介绍，如果读者对本地数据库有兴趣，可自行阅读相关书籍。

本地存储 Web Storage 实际上是 HTML4 的 Cookies 存储机制的一个改进版本，然而两种机制的功能又不相同。Web Storage 的作用是在网站中把有用的信息存储到本地的计算机或移动设备上，然后根据实际需要从本地读取信息。

Web Storage 提供了两种存储类型 API 接口：sessionStorage 和 localStorage。至于它们的生命周期，sessionStorage 在会话期间内有效，而 localStorage 就存储在本地，并且数据存储是永久的，除非用户或程序对其执行删除操作。

接下来将会详细讲解如何使用 Web Storage 的两种存储类型 API 接口。

3.1 移动设备的支持

目前所有的主流浏览器都在一定程度上支持 HTML5 的 Web Storage 特性。从表 3-1 中可以看出，基本上所有现代浏览器都已经支持 Web Storage。

表 3-1 支持 Web Storage 的浏览器

IE	Firefox	Chrome	Safari	Opera
8+	3.0+	3.0+	4.0+	10.5+

再来看一下表 3-2 中在移动设备上的浏览器支持情况如何。

表 3-2　移动设备 Web 浏览器支持情况

iOS Safari	Android Browser	Opera Mobile	Opera Mini	BlackBerry
3.2+	2.0+	11+	不支持	OS 6.0+

从表 3-2 可以看到，Android 平台及 iOS 平台各自的浏览器都基本上支持 Web Storage 本地存储特性。目前市场上的移动设备，除了 Android 手机和 iPhone 手机外，越来越多的平板电脑面世，而且基本上依赖这两种平台，对于实现 Web Storage 技术，我们几乎不需要考虑浏览器是否支持 Web Storage。当然，从代码的严谨性来说，建议最好在使用前先检查判断浏览器是否支持 Web Storage。例如如下代码：

```
if(window.localStorage){
        //浏览器支持 localStorage
}
if(window.sessionStorage){
        //浏览器支持 sessionStorage
}
```

需要注意的是，Opera 公司发布的 Opera Mobile 和 Opera Mini 两款移动 Web 浏览器虽然都适用于手机浏览器，但两者是有区别的。Opera Mobile 仅用于 Android 和 Symbian 智能手机，而 Opera Mini 则适用于几乎所有的手机。由于 Opera Mini 的渲染过程在服务器端，因此对 HTML5 的支持并不理想。Opera 系列的移动浏览器虽然在对 HTML5 的支持上稍显逊色，但完全不影响 iOS 和 Android 平台系列的支持，而且 Symbian 也得到 Opera Mobile 的支持，因此完全可以放心地使用 Web Storage 特性。

3.2　localStorage

localStorage 作为 HTML5 本地存储 Web Storage 特性的 API 之一，主要作用是将数据保存在客户端中，而客户端一般是指用户的计算机。在移动设备上，由于大部分浏览器都支持 Web Storage 特性，因此在 Android 和 iOS 等智能手机上的 Web 浏览器都能正常使用该特性。

localStorage 保存的数据，一般情况下是永久保存的，也就是说只要采用 localStorage 保存信息，数据便一直存储在用户的客户端中。即使用户关闭当前 Web 浏览器后重新启动，数据仍然存在。直到用户或程序明确指定删除，数据的生命周期才会结束。

在安全性方面，localStorage 是域内安全的，即 localStorage 是基于域的，任何在该域内的所有页面，都可以访问 localStorage 数据。但仍然存在一个问题，就是各个浏览器厂商的浏览器之间的数据是各自独立的。也就是说，如果在 Firefox 中使用 localStorage 存储一组数据，在 Chrome 浏览器下是无法读取的。同样，由于 localStorage 数据是保存在用户的设备中的，因此同一个应用程序在不同设备上保存的数据是不同的。

现在来看看 HTML5 规范中定义的 Storage 的如下 API：

```
interface Storage {
        readonly attribute unsigned long length;
        DOMString? key(in unsigned long index);
        getter DOMString getItem(in DOMString key);
        setter creator void setItem(in DOMString key, in DOMString value);
        deleter void removeItem(in DOMString key);
        void clear();
};
```

从规范定义的接口来看，接口数量并不多，只有 length 是属性，其余都是方法。其中 setItem 和 getItem 互为一对 setter 和 getter 方法，如果有面向对象知识的你，看到这种方法名的定义，必定不会感到陌生。

removeItem 方法的主要作用是删除一个 key/value（键/值）对。clear 方法的作用则是删除所有的键值对。

接下来我们将通过一些简单的例子探讨如何使用 Storage 的各个 API。首先，如何存储一个数据？如下代码所示：

```
localStorage.setItem("name","非一般的黑客");
```

上述代码的意思是在本地客户端存储一个字符串类型的数据，然后可以通过 getItem 方法读取 key 值为 name 的值，如以下代码：

```
localStorage.getItem("name");
```

通过 getItem 就可以读取已知 key 值的 value，不过还有一种方法可以读取“name”的 value。

假如 localStorage 存储的列表中只存在一个 item，那么就可以通过索引值 index 去读取 name 的值，如下代码：

```
//等价于 localStorage.getItem("name");
localStorage.key(1);
```

同样，通过 length 属性可以知道 localStorage 中存储着多少个键值对。而 removeItem 和 clear 同属于删除 item 操作，接口的调用示例如以下代码所示：

```
//删除指定 key 为"name"的 item
localStorage.removeItem("name");
//删除 localStorage 所有 key/value 键值对 items
localStorage.clear();
```

以上内容通过示例介绍了如何使用 Storage 的 API。事实上，Storage 除了可以存储字符串，还能存储 JSON 格式的数据。

代码 3-1 展示了如何使用 localStorage 进行本地存储和读取 JSON 格式数据。

代码 3-1　localStorage 存储 JSON 简单数据示例

```
//定义 JSON 格式字符串
var userData = {
    name:"Sankyu Name",
    account:"sankyu",
    level:1,
    disabled:true
};
//存储 userData 数据
localStorage.setItem("userData",JSON.stringify(userData));
//读取 userdata 数据并赋值给新变量 newUserData
var newUserData = JSON.parse(localStorage.getItem("userData"));
//删除本地存储的 item
localStorage.removeItem("userData");
//输出对象
alert(newUserData);
```

上面的代码中，使用了一个 JSON 格式的对象。该对象是一种数据交换格式，在所有的现代浏览器中都支持，并且可以通过 window.JSON 或 JSON 的语法直接调用。对于旧浏览器或不支持该对象的浏览器来说，需要导入一个额外的 JavaScript 类库，该库可以从 http://json.org/网站上获取到。

目前，JSON 对象已经被纳入了 ECMAScript 5 标准中，成为下一代 JavaScript 语言的一部分，将来必能广泛应用到 HTML5 应用程序中。

在代码 3-1 中使用了 JSON.stringify 方法把字符串数据格式转换成 JSON 对象，存储到本地。读取数据时则通过 JSON.parse 方法把 JSON 对象转换成原来的数据格式。

接下来，再通过代码 3-2 看看 JSON 数据存储在 localStorage 对象内后，对 JSON 数据更新操作的影响情况。

代码 3-2　采用点语法更新 JSON 对象内的数据

```
//定义 json 格式字符串
var userData = {
    name:"Sankyu Name",
    account:"sankyu",
    level:1,
    disabled:true
};
//存储 userData 数据
localStorage.setItem("userData",JSON.stringify(userData));
//读取 localStorage 的数据并赋值给变量 userData
var userData = JSON.parse(localStorage.getItem("userData"));
//对 userData 内的数据设置新值
JSON.parse(localStorage.getItem("userData")).name = "new Sankyu Name";
userData.name = "new Sankyu Name";
//输出 new Sankyu Name
alert(userData.name);
//输出 Sankyu Name
alert(JSON.parse(localStorage.getItem("userData")).name);
```

通过执行上述代码可以发现，代码首先输出 new Sankyu Name 值，然后再输出 Sankyu Name。

结果是，第二次输出的内容并没有如预期的那样修改为 new Sankyu Name 值。因此，从示例代码可以总结出，虽然代码中通过 localStorage 存储了 JSON 格式的数据，但无法直接通过点语法等方式去修改 JSON 数据。而且将 JSON 数据赋给一个新变量并修改其中的数据后，也没有对 localStorage 中的 item 有任何更新痕迹。

现在以代码 3-2 为基础，对代码稍做修改并采用另外一种方案对 JSON 对象进行修改，如代码 3-3 所示。

代码 3-3　采用重新设置 item 方案修改 JSON 对象数据

```
//定义 json 格式字符串
var userData = {
    name:"Sankyu Name",
```

```
    account:"sankyu",
    level:1,
    disabled:true
};
//存储 userData 数据
localStorage.setItem("userData",JSON.stringify(userData));
//读取 userdata 数据并赋值给新变量 newUserData
var userData = JSON.parse(localStorage.getItem("userData"));
userData.name = "new Sankyu Name";
localStorage.setItem("userData",JSON.stringify(userData));
//输出 new Sankyu Name
alert(userData.name);
//输出 new Sankyu Name
alert(JSON.parse(localStorage.getItem("userData")).name);
```

3.3 sessionStorage

sessionStorage 同样作为 HTML5 本地存储 Web Storage 特性的另一个 API 接口，主要作用是将数据保存在当前会话中，其原理和服务器端语言的 session 功能类似。sessionStorage 在移动设备上与 localStorage 一样，大部分浏览器都支持 sessionStorage 特性，因此在 Android 和 iOS 等智能手机上的 Web 浏览器中可以正常使用 sessionStorage 特性。

sessionStorage 存储的数据生命周期只保存在存储它的当前窗口或由当前窗口新建的新窗口，直到相关联的标签页关闭。因此 sessionStorage 和 localStorage 两者的主要差异是数据的保存时长及数据的共享方式。

sessionStorage 和 localStorage 一样都继承于 Storage 接口。因此 sessionStorage 的属性和方法的使用方法基本上和 localStorage 相同。例如以下代码设置和读取一组键/值对：

```
sessionStorage.setItem("name","非一般的黑客");
sessionStorage.getItem("name");
```

由于 sessionStorage 的用法和上一节介绍的 localStorage 例子中展示的基本上相同，因此本节不做详细介绍，读者可参考 3.2 节的相关内容。

3.4　Storage 事件监听

在使用 Storage 进行存取操作的同时，如果需要对存取操作进行监听，可以使用 HTML5 Web Storage API 内置的事件监听器对数据进行监控。只要 Storage 存储的数据有任何变动，Storage 监听器都能捕获。

Storage 事件的接口代码如下所示：

```
interface StorageEvent : Event {
    readonly attribute DOMString key;
    readonly attribute DOMString? oldValue;
    readonly attribute DOMString? newValue;
    readonly attribute DOMString url;
    readonly attribute Storage? storageArea;
    void initStorageEvent(in DOMString typeArg,
                          in boolean canBubbleArg,
                          in boolean cancelableArg,
                          in DOMString keyArg,
                          in DOMString oldValueArg,
                          in DOMString newValueArg,
                          in DOMString urlArg,
                          in Storage storageAreaArg);
};
```

其中这些属性的含义如下。

- key 属性表示存储中的键名。
- oldValue 属性表示数据更新前的键值，newValue 属性表示数据更新后的键值。如果数据为新添加的，则 oldValue 属性值为 null。如果数据通过 removeItem 被删除，则 newValue 属性值为 null。如果 Storage 调用的是 clear 方法，则事件中的 key、oldValue、newValue 属性值都为 null。
- url 属性记录 Storage 事件发生时的源地址。
- StorageArea 属性指向事件监听对应的 Storage 对象。

Storage 事件可以使用 W3C 标准的注册事件方法 addEventListener 进行注册监听。例如以下代码：

```
window.addEventListener("storage",showStorageEvent,true);
```

```
        function showStorageEvent(e){
        console.log(e);
}
```

现在，我们通过示例演示 Storage 事件是如何进行的。首先，创建一个页面，该页面的主要功能是操作 localStorage 对象，如代码 3-4 所示。

代码 3-4 Storage 数据变化的页面代码

```
<!DOCTYPE html>
<html>
<head>
    <meta charset="utf-8">
    <title>使用 LocalStorage 存储事件监听实例 - 操作 LocalStorage 数据</title>
    <script type="text/javascript">
        window.onload = function(){
            localStorage.clear();
            localStorage.setItem("userData","storage demo");
            localStorage.setItem("userData","storage event demo");
        }
    </script>
</head>
<body>
</body>
</html>
```

代码 3-4 通过 window.onload 方法，在页面加载完毕后，首先清除 localStorage 对象存储的所有 item 数据，接着重新存储 userData 数据，最后修改 userData 数据。

代码运行后，通过谷歌 Chrome 浏览器开发者工具（Developer Tools）的 Resources 模块的 Local Storage 可以查看到存储后的数据。从数据结果可以看到，代码中使用 setItem 设置两次数据，前一个数据会被最后一次的 setItem 覆盖，如图 3-1 所示。

接着，我们再新增另外一个页面，如代码 3-5 所示。在代码中增加一段 Storage 事件监听程序，用于监听代码 3-4 中运行的三次 localStorage 对象操作。

代码 3-5 Storage 事件监听页面代码

```
<!DOCTYPE html>
<html>
<head>
    <meta charset="utf-8">
    <title>使用 LocalStorage 存储事件监听实例 - 监听 localStorage 事件</title>
```

```
    <script type="text/javascript">
        window.onload = function(){
            window.addEventListener("storage",function(e){
                console.log(e);
            },true);
        }
    </script>
</head>
<body>
</body>
</html>
```

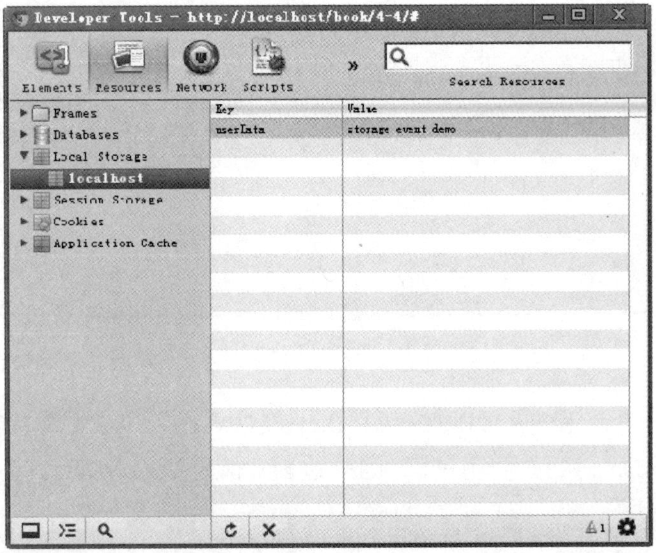

图 3-1　代码运行后页面存储的 Local Storage 数据

首先，运行代码 3-5，页面加载后并没有触发任何事件，但页面在加载时注册了 Storage 对象的事件监听，这样我们就可以监听同一个域内的其他页面 Storage 对象的变化情况。

然后，运行代码 3-4，当页面加载后，window 的 onload 事件中对 localStorage 对象执行了三次数据操作。

此时，已运行代码 3-5 的页面已经监听到 localStorage 对象的数据变化，因为我们在监听器内通过 console.log 将事件对象输出。最终，因为 localStorage 对象发生了三次变化，事件 e 对象分别在开发者工具中输出了三次。

图 3-2 显示了监听三次数据变化后输出的内容。

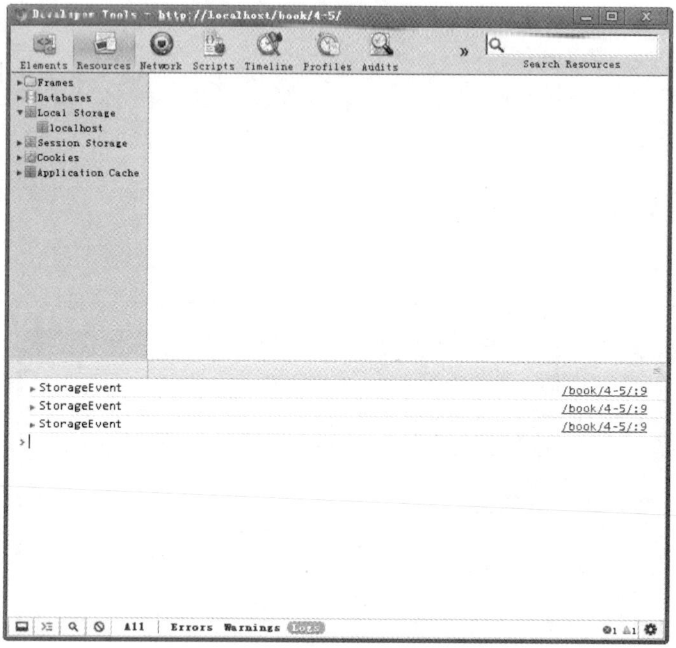

图 3-2　代码 3-5 事件监听结果控制台页面

从图 3-3 所示的事件对象可以观察到，key 属性表示发生数据变化的 item 项，由于代码中一直对 userData 数据进行操作，因此该 key 值也是 userData。

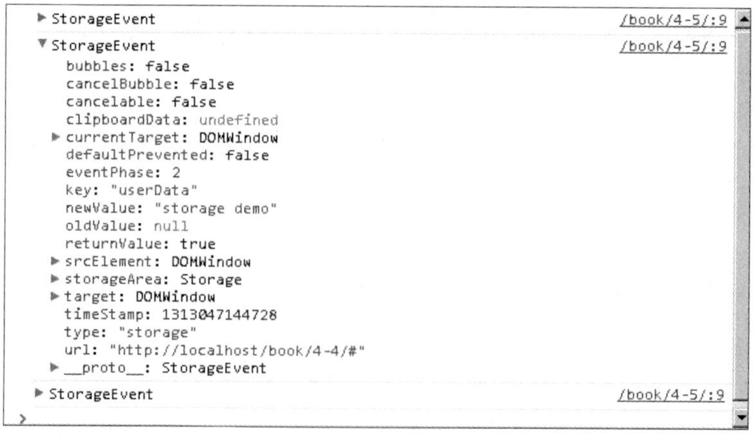

图 3-3　Storage 事件 e 对象

再来看看 url 属性。URL 并不是发生事件触发所在页面的路径，而是 localStorage 数据发生变化所在源页面的路径。

通过上述的例子，可以总结出一个结果，当同源页面中某一页面对 Storage 数据进行添加或更新处理后，其余的同源页面只要注册 Storage 事件，就会触发事件。

通过使用 Web Storage 本地存储可以实现将更多的数据缓存到本地浏览器，以减轻服务器的压力及数据的可访问性。甚至在离线状态下，依然可以对 Web 应用程序或 Storage 对象存储的数据进行任何操作。

在第 9 章介绍 Sencha Touch 时，我们将会介绍由 Sencha Touch 封装的一套 Storage 存储组件库。

3.5　本章小结

本章主要简单讨论 HTML5 标准中的本地存储知识点。本地存储包含有两种不同的存储方案：Web 存储和 Web SQL 数据库。Web SQL 数据库在移动 Web 浏览器上的支持并不理想，同时鉴于 W3C 已经停止对其标准的支持，因此本章不详细介绍 Web SQL 数据库。

本章重点讲解 Web Storage API 接口，同时通过简单的例子对存储 JSON 数据方式进行了详解。最后还讨论了 Storage 存储事件机制，并通过示例讲述了 Storage 事件的基本用法。

第 4 章

移动 Web 的离线应用

本章将重点介绍 HTML5 标准规范中的另一个技术点：离线应用。

4.1 离线 Web 概述

Web 技术从过去十几年发展至今，都必须依赖于网络的存在。倘若网络不可用，那么我们就无法通过浏览器访问 Web。随着 Web 技术的发展，几乎使用任何应用或软件都离不开 Web 和互联网。

现在在我们身边现在几乎每时每刻都能访问互联网，甚至包括我们的随身数码产品，都能通过 WiFi 的接入而访问互联网。如果无法接入互联网，就无法享受各种应用所带来的乐趣。

目前基于 Web 的应用越来越复杂，网页缓存就成为提升访问 Web 速度的最佳方法之一。但是在移动 Web 应用中，由于移动 Web 应用程序的便携性以及网络性能等原因，网页缓存对于移动 Web 应用的实际效果影响不大。而且页面缓存仍然需要依靠互联网的存在，没有网络，页面缓存也就无法读取缓存中的文件资源。本章我们将为读者介绍 HTML5 中的一个新特性：离线应用。它能够解决在网络离线状态下，如何正常读取和访问 Web 上的文件资源。

4.1.1 离线与缓存

离线应用，就是在没有网络的情况下访问 Web 应用程序时，实际上是访问已下载的离线文件资源，并使 Web 应用程序正常运行。

离线应用与网页缓存都是为了更好地缓存各种文件以提高读取的速度，但两者对网络环境的要求有所区别：

- 网页缓存依赖于网络的存在，而离线应用在离线状态下仍然可用。
- 网页缓存主要缓存当前页面相关内容，也仅限于当前页面的读取。离线应用则主要缓存文件，只要设置缓存该文件的页面，都能在离线状态下读取该文件。

4.1.2　离线的意义

离线应用，其最突出的功能就是在没有网络状态下 Web 应用仍然可以正常运行。其适用的场景非常广泛，例如在线编辑功能等。

在智能手机及平板电脑中，通过离线应用的特性，可以实现更多的 Web 离线应用程序，以减少访问互联网过程中的流量消耗。

4.2　移动设备的支持

对于 HTML5 规范中的离线应用，当前各种主流浏览器支持情况如表 4-1 所示。

表 4-1　离线应用在主流浏览器中的支持情况

IE	Firefox	Safari	Chrome	Opera
不支持	3.5+	4.0+	10+	10.6+

在移动 Web 浏览器中，支持离线应用特性的情况如表 4-2 所示。

表 4-2　离线应用在移动 Web 浏览器中的支持情况

iOS Safari	Android Browser	Opera Mobile	Opera Mini	BlackBerry
3.2+	2.1+	11+	不支持	OS 6.0+ PlayBook

如表 4-1 和表 4-2 所示，浏览器的支持情况基本上和本地存储的支持情况相同。但需要注意的是，在使用离线应用功能前，建议先通过 JavaScript 检查浏览器是否支持离线应用，如以下代码所示：

```
if(window.applicationCache){
        //浏览器支持离线应用，在此编写离线应用功能
}
```

4.3 applicationCache 和 manifest

HTML5 标准提供的离线应用，开发者一般需要注意以下 3 种特性：

1．离线资源缓存

开发者在开发 Web 应用程序的离线应用时，必须使用一种方案来说明 Web 应用程序中的哪些文件资源需要在离线状态下工作。

当设备所在的浏览器处于在线状态时，被指定缓存的资源文件便会缓存到本地。此后，若用户在离线状态时再次访问该 Web 应用程序，浏览器便会自动加载本地资源文件，让用户能够正常使用该 Web 应用程序。

离线应用将使用 manifest 类型的文件作为需要配置缓存资源文件的配置文件。

2．ApplicationCache 对象缓存状态

ApplicationCache 对象记录着 Web 应用程序的缓存状态，开发者可以通过该缓存状态手动更新资源文件的缓存。

3．在线状态检测

HTML5 标准提供了 onLine 方法用于检测当前网络是否在线。开发者可以根据方法判断出浏览器是否在线，以便能够处理各种业务。

接下来，我们将为你介绍如何使用离线应用功能的 manifest 配置文件以及 ApplicationCache 对象。

4.3.1 manifest 文件

离线应用包含一个 manifest 文件，此文件记录着哪些资源文件需要离线应用缓存，哪些资源需要通过网络访问等信息。那么如何在 HTML 页面中使用 manifest 文件呢？使用方法参考代码 4-1。

代码 4-1　manifest 文件使用示例

```
<!DOCTYPE html>
<html manifest="cache.manifest">
<head>
```

```
    <meta charset="utf-8">
    <title>离线应用缓存示例 - manifest 使用方法</title>
</head>
<body>
</body>
</html>
```

很简单吧？我们只需要在页面的 HTML 标签中增加 manifest 属性，并指定 manifest 文件，就可以实现支持 HTML5 离线应用。

由于 manifest 文件的 MIME 类型是 text/cache-manifest，因此 Web 服务器需要通过配置 MIME 类型，才能识别 manifest 文件。例如在 Tomcat 服务器下，开发人员需要在 Tomcat 目录下的 conf/web.xml 文件中配置 manifest 类型。

在 web.xml 中 mime-mapping 类型处增加如下代码即可：

```
<mime-mapping>
        <extension>manifest</extension>
        <mime-type>text/cache-manifest</mime-type>
</mime-mapping>
```

我们再来看看 cache.manifest 文件。在此文件第一行添加如下代码：

```
CACHE MANIFEST
```

该代码的作用是通知浏览器下面的内容是一个应用离线的清单文件。在清单文件内容中，共有三种类型的清单文件，如下示例代码：

```
CACHE MANIFEST
#缓存的文件
index.html
test.js
#不作缓存
NETWORK
/iamges/
FALLBACK
offline.html    index.html
```

根据上述示例代码，第一种类型的文件，其文件清单在 CACHE MANIFEST 的后面，此部分文件被定义为需要缓存的文件。当网络不可用或不在线时，此部分文件便会通过本地缓存直接读取。

第二种类型的文件清单则在定义 NETWORK 行下面，该文件清单被指定为无论文件是否已被缓存，都必须从网络中下载。

第三种类型的文件清单被指定为 FALLBACK 类型文件，该文件清单的前半部分表示当无法获取到该文件的时候，则请求转发到后半部分的文件。

4.3.2 applicationCache 对象和事件

applicationCache 对象记录着本地缓存的各种状态及事件。缓存的状态可以通过 window.applicationCache.status 获得。其状态包括 6 种。

```
interface ApplicationCache : EventTarget{
        const unsigned short UNCACHED = 0;//未缓存
        const unsigned short IDLE = 1;//空闲状态
        const unsigned short CHECKING = 2;//检查中
        const unsigned short DOWNLOADING = 3;//下载中
        const unsigned short UPDATEREADY = 4;//更新准备中
        const unsigned short OBSOLETE = 5;//过期状态
        readonly attribute unsigned short status;
}
```

applicationCache 缓存对象的事件如表 4-3 所示。

表 4-3 applicationCache 对象事件表

事件名称	说　明
Checking	当 user agent 检查更新时，或第一次下载 manifest 清单时，它往往会是第一个被触发的事件
Noupdate	当检查到 manifest 中清单文件不需要更新时，触发该事件
downloading	第一次下载或更新 manifest 清单文件时，触发该事件
Progress	该事件与 downloading 类似。但 downloading 事件只触发一次。progress 事件则在清单文件下载过程中周期性触发
Cached	当 manifest 清单文件下载完毕及成功缓存后，触发该事件
upadateready	此事件的含义表示缓存清单文件已经下载完毕，可通过重新加载页面读取缓存文件或通过方法 swapCache()切换到新的缓存文件。常用于本地缓存更新版本后的提示
Obsolete	假如访问 manifest 缓存文件返回 HTTP404 错误（页面未找到）或 410 错误（永久消失）时，触发该事件
Error	若要达到触发该事件，需要满足以下几种情况之一： • 已经触发 obsolete 事件 • manifest 文件没有改变，但缓存文件中存在文件下载失败 • 获取 manifest 资源文件时发生致命错误 • 当更新本地缓存时，manifest 文件再次被更改

通过上述对每个事件的简单描述，读者基本上了解了离线应用的事件。在实际应用中我们可以通过事件监听，并根据当前 applicationCache 对象的状态处理相关业务。如以下代码：

```
applicationCache.addEventListener('updateready',function(){
        //资源文件下载中,可以在此部分增加业务功能
});
```

我们在使用 applicationCache 本地缓存的同时，往往需要判断当前浏览器的状态（在线或离线）。HTML5 正好提供了一个属性，用于判断当前浏览器是否在线，代码如下：

```
window.navigator.onLine
```

通过 navaigator 对象的属性 onLine，可以判断当前浏览器是否在线，onLine 属于只读属性，返回的是布尔值 true 或 false。因此可以通过以下代码简单判断浏览器的当前网络状态：

```
if(window.navigator.onLine){
        //当前浏览器 online
}else{
        //当前浏览器 offline
}
```

4.4　本章小结

本章主要介绍 HTML5 标准中的离线应用功能（Offline Web Application）。其中主要讨论移动 Web 浏览器对于离线应用的支持情况。

本章针对离线应用功能的特点，主要讨论了 manifest 清单文件的使用方法及在 manifest 文件中如何配置缓存资源文件。同时还讨论了如何使用 applicationCache 对象，并详细解释了 applicationCache 对象的各个事件含义。最后还介绍了 HTML5 另外一个用于判断浏览器网络状态的新特性 onLine。

第 5 章

移动设备的常见HTML5表单元素

现在 Web 应用程序都离不开表单，但是过去 HTML 所提供的表单功能相对简单，开发者往往需要编写更多的代码才能实现复杂的表单功能。例如，使用 input 元素的 text 类型文本框提供给用户输入手机号码，从技术上说，这并没有任何问题。但从语义方面来说，手机号码是由一串数字加上如“+”或“-”等符号组成的，这种字符串的组合如果被应用在 input 元素的 text 类型，则无法表达出此 input 文本输入框是需要输入手机号码的语义。HTML5 标准新增的 input 类型，就是为增强输入文本框支持更多常用的文本格式内容。

随着智能手机的发展，现在的触屏手机都有一个重要的特点就是键盘内置在手机应用程序中，当出现在用户需要输入信息的地方时，键盘便会在手机屏幕中出现，并且会根据实际需要输入的内容而出现不同类型的键盘。

本章，我们将会讨论 HTML5 标准新增的表单属性及表单 input 新类型，并且分别演示不同类型的 input 元素运行到 iPhone 的 Safari 浏览器上，对比这些不同输入框类型的键盘状态。

5.1 丰富的表单属性

HTML5 对表单新增了很多功能及属性，这些新特性令开发人员在开发表单应用时变得更快、更方便。下面我们就开始介绍这些表单新特性。

1. form 属性

首先，我们来看一下以下例子：

```
<form id="testform">
        <input type="text"/>
</form>
<input form=testform />
```

上述简单的 4 行代码，在 HTML4 中，form 外的<input>并不从属于 form 表单，在提交 form 表单时，form 外的<input>也不会一并提交。但是在 HTML5 中，我们只需要为外部的<input>增加 form 属性，并指定 form 的 ID 值为 testform，外部的<input>就属于 form 表单范围。

通过该例子可以看到，我们在编写 HTML5 表单的过程中，表单各自的控件元素不再依赖于 form 元素的位置，完全可以既脱离 form，又能保持从属关系。

2. placeholder 属性

placeholder 属性一般用在文本输入框上，其主要作用是当文本框处于未输入状态并且内容为空时给出文本框的提示内容。该属性用法非常简单，示例代码如下：

```
<input type="text" placeholder="请输入内容" />
```

以上代码在 iPhone 手机下的显示效果如图 5-1 所示。

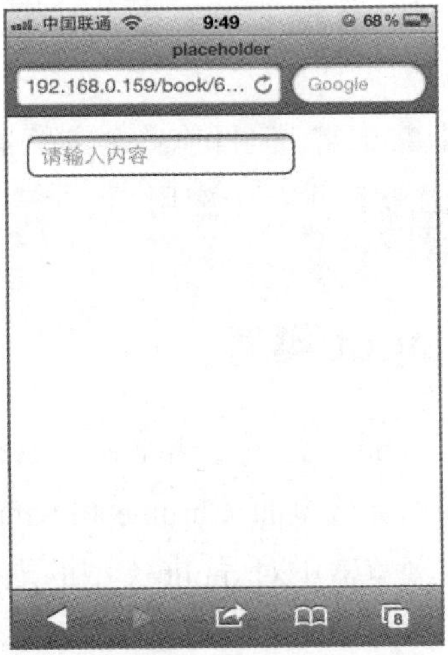

图 5-1　iPhone 手机下的显示效果

3. autofocus 属性

autofocus 属性的作用是指定控件自动获得焦点。需要注意的是，一个 HTML 页面上只能有一个控件具有该属性。其示例代码如下：

```
<input type="text" autofocus />
```

4．List 属性和 datalist 元素

在 HTML5 标准规范中允许在单行文本输入框中增加 list 属性，该属性通常和 datalist 元素结合使用。list 属性的主要作用是提示文本框输入，提示的数据源则由 datalist 元素提供。目前 list 属性和 datalist 元素只有 Opera 浏览器支持，甚至没有任何一款移动浏览器支持该特性。

5．autocomplete 属性

autocomplete 属性具有自动完成的功能。可以对属性 autocomplete 指定两种值，“on”值表示开启自动完成输入。“off”则表示禁止使用自动完成输入功能。

目前该属性只有 Opera 浏览器才支持，应用范围不广。

6．required 属性

必填属性。当表单中存在 required 属性的元素时，如果该元素的值为空，则无法提交表单。其使用方法如下：

```
<input type="text" required/>
```

HTML5 新增的表单属性非常丰富。但目前各个浏览器厂商所支持的属性都不一致，因此并不是所有的新属性都能在实际项目中应用。

5.2 移动 Web 表单的 input 类型

在 HTML5 标准中，丰富了 input 元素的类型，例如 search、url、email 等常用的类型。但目前只有 Opera 浏览器才支持得比较全面。Chrome 和 Safari 浏览器只是部分支持新类型。

本节主要介绍在移动 Web 浏览器中对 input 类型的支持情况，同时通过例子介绍如何使用 HTML5 新特性开发移动 Web 表单应用。

5.2.1 search 类型文本

search 类型文本是一种 input 元素，主要用于搜索关键词的文本框类型。实际上，

该类型的文本框和普通的文本框唯一的区别就是外观。在 Safari 浏览器和 Chrome 浏览器下，其文本框的外观为圆角文本框。如图 5-2 所示为在 iPhone Safari 下的外观效果。实际上，iOS 平台对该类型文本框的支持并不理想，但我们仍然可以正常使用 search 类型的文本框。

图 5-2　search 类型 input 在 iPhone 的 Safari 下的效果

5.2.2　email 类型文本

email 类型文本框是一个可以指定电子邮件内容的文本框类型，通常用在需要输入 E-mail 地址的输入文本框上。

这种类型的文本框和普通的 text 文本框在外观上几乎一样，从页面中根本看不出有任何区别，但实际上在 Safari 移动版本下是有区别的。当该类型文本框在 iPhone Safari 下，文本框获得焦点并可以输入内容的时候，iPhone 便会提供一套默认的输入法键盘，同时键盘则会根据当前的文本框类型不同而显示相对应的键盘。图 5-3 和图 5-4 分别显示出在 text 类型的普通文本框下和 email 类型的文本框下的各自默认输入法键盘。

从图 5-3 和图 5-4 可以看出，当选择 email 类型的文本框时，iPhone 显示的是 E-mail 输入法键盘，该键盘提供了和 E-mail 相关的字符输入键，比如@和点号。

图 5-3　普通文本框输入法键盘

图 5-4　email 类型文本框输入法键盘

5.2.3　number 类型文本

number 类型的文本框是一种用于输入数字的文本框类型。它可以配合 min 属性、max 属性及 step 属性使用。

在 iOS Safari 浏览器下，number 类型输入框提供的默认键盘和普通文本框默认键盘也不相同。如图 5-5 所示，当在 number 类型文本框中输入内容时，iPhone 提供的默认键盘就是数字和符号结合的键盘。

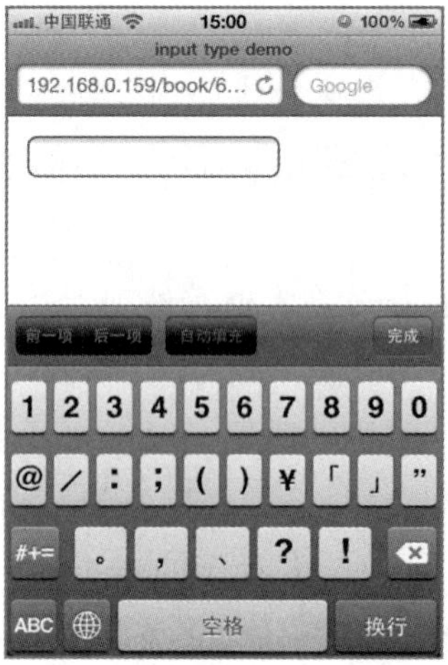

图 5-5　number 类型文本框输入法键盘

5.2.4　range 类型文本

range 类型文本框是一种数值范围输入文本框，提供的是一种滑动输入方式，需要配合 min、max、range 等属性的使用。

目前 iOS 和 Android 的内置浏览器都不支持 range 类型文本框。

图 5-6 显示了在 Chrome 浏览器下 range 类型的滑动范围文本框显示效果。

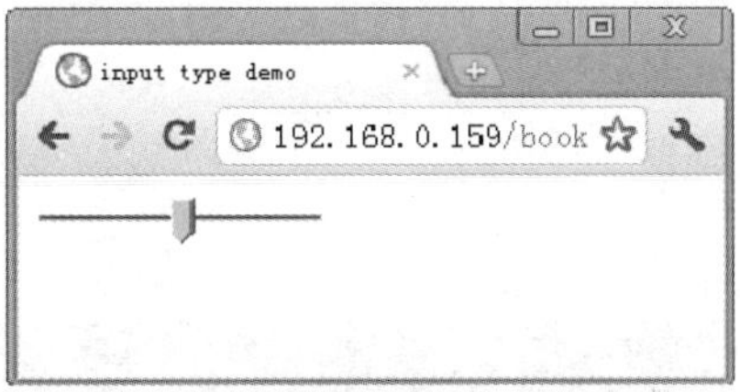

图 5-6　range 类型文本框在 Chrome 浏览器下的效果

5.2.5　tel 类型文本

tel 类型的文本框是一种供用户输入电话号码的文本框类型。

在 iOS Safari 浏览器下，tel 类型的 input 文本框提供的默认输入法键盘是另一种数字键盘，该键盘只提供数字的输入法键盘。如图 5-7 所示是 tel 类型文本框在 iPhone 下的输入法键盘效果图。

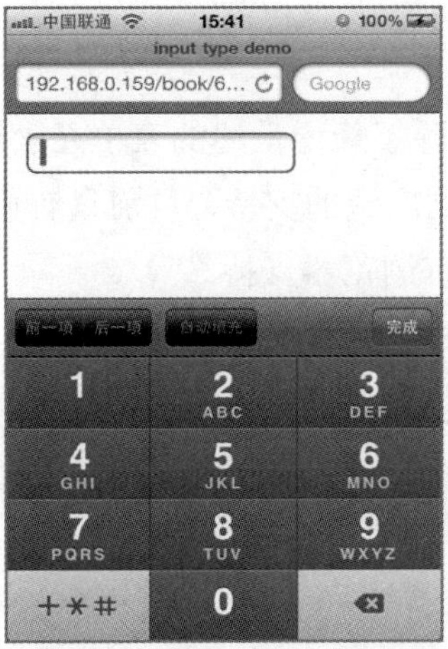

图 5-7　tel 类型文本框在 iPhone 下的输入法键盘效果

5.2.6 url 类型文本

url 类型文本框是一种输入 URL 地址的文本框类型。在 iOS Safari 浏览器下，url 类型文本框提供的默认输入法是网址输入法键盘，效果如图 5-8 所示。

图 5-8 url 类型在 iPhone 下的输入法键盘效果

5.2.7 更多的类型

在 HTML5 标准规范中，除了新增上述的表单元素外，还有时间日期类型的 input 元素。但是这些类型都没有得到广泛的支持，目前只有桌面端的 Opera 浏览器支持较多的文本框类型，移动端仍然没有浏览器支持。

- datetime 类型，日期和时间文本框（含时区）。
- datetime-local 类型，日期和时间文本框（不含时区）。
- Time 类型，时间选择器文本框。
- Date 类型，日期选择器文本框。
- Week 类型，年的周号选择器。
- Month 类型，月份选择器。

5.3　表单属性应用范围

HTML5 规范定义了非常丰富的表单功能，但由于各个浏览器厂商支持程度不一样，因此各种移动设备 Web 浏览器在支持标准方面也不尽相同。表 5-1 列出了各个移动 Web 浏览器对 HTML5 表单规范的支持情况。

表 5-1　浏览器对 HTML5 表单部分属性支持一览表

属　　性	iOS Safari	Android Browser	Opera Mobile	BlackBerry Webkit
placeholder	支持	支持	不支持	支持
autofocus	不支持	不支持	不支持	支持
list	不支持	不支持	支持	不支持
datalist	不支持	不支持	支持	不支持
autocomplete	支持	支持	支持	不支持
required	支持	不支持	支持	支持
min	支持	支持	支持	支持
max	支持	支持	支持	支持
range	不支持	不支持	支持	支持

开发人员可以根据项目的实际情况使用不同类型的 input 元素。在开发移动 Web 应用程序时，建议使用的 HTML5 新特性包括：

- placeholder 属性
- email 类型文本框
- search 类型文本框
- number 类型文本框
- tel 类型文本框
- url 类型文本框

5.4　本章小结

本章主要介绍 HTML5 的表单新特性。主要介绍了 form 属性、placeholder 属性等的用法，同时介绍了 HTML5 新增的 input 类型元素：email、search、number 等，并展示在 iPhone 上各种类型的文本框及其默认输入法键盘。

第 6 章

移动 Web 界面样式

本章主要介绍可以在移动 Web 应用中使用的 CSS3 新特性，同时还介绍如何使用 Media Queries 样式模块在传统网站的样式结构下增加移动 Web 版本网站。

6.1 CSS3

CSS2.1 发布至今已经有 7 年的历史，在这 7 年里，互联网的发展已经发生了翻天覆地的变化。CSS2.1 有时候难以满足快速提高性能、提升用户体验的 Web 应用的需求。CSS3 标准的出现就是增强 CSS2.1 的功能，减少图片的使用次数以及解决 HTML 页面上的特殊效果。

在 HTML5 逐渐成为 IT 界最热门话题的同时，CSS3 也开始慢慢地普及起来。目前，很多浏览器都开始支持 CSS3 部分特性，特别是基于 Webkit 内核的浏览器，其支持力度非常大。在 Android 和 iOS 等移动平台下，正是由于 Apple 和 Google 两家公司大力推广 HTML5 以及各自的 Web 浏览器的迅速发展，CSS3 在移动 Web 浏览器下都能到很好的支持和应用。

CSS3 作为在 HTML 页面担任页面布局和页面装饰的技术，可以更加有效地对页面布局、字体、颜色、背景或其他动画效果实现精确的控制。

目前，CSS3 是移动 Web 开发的主要技术之一，它在界面修饰方面占有重要的地位。由于移动设备的 Web 浏览器都支持 CSS3，对于不同浏览器之间的兼容性问题，它们之间的差异非常小。不过对于移动 Web 浏览器的某些 CSS 特性，仍然需要做一些兼容性的工作。

当前，CSS3 技术最适合在移动 Web 开发中使用的特性包括：

- 增强的选择器
- 阴影

- 强大的背景设置
- 圆角边框

接下来的章节我们将会重点介绍如何使用这些 CSS3 特性来实现移动 Web 界面。

6.2　选择器

选择器是 CSS3 中一个重要的部分，通过使用 CSS3 的选择器，可以提高开发人员的工作效率。在本节中，我们将为读者介绍属性选择器和伪类选择器的基本用法。

6.2.1　属性选择器

在 CSS3 中，我们可以使用 HTML 元素的属性名称选择性地定义 CSS 样式。其实，属性选择器早在 CSS2 中就被引入了，其主要作用就是为带有指定属性的 HTML 元素设置样式。例如，通过指定 div 元素的 id 属性，设定相关样式。

属性选择器一共分为 4 种匹配模式选择器：

- 完全匹配属性选择器
- 包含匹配选择器
- 首字符匹配选择器
- 尾字符匹配选择器

1．完全匹配属性选择器

其含义就是完全匹配字符串。当 div 元素的 id 属性值为 test 时，利用完全匹配选择器选择任何 id 值为 test 的元素都使用该样式。如下代码通过指定 id 值将属性设定为红色字体：

```
<div id="article">测试完全匹配属性选择器</div>
<style type="text/css">
[id=article]{
    color:red;
}
</style>
```

2．包含匹配选择器

包含匹配比完全匹配范围更广。只要元素中的属性包含有指定的字符串，元素就使用该样式。

其语法是：[attribute*=value]。其中 attribute 指的是属性名，value 指的是属性值，包含匹配采用“*=”符号。

例如下面三个 div 元素都符合匹配选择器的选择，并将 div 元素内的字体设置为红色字体：

```
<div id="article">测试完全匹配属性选择器</div>
<div id="subarticle">测试完全匹配属性选择器</div>
<div id="article1">测试完全匹配属性选择器</div>
<style type="text/css">
[id*=article]{
    color:red;
}
</style>
```

3. 首字符匹配选择器

首字符匹配就是匹配属性值开头字符，只要开头字符符合匹配，则元素使用该样式。

其语法是：[attribute^=value]。其中 attribute 指的是属性名，value 指的是属性值，首字符匹配采用“^=”符号。

例如下面三个 div 元素使用首字符匹配选择器后，只有 id 为 article 和 article1 的元素才被设置为红色字体。

```
<div id="article">测试完全匹配属性选择器</div>
<div id="subarticle">测试完全匹配属性选择器</div>
<div id="article1">测试完全匹配属性选择器</div>
<style type="text/css">
[id^=article]{
    color:red;
}
</style>
```

4. 尾字符匹配选择器

尾字符匹配跟首字符匹配原理一样。尾字符只匹配结尾的字符串，只要结尾字符串符合匹配，则元素使用该样式。

其语法是：[attribute$=value]。其中 attribute 指的是属性名，value 指的是属性值，尾字符匹配采用“$=”符号。

例如下面三个 div 元素使用尾字符匹配选择器时，只有 id 为 subarticle 的元素才被设置为红色字体。

```
<div id="article">测试完全匹配属性选择器</div>
<div id="subarticle">测试完全匹配属性选择器</div>
<div id="article1">测试完全匹配属性选择器</div>
<style type="text/css">
[id$=article]{
    color:red;
}
</style>
```

6.2.2　伪类选择器

在 CSS3 选择器中，伪类选择器种类非常多。然后在 CSS2.1 时代，伪类选择器就已经存在，例如超链接的四个状态选择器：a:link、a:visited、a:hover、a:active。

CSS3 增加了非常多的选择器，其中包括:

- first-line 伪元素选择器
- first-letter 伪元素选择器
- root 选择器
- not 选择器
- empty 选择器
- target 选择器

这些伪类选择器是 CSS3 新增的选择器，它们都能得到在 Android 和 iOS 平台下 Web 浏览器的支持。现在我们就为你介绍这部分的选择器。

1．before

before 伪类元素选择器主要的作用是在选择某个元素之前插入内容，一般用于清除浮动。

目前，before 选择器得到支持的浏览器包括：IE8+、Firefox、Chrome、Safari、Opera、Android Browser 和 iOS Safari。

before 选择器的语法是：

```
元素标签:before{
    content:"插入的内容"
}
```

例如，在 p 元素之前插入“文字”：

```
p.before{
    content:"文字"
}
```

2. after

after 伪类元素选择器和 before 伪类元素选择器原理一样，但 after 是在选择某个元素之后插入内容。

目前，before 选择器得到支持的浏览器包括：IE8+、Firefox、Chrome、Safari、Opera、Android Browser 和 iOS Safari。

after 选择器的语法是：

```
元素标签:after{
    content:"插入的内容"
}
```

3. first-child

指定元素列表中第一个元素的样式。语法如下：

```
li:first-child{
    color:red;
}
```

4. last-child

和 first-child 是同类型的选择器。last-child 指定元素列表中最后一个元素的样式。语法如下：

```
li:last-child{
    color:red;
}
```

5. nth-child 和 nth-last-child

nth-child 和 nth-last-child 可以指定某个元素的样式或从后数起某个元素的样式。例如：

```
//指定第 2 个 li 元素
li:nth-child(2){}
```

```
//指定倒数第 2 个 li 元素
li:nth-last-child{}
//指定偶数个 li 元素
li:nth-child(even){}
//指定奇数个 li 元素
li:nth-child(odd){}
```

本节我们只介绍了部分常用的 CSS 选择器，实际上选择器并不止这几种，其余的选择器不再详细介绍，有兴趣的读者可以阅读 CSS3 相关资料。

6.3 阴影

现在，CSS3 样式已经支持阴影样式效果。目前可以使用的阴影样式一共分成两种：一种是文本内容的阴影效果，另一种是元素阴影效果。下面我们就来为读者介绍这两种阴影样式。

6.3.1 box–shadow

CSS3 的 box-shadow 属性是让元素具有阴影效果，其语法是：

```
box-shadow:<length> <length> <length> || color;
```

其中，第一个 length 值是阴影水平偏移值；第二个 length 值是阴影垂直偏移值；第三个 length 值是阴影模糊值。水平和垂直偏移值都可取正负值，如 4px 或-4px。

目前，box-shadow 已经得到 Firefox 3.5+、Chrome 2.0+、Safari 4+等现代浏览器的支持。

可是，当我们在基于 Webkit 的 Chrome 和 Safari 等浏览器上使用 box-shadow 属性时，需要将属性的名称写成-webkit-box-shadow 的形式。Firefox 浏览器则需要写成-moz-box-shadow 的形式。

从浏览器支持的情况来看，基于 Android 和 iOS 的移动 Web 浏览器也完全支持 box-shadow 属性。因此，我们在编写 CSS 样式时可以使用 box-shadow 属性来修饰移动 Web 应用程序的界面。

下面代码为使用 box-shadow 的简单示例，该示例兼容 Chrome 浏览器、Safari 浏览器及 Firefox 浏览器：

```
<style type="text/css">
div{
        /*其他浏览器*/
        box-shadow:3px 4px 2px #000;
        /*webkit 浏览器*/
        -webkit-box-shadow:3px 4px 2px #000;
        /*Firefox 浏览器*/
        -moz-box-shadow:3px 4px 2px #000;
        padding:5px 4px;
}
</style>
```

6.3.2 text-shadow

text-shadow 属性用于设置文本内容的阴影效果或模糊效果。

目前，text-shadow 属性已经得到 Safari 浏览器、Firefox 浏览器、Chrome 浏览器和 Opera 浏览器的支持。IE8 版本以下的 IE 浏览器都不支持该特性。从 Web 浏览器支持的情况来看，大部分移动平台的 Web 浏览器都能得到很好的支持。

text-shadow 的语法和 box-shadow 的语法基本上一致：

```
text-shadow:<length> <length> <length> || color
```

如下代码为使用 text-shadow 的简单示例：

```
<style type="text/css">
div{
        text-shadow:5px -10px 5px red;
        color:#666;
        font-size:16px;
}
</style>
```

6.4 背景

在过去，我们经常使用 CSS 的背景属性对页面进行美化修饰，可惜的是，背景属性功能单一，往往无法满足页面修饰的需求。

在 CSS3 规范中，CSS3 对背景属性增加了很多新特性。它既能支持背景的显示范围，也支持多图片背景。最重要的是它可以通过属性设置，为背景的颜色设置渐变或任何颜色效果，功能非常丰富。

CSS3 对于背景属性的增强，以往我们使用图片来替代各种页面修饰，逐渐可以通过 CSS3 背景属性替换。这些功能对页面加载速度，特别是在移动设备平台，是一个页面性能的提升。

6.4.1 background–size

background-size 属性用于设置背景图像的大小。

目前，background-size 属性已经得到 Chrome 浏览器、Safari 浏览器、Opera 浏览器的支持，同时该属性也支持 Android 和 iOS 平台的 Web 浏览器。

background-size 属性在不同的 Web 浏览器下的语法方面有一定的差别。在基于 Webkit 的 Chrome 和 Safari 浏览器下，其写法为-webkit-background-size；而在 Opera 浏览器下则不需要-webkit 前缀，只需要写成 background-size。

在移动 Web 开发项目应用中，建议采用兼容模式的写法，例如下面代码：

```
background-size:10px 5px;
-webkit-background-size:10px 5px;
```

6.4.2 background–clip

background-clip 属性用于确定背景的裁剪区域。

虽然 background-clip 属性支持除 IE 以外的大部分 Web 浏览器，但在实际项目应用中应用范围不广。其语法是：

```
background-clip:border-box | padding-box | content-box | no-clip
```

其中 border-box 是从 border 区域向外裁剪背景；padding-box 是从 padding 区域向外裁剪背景；content-box 是从内容区域向外裁剪背景；no-clip 是从 border 区域向外裁剪背景。

6.4.3 background–origin

background-origin 属性是指定 background-position 属性的参考坐标的起始位置。

background-origin 属性有三种值可以选择，border 值指定从边框的左上角坐标开始；content 值指定从内容区域的左上角坐标开始；padding 值指定从 padding 区域开始。

6.4.4 background

background 属性在 CSS3 中被赋予非常强大的功能。其中一个非常重要的功能就是多重背景。在过去设置图片背景时，只能使用一张图片，而在 CSS3 中，则可以设置多重背景图片，例如代码：

```
background:url(background1.png) left top no-repeat,
       url(background2.png) left top no-repeat;
```

Chrome 浏览器和 Safari 浏览器都支持 background 属性的多重背景功能。由于它们都是基于 Webkit 的浏览器，因此该功能也支持 Android 和 iOS 移动平台的移动 Web 浏览器。但鉴于采用图片的方式设置背景会严重影响在移动 Web 端的体验，因此可以使用 Webkit 的其中一种特性对背景采用颜色渐变，而非采用图片方式。

语法如下：

```
-webkit-gradient(<type>, <port>[, <radius>]?,<point> [, <radius>]? [, <stop>]*)
```

上述语法比较复杂，对于入门新手的 CSS3 读者而言的确是一个门槛。不过不要紧，语法虽然复杂，但在实际使用时是极其简单的，甚至在一些网站上也提供该属性的可视化配置。

type 类型是指采用渐变类型，如线性渐变 linear 或径向渐变 radial。

如下代码：

```
background:-webkit-gradient(linear,0 0,0 100%,from(#FFF),to(#000));
```

上述代码的含义是定义一个渐变背景色，该渐变色是线性渐变并且是由白色向黑色渐变的。其中前两个 0 表示的是渐变开始 X 和 Y 坐标位置；0 和 100%表示的是渐变结束 X 和 Y 坐标位置。

6.5 圆角边框

以前，我们在 Web 开发过程中，经常需要实现一些圆角的功能，一般的解决方案是使用图像文件实现边框圆角的效果。

现在，CSS3 已经能够轻松地实现圆角效果，代码中只要定义 border-radius 属性，就可以随意实现圆角效果。

到目前为止，border-radius 属性已经得到 Chrome 浏览器、Safari 浏览器、Opera 浏览器、Firefox 浏览器的支持。但浏览器之间样式名称的写法有些差别，例如 Chrome 浏览器和 Safari 浏览器需要写成-webkit-border-radius；Firefox 浏览器需要写成-moz-border-radius；而 Opera 浏览器则不需要加前缀，只需要写成 border-radius 即可。

示例代码如下：

```
border-radius:10px 5px;
-moz-border-radius:10px 5px;
-webkit-border-radius:10px 5px;
```

或

```
border-radius:10px 5px 10px 5px;
-moz-border-radius:10px 5px 10px 5px;
-webkit-border-radius:10px 5px 10px 5px;
```

需要注意的是，border-radius 属性是不允许使用负值的，当其中一个值为 0 时，则该值对应的角为矩形，否则为圆角。

6.6　Media Queries 移动设备样式

本节我们将为你带来一种全新的样式技术。通过 Media Queries 样式模块，可以实现根据移动设备的屏幕大小，定制网站页面的不同布局效果。它的优点是开发者只需要实现一套页面，就能够在所有平台的浏览器下访问网站的不同效果。

6.6.1　传统网站在 iPhone 上的显示问题

在开始介绍 Media Queries 知识之前，先来看看一个传统的网站在各种移动设备上的页面显示效果。

首先，图 6-1 所示的是 Google 首页传统网站在 iPhone Safari 浏览器下的效果图。

图 6-1 Google 首页在 iPhone Safari 下的传统网站效果

从图 6-1 中可以看到，网页上有很多部分的内容都因为浏览器的实际大小而缩小了字号。为什么会出现这样的效果呢？

实际上，在 iPhone 中使用 Safari 浏览器浏览传统 Web 网站的时候，Safari 浏览器为了能够将整个页面的内容在页面中显示出来，会在屏幕上创建一个 980px 宽度的虚拟布局窗口，并按照 980px 宽度的窗口大小显示网页。这样，我们所看到的效果就像图 6-1，同时网页可以允许以缩放的形式放大或缩小网页。

在过去，为了能够适应不同显示器分辨率大小，通常在设计网站或开发一套网站的时候，都会以最低分辨率 800×600 的标准作为页面大小的基础，而且还不会考虑适应移动设备的屏幕大小的页面。

但是，iPhone 的分辨率是 320×480，对于以最低分辨率大小显示的网站，在 iPhone 的 Safari 浏览器下访问的效果依然还是那么糟糕。那么，究竟这些传统的 Web 网站有没办法在 iPhone 等小屏幕的移动设备下显示正常呢？答案是可以的。

现在来看看 Google 是如何把传统网站首页变成移动版本的网站首页的，如图 6-2 所示。

图 6-2 Google 移动版首页效果图

Google 首页转成移动版后，整个页面上的内容已经清晰可见，页面的样式风格和传统网站有一些差异。Google 究竟是如何将传统的网站转变为移动版本的网站的呢？同时，其他复杂的网站风格又需要做些什么才能变成移动版本呢？

若要实现上述的功能，我们需要在 HTML 页面用到 viewport 及 Media Queries 样式模块。

接下来我们将会介绍如何使用这两个技术知识点。

6.6.2 viewport 设置适应移动设备屏幕大小

1. 什么是 viewport

Apple 为了解决移动版 Safari 的屏幕分辨率大小问题，专门定义了 viewport 虚拟窗口。它的主要作用是允许开发者创建一个虚拟的窗口（viewport），并自定义其窗口的大小或缩放功能。

如果开发者没有定义这个虚拟窗口，移动版 Safari 的虚拟窗口默认大小为 980 像素。现在，除了 Safari 浏览器外，其他浏览器也支持 viewport 虚拟窗口。但是，不同的浏览器对 viewport 窗口的默认大小支持都不一致。默认值分别如下：

- Android Browser 浏览器的默认值是 800 像素；

- IE 浏览器的默认值是 974 像素；
- Opera 浏览器的默认值是 850 像素。

2. 如何使用 viewport

viewport 虚拟窗口是在 meta 元素中定义的，其主要作用是设置 Web 页面适应移动设备的屏幕大小。

如以下代码：

```
<meta name="viewport" content="width=device-width,
                              initial-scale=1,user-scalable=0" />
```

该代码的主要作用是自定义虚拟窗口，并指定虚拟窗口 width 宽度为 device-width，初始缩放比例大小为 1 倍，同时不允许用户使用手动缩放功能。

在上面的代码中，我们使用了一个特别的名字：device-width。自 iPhone 面世以来，其屏幕的分辨率一致维持在 320×480。由于 Apple 在加入 viewport 时，基本上使用 width=device-width 的表达方式来表示 iPhone 屏幕的实际分辨率大小的宽度，比如 width=320。因此，其他浏览器厂商在实现其 viewport 的时候，也兼容了 device-width 这样的特性。

代码中的 content 属性内共定义三种参数。实际上 content 属性允许设置 6 种不同的参数，分别如下：

- width 指定虚拟窗口的屏幕宽度大小。
- height 指定虚拟窗口的屏幕高度大小。
- initial-scale 指定初始缩放比例。
- maximum-scale 指定允许用户缩放的最大比例。
- minimum-scale 指定允许用户缩放的最小比例。
- user-scalable 指定是否允许手动缩放。

6.6.3 Media Queries 如何工作

前面提到，Media Queries 样式模块在传统网页布局向移动版本网页布局转换中起着最重要的作用。为什么 Media Queries 能够作为在移动 Web 设备中进行页面布局的解决方案呢？首先来看一下如图 6-3 所示的效果。

从图 6-3 中可以看到，图中同一个网页在不同分辨率下一共出现三种不同布局方式。

其中，第 1 张图是在计算机的浏览器下传统网站页面布局，该布局主要是两列模式，左列显示网页的 Logo 或图片等，右列则显示导航工具栏、文章区域及头像列表等页面内容。

当用户在 iPad 等平板电脑上访问该网站的时候，由于屏幕分辨率比显示器的分辨率小很多，因此网站整个页面需要调整布局风格。首先将原来右列的导航工具栏位置调整到左列的 Logo 下面。同时，由于传统页面布局中的头像列表显示共 6 个头像，然而在 iPad 等设备上很难在一行中显示全部 6 个头像，因此需要调整一行中的头像数量，如图 6-3 中的第 2 张效果图所示，头像列表被重新定义成 2 行 3 列。

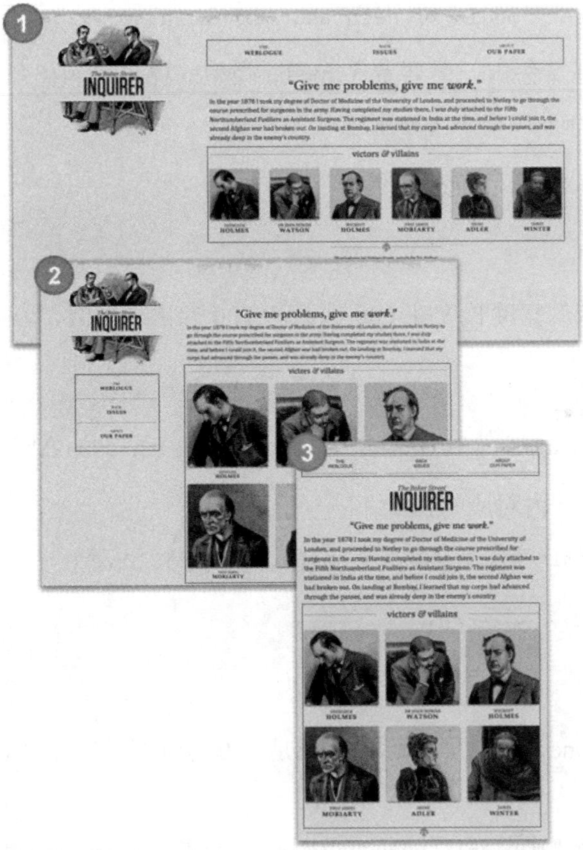

图 6-3　同一个网页、三种不同屏幕分辨率的页面布局

当用户在 iPhone 等手机上访问该网站时，其页面的布局效果就如图 6-3 中的第 3 张图所示。图中的导航工具栏位于小屏幕中页面的顶部，Logo 图片则在导航栏的下面，接着就是文章区域及头像列表区域，头像列表依然是第 2 张图的布局方式：2 行 3 列。从该图可以看出，当用户使用 iPhone 浏览网站时，网站的页面布局方式几乎采用的是 1

行 1 列来展示页面内容。

现在，我们来看看 Media Queries 样式模块究竟能做些什么样的工作，可以适配这些不同设备、不同分辨率之间的样式结构。

要实现 Media Queries 样式模块，需要在 head 标签内导入一个 CSS 样式文件，例如，下面代码使用 media 属性定义当前屏幕可视区域的宽度最大值是 600 像素时应用该样式文件。

```
<link rel="stylesheet" media="screen and(max-width:600px)" href="small.css"/>
```

在 small.css 样式文件内，需要定义 media 类型的样式，例如：

```
@media screen and (max-width:600px){
    .demo{
        background-color:#CCC;
    }
}
```

当屏幕可视区域的宽度长度在 600 像素和 900 像素之间时，应用该样式文件。导入 CSS 文件写法如下：

```
<link rel="stylesheet"
    media="screen and(min-width:600px) and(max-width:900px)" href="small.css"/>
```

small.css 样式文件内对应写法如下：

```
@media screen and (min-width:600px) and(max-width:900px){
    .demo{
        background-color:#CCC;
    }
}
```

当手机（如 iPhone）最大屏幕可视区域是 480 像素时，应用该样式文件。导入 CSS 文件写法如下：

```
<link rel="stylesheet" media="screen and(max-device-width:480px)" href="small.css"/>
```

small.css 样式文件内对应写法如下：

```
@media screen and (max-device-width:480px){
    .demo{
        background-color:#CCC;
    }
}
```

同样也可以判断当移动设备（如 iPad）的方向发生变化时应用该样式。以下代码是当移动设备处于纵向（portrait）模式下时，应用 portrait 样式文件；当移动设备处于横向（landscape）模式下时，应用 landscape 样式文件。

```
<link rel="stylesheet" media="all and(orientation:portrait)" href="portrait.css"/>
<link rel="stylesheet" media="all and(orientation:landscape)" href="landscape.css"/>
```

上述 4 种不同情况显示了使用 Media Queries 样式模块定义在各种屏幕分辨率下的不同样式应用。这种语法风格有点类似于编写兼容 IE 浏览器各个版本的方式，唯一不同的是将需要兼容 IE 的 CSS 样式导入文件写在<!--和-->之间。

在本章节中，我们通过一些简单的示例介绍了 Media Queries 样式。它的出现让开发者开发一套跨平台的网站应用成为可能。在下一节我们会总结一下 Media Queries 样式模块的基本语法。

6.6.4　Media Queries 语法总结

Media Queries 的语法如下所示：

```
@media [media_query] media_type and media_feature
```

使用 Media Queries 样式模块时都必须以“@media”方式开头。

media_query 表示查询关键字，在这里可以使用 not 关键字和 only 关键字。not 关键字表示对后面的样式表达式执行取反操作。例如如下代码：

```
@media not screen and (max-device-width:480px)
```

only 关键字的作用是，让不支持 Media Queries 的设备但能读取 Media Type 类型的浏览器忽略这个样式。例如如下代码：

```
@media only screen and (max-device-width:480px)
```

对于支持 Media Queries 的移动设备来说，如果存在 only 关键字，移动设备的 Web 浏览器会忽略 only 关键字并直接根据后面的表达式应用样式文件。对于不支持 Media Queries 的设备但能够读取 Media Type 类型的 Web 浏览器，遇到 only 关键字时会忽略这个样式文件。

虽然 media_query 这个类型在整个 Media Queries 语法中并不是必需的类型，但是有时候在实际开发过程中却是非常重要的查询参数类型。

media_type 参数的作用是指定设备类型，通常称为媒体类型。实际上在 CSS2.1 版本时已经定义了该媒体类型。表 6-1 列出了 media_type 允许定义的 10 种设备类型。

表 6-1　media_type 设备可用类型一览表

media_type	设备类型说明
all	所有设备
aural	听觉设备
braille	点字触觉设备
handled	便携设备，如手机、平板电脑
print	打印预览图等
projection	投影设备
screen	显示器、笔记本、移动端等设备
tty	如打字机或终端等设备
tv	电视机等设备类型
embossed	盲文打印机

media_feature 的主要作用是定义 CSS 中的设备特性，大部分移动设备特性都允许接受 min/max 的前缀。例如，min-width 表示指定大于等于该值；max-width 表示指定小于等于该值。

表 6-2 显示 media_feature 设备特性的种类一览表。

表 6-2　media_feature 设备特性一览表

设备特性	是否允许 min/max 前缀	特性的值	说　明
width	允许	含单位的数值	指定浏览器窗口的宽度大小，如 480 像素
height	允许	含单位的数值	指定浏览器窗口的高度大小，如 320 像素
device-width	允许	含单位的数值	指定移动设备的屏幕分辨率宽度大小，如 480 像素
device-height	允许	含单位的数值	指定移动设备的屏幕分辨率高度大小，如 320 像素
orientation	不允许	字符串值	指定移动设备浏览器的窗口方向。只能指定 portrait（纵向）和 landscape（横向）两个值
aspect-radio	允许	比例值	指定移动设备浏览器窗口的纵横比例，如 16:9
device-aspect-radio	允许	比例值	指定移动设备屏幕分辨率的纵横比例，如 16:9
color	允许	整数值	指定移动设备使用多少位的颜色值
color-index	允许	整数值	指定色彩表的色彩数
monochrome	允许	整数值	指定单色帧缓冲器中每像素的字节数
resolution	允许	分辨率值	指定移动设备屏幕的分辨率
scan	不允许	字符串值	指定电视机类型设备的扫描方式。只能指定两种值：progressive 表示逐行扫描和 interlace 表示隔行扫描
grid	不允许	整数值	指定设备是基于栅格还是基于位图。基于栅格时该值为 1，否则为 0

到目前为止，Media Queries 样式模块在桌面端都得到了大部分现代浏览器的支持。例如 IE 9 浏览器、Firefox 浏览器、Safari 浏览器、Chrome 浏览器、Opera 浏览器。但是 IE 系列的浏览器中只有最新版本才支持该特性，IE8 以下的版本不支持 Media Queries。

从移动平台来说，基于两大平台 Android 和 iOS 的 Web 浏览器也都得到了良好的支持。同时，黑莓系列手机也支持 Media Queries 特性。

6.6.5　如何将官方网站移植成移动 Web 网站

接下来，让我们来看一下如何将一个真正的网站实现为移动端的 Web 网站版本。如图 6-4 所示是遇见官方网站（http://www.iaround.net）的首页在浏览器下的显示效果。

从图 6-4 可以看到，首页区域一共分成 5 部分。第一部分是页面的顶部，这部分主要是显示 Logo 及导航栏。第二部分是介绍遇见社交软件的展示区域以下载链接提示，属于介绍区域。第三部分则是介绍遇见社交软件的特性部分。第四部分主要是合作伙伴相关的友情链接。最后一部分则是页面的底部，该部分主要显示版权相关信息。

这是一个非常普通的 Web 页面，现在我们根据这四部分的页面区域内容来分析如何将整个页面转换成移动版本的首页。

图 6-4　遇见官方网站首页显示效果图

1. 导入 Media Queries 样式文件

在首页的 HTML 文件的 head 元素内新增以下 Media Queries 样式文件模块：

```
<link rel="stylesheet" type="text/css"
    media="only screen and (max-width:480px),only screen and(max-device-width:
480px)"
    href="/resources/style/device.css"/>
```

2. 首页 HTML 源码

接着来看一下首页的 HTML 代码，如代码 6-1 所示。

代码 6-1　首页的 HTML 代码

```
<!DOCTYPE html>
<html>
<head>
<meta charset="UTF-8" />
<meta name="keywords" content="遇见 iphone Android symbian 陌生人" />
<meta name="description" content="遇见是一款是基于附近陌生人的社交应用，帮助你与你不
认识的、但就在附近的人进行即时沟通。" />
<meta name="viewport" content="width=device-width"/>
    <title>遇见 - 基于附近陌生人的社交应用</title>
<link rel="stylesheet" href="/resources/style/base.css" type="text/css" />
<link rel="stylesheet" href="/resources/style/style.css" type="text/css" />
<link rel="stylesheet" href="/resources/style/home.css" type="text/css" />
<!--[if lte IE 9]>
    <link rel="stylesheet" href="/resources/style/style-ie.css" type="text/css" />
    <script src="http://html5shim.googlecode.com/svn/trunk/html5.js"></script>
    <![endif]-->
<!--[if lt IE 8]>
    <link rel="stylesheet" href="/resources/style/style-ie6.css" type="text/css"
/>
    <![endif]-->
<link rel="stylesheet" type="text/css"
     media="only screen and (max-width:480px),only screen and(max-device-width:
480px)"
     href="/resources/style/device.css"/>
</head>
<body>
    <header class="header">
        <div class="logo">
            <nav class="header-nav">
```

```
            <ul>
                <li class="selected2"><a href="#">欢迎使用</a></li>
                <li><a href="download.html">免费下载</a></li>
                <li><a href="faq.html">遇见 FAQ</a></li>
                <li><a href="http://bbs.iaround.net">官方论坛</a></li>
            </ul>
        </nav>
    </div>
</header>
<section class="followme">
    <em>关注我们</em>
    <a target="_blank" href="http://weibo.com/iAround"><img width="29" height=
"29" src="/resources/images/sina.gif" title="关注我们的新浪微博" align="top" /></a>
    <a target="_blank" href="http://t.qq.com/iAround"><img width="29" height=
"29" src="/resources/images/qqwb.gif" title="关注我们的腾讯微博" align="top" /></a>
</section>
<section class="mobile">
    <div class="d_img"></div>
    <div class="d">
        <img width="280" height="179" src="/resources/images/feature.jpg" />
        <a class="download" href="download.html"></a>
        <img class="app_tips" width="180" height="47" src="/resources/images/
app_tips.jpg" />
        <ul class="app_type">
            <li><a    class="app_ip"    href="http://itunes.apple.com/cn/app/
iaround-chat-with-people-nearby/id468944728?l=en&mt=8"></a></li>
            <li><a class="app_az" href="/dl/iaround.apk"></a></li>
            <li><a class="app_sb"></a></li>
        </ul>
    </div>
</section>
<section class="intro">
  <div>
        <header class="title"></header>
        <div class="content">
            <ul>
                <li class="i1"><h1>无须注册登录</h1>遇见使用全新的技术，无须注册也
无须登录，下载安装后即可使用，即使您的手机重新刷机或安装系统，只需重新安装遇见客户端，之
前的所有账号信息同样保留。</li>
                <li class="i3"><h1>简单快捷流畅</h1>遇见无须查找好友、无须关注任何
人，即可与附近的陌生人进行聊天，聊天人数在 15 个左右。超过这个数字的人系统自动创建新的房间，
```

```
解决了聊天室拥挤问题，让聊天更流畅。</li>
                <li class="i5"><h1>丰富便捷聊天方式</h1>遇见支持发送图片、发送地理
位置、发送视频、发送语音，更有 500+的聊天表情，让用户之间的沟通更加丰富、便捷。</li>
                <li class="i7"><h1>照片分享</h1>用相片连接全世界爱好摄影的陌生人，
把他们变成好朋友和彼此吹捧的粉丝，让影像成为他们唯一对话的语言，通过遇见的附近照片的功能，
无论你走到世界哪里，都可以查看本地附近有哪些照片。</li>
            </ul>
            <ul>
                <li class="i2"><h1>邂逅聊天</h1>遇见是基于附近陌生人的社交应用，帮
助你与你不认识的、但就在附近的人进行沟通。系统会根据用户的年龄、性别、星座、职业、兴趣、
教育等信息，优先自动配对最适合的且在附近的一群人进行交流和沟通。</li>
                <li class="i4"><h1>跨平台</h1>遇见将会陆续推出 iPhone 版、Android
版、Symbian、iPad、黑莓版本、winPhone 版本，实现移动设备的全平台，不管您的朋友使用什么
手机，都可以使用遇见。</li>
                <li class="i6"><h1>多语言</h1>遇见已有简体中文版、繁体中文版、英文
版多语言版本。即将推出日文版、韩文版、西班牙文版、法文版、德文等版本，面向全球用户。</li>
                <li class="i8"><h1>免费短信</h1>您不仅可以与附近的陌生人交友聊天，
还可以免费向手机通讯录中的好友发送短信消息，支持推送功能，所以有人来消息后可以像标准短信
一样显示在手机上，不用担心漏看消息。</li>
            </ul>
        </div>
        <footer class="footer"></footer>
   </div>
  </section>
   <section class="friendlink">
      <h1>合作伙伴：</h1>
      <ul>
       <!-- 此部分略去所有友情链接代码 -->
         …
      </ul>
   </section>
  <footer class="footer">
      <div class="bg">
          <nav>
              <ul>
                  <li><a> 关 于 我 们 </a><span>|</span></li><li><a> 服 务 条 款
</a><span>|</span></li><li><a> 联 系 我 们 </a><span>|</span></li><li><a> 遇 见 帮 助
</a></li>
              </ul>
          </nav>
          <div class="copyright">
```

```
            Guangzhou Zoega Information Technology Co., Ltd. 版权所有 粤 ICP 备
09077414
            </div>
        </div>
    </footer>
</body>
</html>
```

3. device.css 适应手机浏览器屏幕的样式

然后，通过 device.css 文件重新修饰首页的 CSS 部分样式，让整个网页能够适应手机浏览器上访问的 1 行 1 列的排列方式，如代码 6-2 所示。

代码 6-2　device.css 样式代码

```
@media only screen and (max-width:480px),only screen and (max-device-width:480px){
    .header .logo{
        margin-left:0px;
        position:relative;
        background:url(/resources/images/device-logo.jpg) 0px 37px no-repeat;
        width:100%;
        left:0;
        height:150px;
    }
    .header .header-nav{
        padding:0 0;
    }
    .header .header-nav ul{
        text-align:left;
        -webkit-padding-start:0;
    }
    .header .header-nav ul li{
        display:inline-block;
    }
    .header .header-nav ul li a{
        padding:0 0.2em;
    }
    section.followme {
        position:relative;
        left:0;
        margin:0 0;
        text-align:right;
```

```
        width:100%;
    }
    .mobile{
        margin:0 0;
        text-align:left;
        height:775px;
        position: relative;
        width:100%;
        left:0;
        background:url(/resources/images/device-mobile.jpg) left top no-repeat;
    }
    .mobile .d{
        margin:0 0 0 -550px;
        padding:270px 0 0 0;
    }
    .intro {
        margin: 1em 0 2em 0.5em;
        text-align:center;
        position: relative;
        width:95%;
        left:0;
    }
    .intro header{
        width:100%;
        height:0;
        background:none;
    }
    .intro footer {
        width:100%;
        height:0;
        background:none;
    }
    .intro .content{
        padding: 1em 0.6em;
        border-radius:0.6em;
        -webkit-border-radius:0.6em;
    }
    .intro ul {
        display: inline-block;
        width: 100%;
    }
```

```
    .intro ul li{
        margin: 0 0 5.8em 0;
        line-height: 22px;
    }
    .friendlink {
        margin:1em 0.6em 2em 0.6em;
        text-align:left;
        position:relative;
        width:95%;
        left:0;
    }
    .platform {
        margin:0 .4em;
        width:95%;
        left:0;
        border-radius:0.4em;
        -webkit-border-radius:0.4em;
    }
    .platform ul li{
        border-right:0;
        padding: 1.4em 3em;
    }
    .phoneModel {
        margin:0.4em .4em;
        border:1px solid #CFD1D6;
        width:95%;
        left:0;
        border-radius:0.4em;
        -webkit-border-radius:0.4em;
    }
}
```

从上面的 CSS 样式代码中可以看到，实际上大部分的 CSS 代码都是最常用的样式属性。唯一的区别就是多了@media 元素括住整块 CSS 代码。

然而，细心的读者可以看到，device.css 里面的很多代码都是在原有传统网站的样式代码的基础上通过继承模式重新设置其属性样式，也就是我们常说的兼容性写法。

经过 device.css 样式文件重新定义页面布局后，其页面在 iPhone Safari 浏览器下的效果如图 6-5 所示。

图 6-5　遇见官方网站移动版首页页面效果图

6.7　本章小结

本章主要介绍了 CSS3 中常用的几个属性的基本语法和解释，但并没有针对 CSS3 的重要特性进行展开并详细讲解。

在本章的最后还重点介绍了 Media Queries 样式模块如何将传统网站制作成移动版 Web 网站。

第 7 章

Geolocation 地理定位

Geolocation 地理定位是一个非常酷的特性。本章，我们将会为读者介绍如何使用 Geolocation API 实现在手机的浏览器中获取当前地理位置。

7.1 功能介绍

严格来说，Geolocation API 并不属于 HTML5 标准规范，但其 API 接口使得它能让浏览器或者移动设备的浏览器获取用户的当前位置信息。

由于地理定位涉及用户个人隐私信息，因此在任何时候第一次使用 Geolocation 地理定位功能的页面，都需要用户确认是否允许 Web 应用程序获取自己的位置信息。图 7-1 显示了在 iPhone 的 Safari 浏览器下，用户第一次使用地理定位功能时，默认提示用户是否接受浏览器的获取地理位置信息。

图 7-1 iPhone Safari 浏览器下获取用户位置信息的确认提示信息

7.2　浏览器支持情况

Geolocation API 已经得到大部分的浏览器支持。甚至在移动设备领域的浏览器，都能很好地支持该 HTML5 特性。

表 7-1 列出了 PC 上的浏览器支持情况，表 7-2 列出了在移动设备上的浏览器支持情况。

表 7-1　PC 上浏览器支持情况

IE	Firefox	Safari	Chrome	Opera
IE9+	支持	支持	支持	支持

表 7-2　移动设备上浏览器支持情况

IOS Safari	Android Browser	Opera Mobile	Opera Mini	BlackBerry Webkit
支持	支持	支持	不支持	支持

7.3　如何使用 Geolocation API

Geolocation API 是通过 window.navigator.geolocation 获得对地理定位的访问的。该对象有如下三个方法：

- getCurrentPosition()
- watchPosition()
- clearWatch()

7.3.1　首次获取当前位置

Geolocation 提供的地理定位功能，是通过 getCurrentPosition()方法获取当前用户的地理位置信息的。

getCurrentPosition 方法可以传递三个参数，如下所示：

```
void getCurrentPosition(in PositionCallback successCallback,
                        in optional PositionErrorCallback errorCallback,
                        in optional PositionOptions options);
```

第一个参数是必选参数，其作用为获取地理位置信息成功后返回执行的回调函数；

第二个参数为获取地理位置信息异常或失败时执行的回调函数，它是可选参数；

第三个参数是可选参数，它主要是一些可选属性参数设置。

该方法的使用示例如代码 7-1 所示。

代码 7-1　getCurrentPosition 方法获取当前位置示例

```
<!DOCTYPE html>
<html>
<head>
    <meta charset="utf-8">
    <title>Geolocation API 地理定位</title>
    <script type="text/javascript">
        navigator.geolocation.getCurrentPosition(function(pos){
            console.log("当前地理位置的纬度："+pos.coords.latitude);
            console.log("当前地理位置的经度："+pos.coords.longitude);
            console.log("当前经纬度的精度："+pos.coords.accuracy);
        });
    </script>
</head>
<body>
</body>
</html>
```

上述代码中，在调用 getCurrentPosition 方法成功后返回的函数中，可以通过其中的参数对象，获得当前用户访问 Web 页面时的地理位置信息。

pos 对象包含有一个 coords 属性，coords 属性表示一系列的地理坐标信息。

- latitude：以十进制数表示的纬度。
- longitude：以十进制数表示的经度。
- altitude：位置相对于椭圆球面的高度。
- accuracy：以米为单位的纬度和经度坐标的精度水平。
- altitudeAccuracy：以米为单位的高度坐标精度水平。
- heading：运动的方向，通过相对正北做顺时针旋转的角度指定。
- speed：以米/秒为单位的设备当前地面速度。

上面的属性列表中最常用的是 latitude 和 longitude 属性，用于记录当前地理位置的经纬度信息，这个数据是读取地理位置成功后的返回值。

pos 对象除了包含一个 coords 属性外，还包含一个 timestamp 属性，该属性用于返回 coords 对象时以毫秒为单位创建时间戳。

getCurrentPosition 方法的第二个参数是当获取地理位置发生错误时调用的函数，该函数会传递一个参数到函数内部，该参数记录着返回的错误信息。

getCurrentPosition 方法的第三个参数是指定获取地理位置的可选参数，该参数可以允许设置以下几个选项。

1．enableHighAccuracy

enableHighAccuracy 属性是指定浏览器或移动设备尝试更精确地读取经度和纬度，默认值为 false。当这个属性参数设置为 true 时，移动设备在定位计算上可能会花费更长时间，也容易导致消耗更多的移动设备电量。因此，如果无较高准确定位的需求，应该将参数设置为 false 或不设置。

2．timeout

timeout 属性是告诉 geolocation 允许以毫秒为单位的最大时间间隔。

3．maximunAge

当该缓存的位置信息的时间不大于此参数设定值时，应用程序将接受一个缓存的位置信息。单位是毫秒。

7.3.2　监视移动设备的位置变化

watchPosition 和 clearWatch 是一对方法，其原理和 setInterval、setTimeout 方法相同。watchPosition 方法会返回一个唯一标识，clearWatch 可通过这个唯一标识清除 watchPosition 方法的监听。

watchPosition 的语法和 getCurrentPosition 相同，可以传入三个参数，分别是

- 第一个参数是监听成功后返回的函数；
- 第二个参数是监听失败时返回的函数；
- 第三个参数是可选参数。

示例如代码 7-2 所示。

代码 7-2　监视移动设备的位置变化示例代码

```
<!DOCTYPE html>
<html>
<head>
```

```
    <meta charset="utf-8">
    <title>Geolocation API 地理定位</title>
    <script type="text/javascript">
        navigator.geolocation.getCurrentPosition(function(pos){
            console.log("当前地理位置的纬度: "+pos.coords.latitude);
            console.log("当前地理位置的经度: "+pos.coords.longitude);
            console.log("当前经纬度的精度: "+pos.coords.accuracy);
        });
        var watchID = navigator.geolocation.watchPosition(function(pos){
            console.log("当前位置变化的纬度: "+pos.coords.latitude);
            console.log("当前位置变化的经度: "+pos.coords.longitude);
            console.log("当前位置变化经纬度的精度: "+pos.coords.accuracy);
            navigator.geolocation.clearWatch(watchID);
        },function(){

        })
    </script>
</head>
<body>
</body>
</html>
```

7.4 本章小结

本章主要介绍了 HTML5 规范中的 GeoLocation API 接口的基本用法，同时还总结了 GeoLocation 对各种浏览器及移动 Web 浏览器的支持情况。

第 8 章

轻量级框架 jQuery Mobile 初探

到目前为止，本书已经介绍了有哪些 HTML5 标准可以应用于移动 Web 应用程序。从本章开始，我们将为读者介绍基于 HTML5 标准的移动 Web 应用框架。这些框架是由 HTML、JavaScript、CSS 等 Web 技术构建的，其主要功能是为移动设备提供一套可交互的用户界面（UI）及接口。

本章我们将主要介绍 jQuery Mobile 的基本知识，并通过大量示例代码讲述如何使用 jQuery Mobile 提供的用户界面组件。最后我们还将讨论 jQuery Mobile 的常用接口和工具。

8.1 jQuery Mobile 概述

jQuery Mobile 是 jQuery 在移动设备上的版本，它提供一个移动设备平台的统一接口工具。jQuery Mobile 是基于 jQuery、HTML5 和 CSS3 构建的，其目的是提供一个丰富的、交互性强的接口来兼容不同的移动平台。

jQuery Mobile 以“Write Less,Do More”为目标，为所有的主流移动操作系统平台提供了高度统一的移动界面框架，开发者不需要再为每种移动平台编写单独的应用程序。

jQuery Mobile 作为 jQuery 的移动版本，它用于帮助开发者开发基于移动设备的 Web 应用程序，其特性包括：

- 基于 jQuery 核心语法，易于学习。
- 支持所有主流移动平台。
- 采用基于 HTML5 标记元素驱动配置 jQuery Mobile 各种组件，不需要 JavaScript 配置，减少了 JavaScript 脚本数量。
- 自动初始化。jQuery Mobile 通过使用 HTML5 标准的 data-role 属性来对相应的插件或组件初始化。

- 简单的 API。基于触摸屏设备优化，并且提供一个适应不同的移动设备的动态触摸用户界面。
- 可配置的主题风格。框架一共提供 6 种不同颜色的主题风格，配置简单，并且还支持如 text-shadow、box-shadow、gradients 等 CSS3 特性。

jQuery Mobile 作为一款跨平台的 Web 应用程序框架，其支持的移动设备平台包括：

- Apple iOS，如 iPhone、iPad、iPod
- Google Android
- BlackBerry OS
- Bada
- Windows Phone
- Palm Web OS
- Symbian
- MeeGo

jQuery Mobile 的官方网站是 http://jquerymobile.com。读者可以通过浏览官方网站以获得 jQuery Mobile 的最新版本、在线 API 接口文档以及 Demo 例子。

直至本书截稿时，jQuery Mobile 的版本仍然处于 Beta3，本章所讨论到的属性和方法有可能随着版本的更新而发生变化。因此本章主要介绍 jQuery Mobile 的基本用法，而不会深入探讨 jQuery Mobile 的各种原理。

8.2 入门示例 Hello World

现在，我们将从最简单的 Hello World 例子开始，正式进入 jQuery Mobile 移动 Web 开发的学习。

8.2.1 部署文件

在进入 jQuery Mobile 项目开发前，需要先准备好以下几个类库包。

- jquery.js 基础包（建议采用 1.6.2 以上版本）。
- jquery.mobile.js 移动扩展包（截稿前最新版本是 1.0b3）。
- jquery.mobile.css（截稿前最新版本是 1.0b3）。

上述提到的两个 JavaScript 类库文件和一个 CSS 文件都可以在 jQuery 和 jQuery Mobile 官方网站下载得到。

首先，我们在开始 Hello World 示例介绍之前，先看看整个文件目录的结构，如图 8-1 所示。

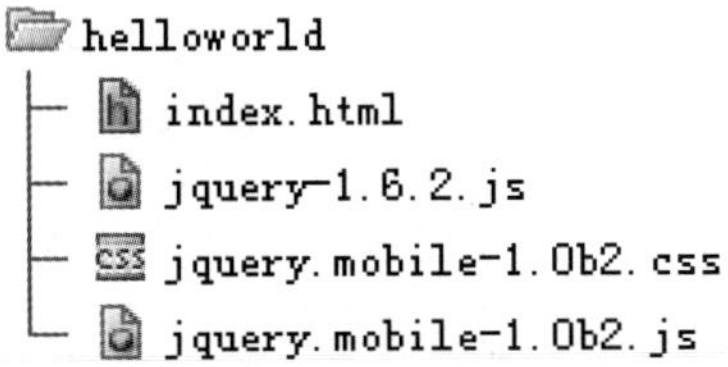

图 8-1　Hello World 示例源码目录

8.2.2　编码

根据图 8-2 所示，我们新建了一个标准的 HTML5 网页，并命名为 index.html，然后将前面提到的类库包文件导入到 index.html 中。接着在页面的 body 元素内添加一行文本：“这是一个简单的 Hello World 示例”。效果如代码 8-1 所示。

代码 8-1　Hello World 示例首页代码

```
<!DOCTYPE html>
<html>
<head>
    <meta charset="utf-8" />
    <meta name="viewport" content="width=device-width,initial-scale=1" />
    <title>jQueryMobile hello World demo</title>
    <link rel="stylesheet" href="jquery.mobile-1.0b2.min.css" />
    <script type="text/javascript" src="jquery-1.6.2.js"></script>
    <script type="text/javascript" src="jquery.mobile-1.0b2.js"></script>
</head>
<body>
这是一个简单的 Hello World 示例
</body>
</html>
```

代码 8-1 运行后，在 iPhone 上的效果如图 8-2 所示。

图 8-2　Hello World 示例在 iPhone 下的效果图

8.3　基于 HTML5 的自定义属性驱动组件

在正式介绍 jQuery Mobile 组件之前，先来了解 HTML5 的一种新特性。

过去，开发者在开发 Web 应用程序的时候，经常需要将有意义的数据存放在 HTML 的内容区域中，但这些数据并不是用于给用户浏览的，而是用于表示该内容区域的额外属性或提供脚本处理逻辑的。对于这种需求，开发者通常都使用 id、class 等属性作为数据的存储方案。

现在，HTML5 引入了一项新的特性：自定义元素属性 dataset。

8.3.1　dataset 自定义属性

现在，我们来解释一下 data-role 属性。该属性是 HTML5 标准规范的一项新特性，其格式要求属性名的前缀必须带有“data-”字符，“data-”后面允许使用任何值，它允许开发人员将这类属性添加到 HTML 标签元素中。例如下面代码为自定义属性的简单示例：

```
<div id="title" class="title" data-category="前端技术"
   data-title="HTML5 移动开发指南" data-time="2011-11-01" data-author="sankyu">
</div>
```

实际上，自定义属性只是充当元素的私有数据存储区域，它既不会影响元素的原有功能，也不会影响其页面的布局。

由于并不是所有的浏览器都支持 dataset 属性，因此当在 JavaScript 中使用 dataset 自定义属性时，建议先检测浏览器是否支持 dataset 属性，例如：

```
var title = document.getElementById("title");
if(title.dataset){
    //浏览器支持 dataset 属性
}else{
    //浏览器不支持 dataset 属性
}
```

通过 dataset 属性检测后，如果需要在 JavaScript 中使用元素的自定义属性，可以通过以下方式读取 dataset 属性值。

```
alert(title.dataset.category);     //前端技术
alert(title.dataset.author);       //sankyu
```

目前 dataset 自定义属性只有 Chrome 浏览器和 Opera 浏览器支持。至于其他浏览器如 Firefox、IE、Safari 等桌面浏览器，仍然未支持。

8.3.2　使用 dataset 属性驱动 jQuery Mobile 组件

jQuery 作为一款优秀的 JavaScript 框架，封装了一套方法用于设置和读取自定义元素的属性。因此，jQuery Mobile 作为 jQuery 的移动版本，不仅支持 Chrome 浏览器、Opera 浏览器、IE 浏览器、Firefox 浏览器、Safari 浏览器，甚至还支持移动设备上的 Web 浏览器，如 iOS 的 Safari、Android 的 Browser、BlackBerry 的 Webkit 等。

jQuery Mobile 提供了非常丰富的 UI 界面库，这类界面库都是基于移动设备小屏幕自适应的。它使用 dataset 自定义属性，赋予 HTML 元素不同功能，例如定义视图、定义 UI 组件等。

jQuery Mobile 使用的自定义属性如下。

1．data-role

定义元素在页面中的功能角色。该属性允许定义不同的组件元素及页面视图等。例如定义一个视图页面：data-role="page"。

2．data-title

定义 jQuery Mobile 视图页面的标题。

3．data-transition

定义视图切换的动画效果。

4．data-rel

定义具有浮动层效果的视图。

5．data-theme

指定元素或组件内的主题样式风格。

6．data-icon

在元素内增加一个 icon 小图标。

7．data-iconpos

定义 icon 小图标的位置。该属性不仅可以定义位置，还允许设置 notext 值，指定只有按钮没有文字的按钮。

8．data-inline

指定按钮根据内容自适应其长度。

9．data-type

定义分组按钮按水平或垂直方向排列。

10．data-rel

定义具有特定功能的元素属性，例如返回按钮：data-rel="back"。

11．data-add-back-btn

指定视图页面自动在页眉左侧添加返回按钮。

12．data-back-btn-text

指定由视图页面自动创建的返回按钮的文本内容。该属性的使用通常都需要和 data-add-back-btn 属性一起配合使用。

13．data-position

该属性的作用是实现在滑动屏幕时工具栏的显示或隐藏状态。

14．data-fullscreen

用于指定全屏视图页面。

15．data-native-menu

指定下拉选择功能采用平台内置的选择器。

16．data-placeholder

设置下拉选择功能的占位符。

17．data-inset

实现内嵌列表的功能。

18．data-split-icon

设置列表右侧的图标。

19．data-split-theme

设置列表右侧图标的主题样式风格。

20．data-filter

开启列表过滤搜索功能。

8.4　页面与视图

页面与视图作为移动 Web 应用程序最重要的用户界面之一，主要承担整个 Web 应用程序的界面呈现工作。jQuery Mobile 提供一套自定义元素属性用于搭建各种页面和视图。接下来，我们将与读者探讨如何使用 jQuery Mobile 创建页面和视图。

8.4.1　标准的移动 Web 页面

根据入门示例，我们可以看到一个运行在移动设备上的 Web 页面，这是 jQuery

Mobile 建议的标准页面，如代码 8-2 所示。

代码 8-2　jQuery Mobile 标准的 Web 页面

```
<!DOCTYPE html>
<html>
<head>
    <meta charset="utf-8" />
    <meta name="viewport" content="width=device-width,initial-scale=1" />
    <title>jQueryMoible Standard Web Page</title>
    <link rel="stylesheet" href="jquery.mobile-1.0b2.min.css" />
    <script type="text/javascript" src="jquery-1.6.2.js"></script>
    <script type="text/javascript" src="jquery.mobile-1.0b2.js"></script>
</head>
<body>
</body>
</html>
```

首先，一个标准的 jQuery Mobile 应用程序 Web 页面需要指定为 HTML5 标准文档类型，即<!DOCTYPE html>。如代码 8-2 所示的第一行代码。

一个 Web 页面必须导入一个 jQuery Mobile CSS 文件、一个 jQuery 类库文件、一个 jQuery Mobile 文件。

同时，我们还需要对 Web 页面设置 viewport 属性，如下代码：

```
<meta name="viewport" content="width=device-width,initial-scale=1" />
```

8.4.2　移动设备的视图

jQuery Mobile 在定义了<body>标签内通过对元素（通常采用 div 元素）指定其属性 data-role="page"作为一个视图页面。一个 Web 页面可以定义一个或多个视图，每个视图之间可以相互切换。

在每个 page 视图内的任意元素，都可以定义 data-role 属性。例如表示页头的 header、内容区域的 content 以及页脚的 footer，如代码 8-3 所示。

代码 8-3　单视图 Web 页面

```
<!DOCTYPE html>
<html>
<head>
```

```
    <meta charset="utf-8" />
    <meta name="viewport" content="width=device-width,initial-scale=1" />
    <title>jQueryMobile one View Page </title>
    <link rel="stylesheet" href="jquery.mobile-1.0b2.css" />
    <script type="text/javascript" src="jquery-1.6.2.js"></script>
    <script type="text/javascript" src="jquery.mobile-1.0b2.js"></script>
</head>
<body>
    <div data-role="page">
        <div data-role="header">页头</div>
        <div data-role="content">内容</div>
        <div data-role="footer">页脚</div>
    </div>
</body>
</html>
```

代码 8-3 运行后，在 iPhone 下的效果如图 8-3 所示。

图 8-3　单视图 Web 页面在 iPhone 下的效果图

通过上述示例，相信你基本了解了如何使用 jQuery Mobile 框架编写标准的移动 Web 视图页面。

我们在该示例中采用 jQuery Mobile 推荐使用 div 元素作为视图页面的布局元素。但是，由 HTML5 标准定义的新元素在 iOS 和 Android 平台下都能使用，例如 header、footer、 section、article 等元素。上述代码完全可以将 div 元素替换成 HTML5 新元素。我们对代码 8-3 稍作修改，如代码 8-4 所示。

代码 8-4　采用 HTML5 语义标签的单视图页面

```
<!DOCTYPE html>
<html>
<head>
    <meta charset="utf-8" />
    <meta name="viewport" content="width=device-width,initial-scale=1" />
    <title>jQueryMobile one View Page </title>
    <link rel="stylesheet" href="jquery.mobile-1.0b2.css" />
    <script type="text/javascript" src="jquery-1.6.2.js"></script>
    <script type="text/javascript" src="jquery.mobile-1.0b2.js"></script>
</head>
<body>
    <section data-role="page">
        <header data-role="header">页头</header>
        <article data-role="content">内容</article>
        <footer data-role="footer">页脚</footer>
    </section>
</body>
</html>
```

通过调整后的代码 8-4，我们可以看到移动 Web 页面的 HTML 元素含义非常清晰，并且其运行效果和代码 8-3 相同。现在，我们再来简单描述一下 HTML5 标准定义的新元素在移动 Web 页面中的含义。

section 标签元素，在 HTML5 标准中定义为页面文档中的一段或一节，通常在网站中被分成各种不同模块或不同栏目。当使用在移动 Web 页面时，可以将 section 元素看作每一个视图页面。

header 元素和 footer 元素在每个视图中可以作为页头和页脚的标识。

article 元素可以作为每个视图的一个主题内容。

8.4.3　多视图 Web 页面

前面提到，在一个 Web 页面内，允许开发者定义多个视图页面。实现多视图页面非常简单，我们只需要在 Web 页面内定义几个 div 或 section 标签，并设置其 data-role

属性值为 page 即可实现。

示例如代码 8-5 所示。

代码 8-5　多视图 Web 页面代码

```
<!DOCTYPE html>
<html>
<head>
    <meta charset="utf-8" />
    <meta name="viewport" content="width=device-width,initial-scale=1" />
    <title>jQueryMobile more View Page </title>
    <link rel="stylesheet" href="jquery.mobile-1.0b2.css" />
    <script type="text/javascript" src="jquery-1.6.2.js"></script>
    <script type="text/javascript" src="jquery.mobile-1.0b2.js"></script>
</head>
<body>
    <section data-role="page" id="firstView">
        <header data-role="header">第 1 个视图</header>
        <article  data-role="content"><a  href="#secondView"> 切 换 第  2  个 视 图
</a></article>
        <footer data-role="footer">页脚</footer>
    </section>
    <section data-role="page" id="secondView">
        <header data-role="header">第 2 个视图</header>
        <article  data-role="content"><a  href="#firstView"> 切 换 第  1  个 视 图
</a></article>
        <footer data-role="footer">页脚</footer>
    </section>
</body>
</html>
```

在代码 8-5 中，我们通过指定视图的 id，并在各自视图内容区域添加超链接，同时在超链接的 href 属性中设置#符号+id 方式，就可以通过该超链接实现切换到指定 id 的视图。

代码 8-5 运行后在 iPhone 下的浏览效果如图 8-4 所示。在页面中单击“切换第 2 个视图”链接时，页面就会切换到第 2 个视图，同样在第 2 个视图中单击“切换第 1 个视图”链接，就能回到第 1 个视图。

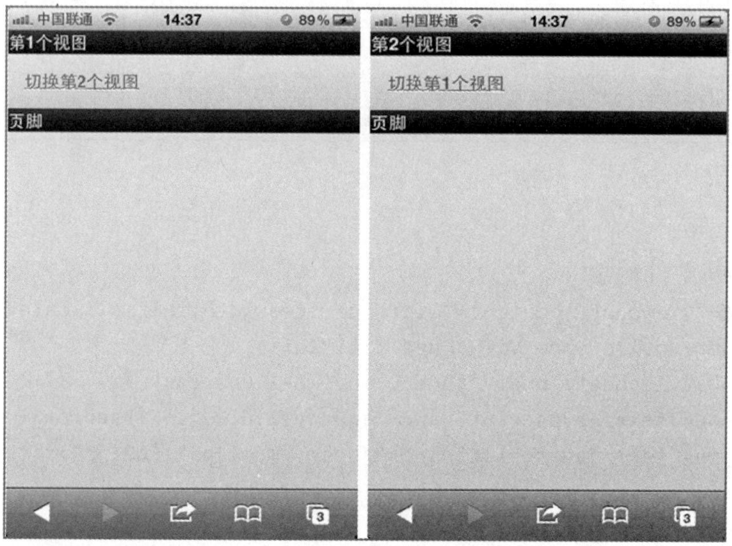

图 8-4　多视图切换在 iPhone 下的浏览效果图

8.4.4　改变页面标题的视图

jQuery Mobile 的 data-title 属性是通过 data-title 属性值自动更新 HTML 文档中的标题，一般用在多视图页面中。当每次切换视图时，如果新视图定义了 data-title 属性，HTML 文档就会自动更新标题。

该属性用法简单，我们以代码 8-5 为基础，稍微修改后如代码 8-6 所示。

代码 8-6　data-title 属性示例代码

```
<!DOCTYPE html>
<html>
<head>
    <meta charset="utf-8" />
    <meta name="viewport" content="width=device-width,initial-scale=1" />
    <title>jQueryMobile more View Page </title>
    <link rel="stylesheet" href="jquery.mobile-1.0b2.css" />
    <script type="text/javascript" src="jquery-1.6.2.js"></script>
    <script type="text/javascript" src="jquery.mobile-1.0b2.js"></script>
</head>
<body>
    <section data-role="page" id="firstView" data-title="第 3 个视图 title">
```

```
        <header data-role="header">第 3 个视图</header>
        <article data-role="content"><a href="#secondView">切换第 4 个视图
</a></article>
        <footer data-role="footer">页脚</footer>
    </section>
    <section data-role="page" id="secondView" data-title="第 4 个视图 title">
        <header data-role="header">第 4 个视图</header>
        <article data-role="content"><a href="#firstView">切换第 3 个视图
</a></article>
        <footer data-role="footer">页脚</footer>
    </section>
</body>
</html>
```

代码 8-5 运行后在 iPhone 下的效果如图 8-5 所示。

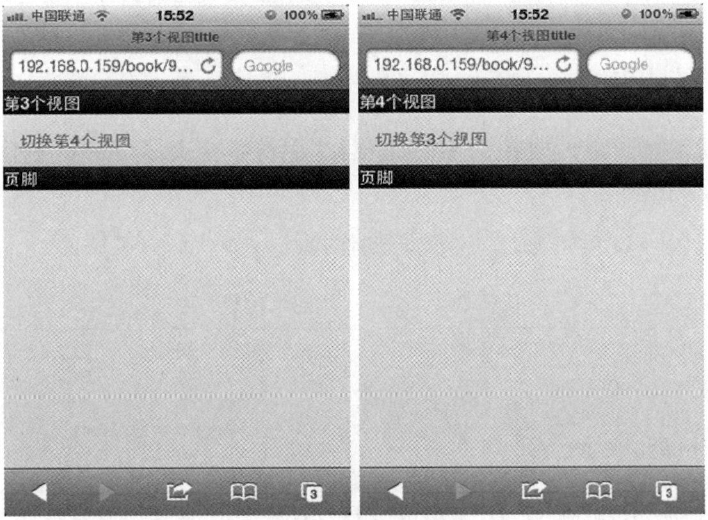

图 8-5　改变页面标题的效果图

8.4.5　视图切换动画

jQuery Mobile 通过 CSS3 的 transition 动画机制，在多视图切换或返回按钮事件中，采用动画效果切换视图。

目前，jQueryMobile 提供有 6 种切换动画属性，如表 8-1 所示为切换动画的属性一览表。

表 8-1　jQuery Mobile 动画切换属性一览表

动　画	描　述
Slide	从右到左切换，默认方式
Slideup	从下到上切换
Slidedown	从上到下切换
Pop	以弹出框的方式打开一个视图或页面
Fade	渐变退色方式切换
Flip	旧页面翻转飞出，新页面飞入方式切换

动画效果默认方式是 slide，如果开发人员需要指定其他的动画效果，可以通过 data-gransition 属性设置其他属性值。

如下示例代码：

```
<a href="#firstView" data-transition="pop">切换第 2 视图</a>
```

8.4.6　dialog 对话框

任何一个视图页面，只要在标签的 data-rel 属性中定义了 dialog 属性值，视图就具有 dialog 浮动层的效果。

我们以示例代码 8-5 为基础，对代码稍作修改，如代码 8-7 所示。

代码 8-7　dialog 视图示例代码

```
<!DOCTYPE html>
<html>
<head>
    <meta charset="utf-8" />
    <meta name="viewport" content="width=device-width,initial-scale=1" />
    <title>jQueryMobile more View Page </title>
    <link rel="stylesheet" href="jquery.mobile-1.0b2.css" />
    <script type="text/javascript" src="jquery-1.6.2.js"></script>
    <script type="text/javascript" src="jquery.mobile-1.0b2.js"></script>
</head>
<body>
    <section data-role="page" id="firstView">
        <header data-role="header"><h1>第 1 个视图</h1></header>
        <article data-role="content">
            <a href="#secondView" data-rel="dialog" data-transition="pop">
               采用 dialog 方式打开第 2 个视图
```

```
            </a>
        </article>
        <footer data-role="footer"><h1>页脚</h1></footer>
    </section>
    <section data-role="page" id="secondView">
        <header data-role="header"><h1>第 2 个视图</h1></header>
        <article  data-role="content"><a  href="#firstView"> 切 换 第  1  个 视 图
</a></article>
        <footer data-role="footer"><h1>页脚</h1></footer>
    </section>
</body>
</html>
```

代码 8-7 运行后在 iPhone 下的效果如图 8-6 所示。当单击左侧图中的超链接时，页面则使用 pop 动画方式切换到左侧图中的 dialog 视图。

图 8-6　dialog 示例效果图

8.4.7　页面主题

jQuery Mobile 提供一个非常灵活和强大的主题系统。开发人员可以通过 data-theme 属性对视图、header、footer 等设置不同的主题。

主题设置的示例代码如下：

```
<section data-role="page" id="firstView" data-theme="a">
```

```
    <header data-role="header" data-theme="b"><h1>第 1 个视图</h1></header>
    <article data-role="content">内容</article>
    <footer data-role="footer" data-theme="c"><h1>页脚</h1></footer>
</section>
```

代码运行后在 iPhone 下的效果如图 8-7 所示。

图 8-7　同一个视图多个主题的效果图

从效果图可以看到，我们在 section 标签中定义了“a”主题，那么整个视图内都是 a 主题风格，接着在视图内部对 header 和 footer 标签定义了各自的主题“b”和“c”，因此它们不再使用 a 主题风格，而使用自己定义的主题。

8.5　button 按钮

按钮在移动 Web 应用程序中是重要的用户界面组件之一，主要作用是为用户提供各种操作入口以及视图交互功能。接下来我们将会为读者介绍如何在 Web 应用程序中定义按钮。

8.5.1　button 组件

在移动 Web 页面的内容区域，可以指定超链接的属性 data-role="button"将超链接变成 button 按钮。

例如以下代码：

```
<a href="#home" data-role="button">a Link button</a>
```

效果如图 8-8 所示。

图 8-8　button 示例效果图

除了超链接能自动转换成 button 按钮外，表单元素中类型是 submit、reset、button、image 的 input 元素也都会自动转换成 jQuery Mobile 提供的按钮风格。如下示例代码：

```
<input type="button" name="button 类型 input" />
<input type="submit" name="submit 类型 input" />
<input type="reset" name="reset 类型 input" />
<input type="image" name="image 类型 input" />
```

8.5.2　具有 icon 图标的 button 组件

jQuery Mobile 提供一套图标库用于修饰 button 按钮的背景风格。

该图标库是为了减小网络下载的大小。Query Mobile 提供一套单一的白色图标精灵，并自动在图标的后面增加一个半透明的黑色圆圈，以确保图标在任何颜色背景下的对比度的最佳效果。

1．图标类型

通过设置属性 data-icon 并指定对应的图标名称，就能实现对 button 添加 icon 图标。如下代码：

```
<a href="#home" data-role="button" data-icon="home">首页</a>
```

jQuery Mobile 提供多达 18 种常用图标，分别如下：

- arrow-l，左箭头，如 data-icon="arrow-l"
- arrow-r，右箭头，如 data-icon="arrow-r"
- arrow-u：上箭头，如 data-icon="arrow-u"
- arrow-d：下箭头，如 data-icon="arrow-d"
- delete：删除，如 data-icon="delete"
- plus：加号，如 data-icon="plus"
- minus：减号，如 data-icon="minus"
- check：对号，如 data-icon="check"
- gear：齿轮，如 data-icon="gear"
- refresh：刷新，如 data-icon="refresh"
- forward：前进，如 data-icon="forward"
- back：返回，如 data-icon="back"
- grid：网格，如 data-icon="grid"
- star：星星，如 data-icon="star"
- alert：提示，如 data-icon="alert"
- info：信息，如 data-icon="info"
- home：主页，如 data-icon="home"
- search：查找，如 data-icon="search"

icon 图标效果如图 8-9 所示。

图 8-9　icon 图标效果图

2．图标位置

在默认情况下，icon 图标在 button 按钮的最左侧位置。我们可以通过 data-iconpos

属性更改 icon 图标在按钮上的位置，其位置有 4 种：left、right、top、bottom。效果如图 8-10 所示。

3．图标按钮

通过设置 data-iconpos="notext"可以创建一个没有文字、只有 icon 图标的按钮，如下代码：

```
<a href="#" data-role="button" data-icon="delete" data-iconpos="notext">delete</a>
```

效果如图 8-11 所示。

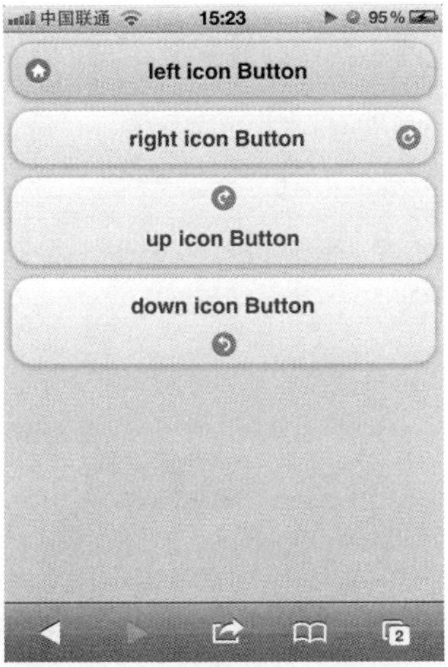

图 8-10　icon 位置的效果图

图 8-11　icon 图标按钮效果图

4．自定义图标按钮

虽然 jQuery Mobile 提供的 icon 图标类型非常多，但在实际项目中，这些图标并不满足项目需求。因此，jQuery Mobile 提供了一个可以自定义图标的属性值。例如 data-icon="myapp-email"，myapp-mail 就是自定义的图标名称，它是根据 CSS 编写规范而定的。在 CSS 中 myapp-mail 相对应的样式名称是.ui-icon-myapp-email，并在该样式中把图标设置为背景。

自定义 icon 图标的像素大小是 18×18，建议保存时选择 png-8 格式透明背景图片。

8.5.3 具有内联样式的 button

我们在 8.5.2 节介绍的 button 按钮示例中发现，button 按钮在默认情况下是占满屏幕整个宽度的，对于这种按钮效果，我们在实际项目开发中一般很少会用到。那么，我们能够改变这种效果吗？答案是可以的。

通过设置 data-inline 属性值为 true，button 按钮的宽度将会自适应按钮文本内容和图标组合的长度。如下示例代码：

```
<a href="#" data-role="button" data-icon="home" data-inline="true">home</a>
```

其效果如图 8-12 所示。同理，我们又可以把两个按钮同时定义在同一行内，如下示例代码：

```
<a href="#" data-role="button" data-icon="back"
     data-inline="true" data-theme="b">back</a>
<a href="#" data-role="button" data-icon="back"
     data-inline="true" data-theme="c">back</a>
```

其效果如图 8-13 所示。

图 8-12　单按钮 inline 效果图

图 8-13　多按钮 inline 效果图

8.5.4　具有分组功能的 button 按钮

jQuery Mobile 提供一种分组按钮列表的功能。它需要在按钮列表的外层增加一个 div 元素并设置 data-role 属性值为 controlgroup。如下代码：

```
<div data-role="controlgroup">
        <a href="#" data-role="button">确定</a>
        <a href="#" data-role="button">取消</a>
        <a href="#" data-role="button">返回</a>
</div>
```

利用分组按钮功能以及按钮的各种特性，我们可以实现多种分组按钮效果。现在，我们结合本节介绍的所有分组按钮特性，编写一个完整的示例代码，如代码 8-8 所示。

代码 8-8　分组按钮示例代码

```
<!DOCTYPE html>
<html>
<head>
    <meta charset="utf-8" />
    <meta name="viewport" content="width=device-width,initial-scale=1" />
    <title>jQueryMobile button example</title>
    <link rel="stylesheet" href="jquery.mobile-1.0b2.css" />
    <script type="text/javascript" src="jquery-1.6.2.js"></script>
    <script type="text/javascript" src="jquery.mobile-1.0b2.js"></script>
</head>
<body>
    <div data-role="controlgroup">
        <a href="#" data-role="button" data-theme="a">返回</a>
        <a href="#" data-role="button" data-theme="b">首页</a>
        <a href="#" data-role="button" data-theme="c">前进</a>
    </div>
    <div data-role="controlgroup">
        <a href="#" data-role="button" data-icon="back"data-theme="a">返回</a>
        <a href="#" data-role="button" data-icon="home" data-theme="b">首页</a>
        <a href="#" data-role="button" data-icon="forward" data-theme="c">前进</a>
    </div>
</body>
</html>
```

上述示例代码运行后的效果如图 8-14 所示。

图 8-14　默认分组按钮示例效果图

上述示例是默认的分组按钮列表，该示例定义两组按钮列表，一组没有 icon 图标，一组包含 icon 图标。

默认的分组按钮是垂直排列的，我们可以定义 data-type 属性值为 horizontal，把垂直排列的分组按钮改变成水平排列。我们以代码 8-8 为基础稍作调整后如代码 8-9 所示，其运行后效果如图 8-15 所示。

图 8-15　水平列表分组按钮示例效果图

代码 8-9　水平列表分组按钮示例代码

```
<!DOCTYPE html>
<html>
<head>
    <meta charset="utf-8" />
    <meta name="viewport" content="width=device-width,initial-scale=1" />
    <title>jQueryMobile button example</title>
    <link rel="stylesheet" href="jquery.mobile-1.0b2.css" />
    <script type="text/javascript" src="jquery-1.6.2.js"></script>
    <script type="text/javascript" src="jquery.mobile-1.0b2.js"></script>
</head>
<body>
    <div data-role="controlgroup" data-type="horizontal">
        <a href="#" data-role="button" data-theme="a">返回</a>
        <a href="#" data-role="button" data-theme="b">首页</a>
        <a href="#" data-role="button">前进</a>
    </div>
    <div data-role="controlgroup" data-type="horizontal">
        <a href="#" data-role="button" data-icon="back" data-theme="a">返回</a>
        <a href="#" data-role="button" data-icon="home" data-theme="b">首页</a>
        <a href="#" data-role="button" data-icon="forward" data-theme="c">前进</a>
    </div>
</body>
</html>
```

我们在前面的章节中提到，按钮可以设置不显示文本而直接显示 icon 图标。这种只有 icon 图标的按钮在分组按钮功能中同样适用，我们以代码 8-9 为基础对代码稍作调整，如代码 8-10 所示。

代码 8-10　icon 图标的分组按钮示例代码

```
<!DOCTYPE html>
<html>
<head>
    <meta charset="utf-8" />
    <meta name="viewport" content="width=device-width,initial-scale=1" />
    <title>jQueryMobile button example</title>
    <link rel="stylesheet" href="jquery.mobile-1.0b2.css" />
    <script type="text/javascript" src="jquery-1.6.2.js"></script>
    <script type="text/javascript" src="jquery.mobile-1.0b2.js"></script>
</head>
<body>
```

```
    <div data-role="controlgroup" data-type="horizontal">
        <a href="#" data-role="button" data-icon="back" data-theme="a">返回</a>
        <a href="#" data-role="button" data-icon="home" data-theme="b">首页</a>
        <a href="#" data-role="button" data-icon="forward">前进</a>
    </div>
    <div data-role="controlgroup" data-type="horizontal">
        <a  href="#"  data-role="button"  data-icon="back"  data-iconpos="notext"
data-theme="a">返回</a>
        <a  href="#"  data-role="button"  data-icon="home"  data-iconpos="notext"
data-theme="b">首页</a>
        <a href="#" data-role="button" data-icon="forward" data-iconpos="notext"
data-theme="c">前进</a>
    </div>
</body>
</html>
```

代码 8-10 运行效果如图 8-16 所示。

图 8-16　icon 图标按钮组示例效果图

8.6　Bar 工具栏

上一节我们探讨了按钮的基本用法，接下来我们将进一步讨论 jQuery Mobile 的另外一个组件：工具栏。同时，我们还会结合按钮组件的特性完成一个完整的工具栏。

8.6.1　如何使用工具栏

jQuery Mobile 框架提供了两种标准类型的工具栏。

1．Headers bar

Headers bar 充当视图页面的标题作用。在一般情况下，Header bar 位于一个页面或视图的顶部，属于该页面或视图的第一个元素，通常包含一个标题和两个按钮（分别在标题的两侧）。

2．Footer bar

Footer bar 一般位于一个页面或视图的底部，属于该页面或视图的最后一个元素。相对于 Header bar，Footer bar 的内容和功能范围相对广泛，它除了包含文本和按钮外，还允许放置导航条、表单元素如选择菜单等。

在前面的章节中，我们已经介绍过如何定义视图的 header 区域和 footer 区域，例如以下代码定义 header 区域和 footer 区域：

```
<div data-role="header">header 页眉区域</div>
<div data-role="footer">footer 页脚区域</div>
```

如果使用 HTML5 标准新元素定义该区域，代码如下：

```
<header data-role="header">header 页眉区域</header>
<footer data-role="header">footer 页脚区域</footer>
```

需要注意的是，在本章节后面介绍各种工具栏的用法和例子时，将主要使用上述的 header 元素和 footer 元素作为页头和页脚的代码元素。但这样并不等于使用 div 元素定义不好，笔者只是认为使用 HTML5 新元素更能说明页面的语义。

定义 header bar 工具栏和 footer bar 工具栏非常简单，代码如下：

```
<div data-role="page">
        <header data-role="header">
            <h1>header bar</h1>
        </header>
        <div>内容区域</div>
        <footer data-role="header">
            <h1>footer bar</h1>
        </footer>
</div>
```

8.6.2 含有后退按钮的 Header 工具栏

一般情况下，一个视图页面的页头部分都会含有后退按钮，该按钮的作用是回退上一次操作的视图页面。那么，我们如何在工具栏中实现具有后退功能的按钮呢？

代码 8-11 是实现具有后退功能按钮的工具栏。

代码 8-11 含有后退按钮的 header bar 示例代码

```
<!DOCTYPE html>
<html>
<head>
    <meta charset="utf-8" />
    <meta name="viewport" content="width=device-width,initial-scale=1" />
    <title>jQueryMobile toolbar example</title>
    <link rel="stylesheet" href="jquery.mobile-1.0b2.css" />
    <script type="text/javascript" src="jquery-1.6.2.js"></script>
    <script type="text/javascript" src="jquery.mobile-1.0b2.js"></script>
</head>
<body>
    <div data-role="page" id="forwardPage">
        <header data-role="header">
            <a>按钮</a>
            <h1>前进视图标题</h1>
            <a href="#backPage">前进</a>
        </header>
        <div>单击前进进入第二个视图</div>
        <footer data-role="footer">
            <h1>footer bar</h1>
        </footer>
     </div>
    <div data-role="page" id="backPage">
        <header data-role="header">
            <a data-rel="back">后退</a>
            <h1>后退视图标题</h1>
        </header>
        <div>单击后退按钮返回第一个视图</div>
        <footer data-role="footer">
            <h1>footer bar</h1>
        </footer>
     </div>
</body>
</html>
```

从代码 8-11 可以看到，我们一共定义了两个视图。在第一个视图的 header 元素内，还定义两个 a 元素的超链接和一个 H1 元素。

在一般情况下，H1 元素通常用于显示标题的文本，它允许使用 H1~H6 的任何标题级别。因此在各种视图页面切换之间，可以通过定义各类标题级别来区分各种视图的层级关系。

其次，我们来看看 id 为 forwardPage 的视图，在 header 标签内一共有 3 个元素。在默认情况下，jQuery Mobile 会将 header 标签内的所有 a 元素超链接根据位置的顺序来排列。第一个 a 元素的超链接（<a>按钮</a>）会出现在视图的顶部工具栏左侧位置。第二个 a 元素的超链接（<a href="#backPage"></a>）则显示于视图的顶部工具栏右侧位置，同时该超链接的 href 属性值是#backPage，该值的含义是单击该按钮时视图会被切换到 id 为 backPage 的视图，也就是上一次访问的视图页面。

对于第二个视图，我们在 header 部分定义一个后退的超链接按钮，并且指定属性 data-rel 值为 back。

当指定 data-rel="back"属性后，jQuery Mobile 会忽略 a 元素的 href 属性，并模拟出类似浏览器后退按钮功能，效果如图 8-17 所示。

图 8-17　data-rel 属性的后退按钮

除了使用 data-rel 属性可以设置视图的后退功能外，jQuery Mobile 还提供对视图 div 元素指定 data-add-back-btn 属性和 data-back-btn-text 属性设置默认后退的功能。

如果在视图中设置 data-add-back-btn 属性值为 true，则 data-back-btn-text 属性设置按钮名称为“后退”，则 jQuery Mobile 会在视图的 header 和 footer 部分的左侧自动添加一个后退按钮。如果没有指定 data-back-btn-text 属性，则默认显示后退按钮的名称为“back”。

我们不仅可以通过 data-back-btn-text 属性设置后退按钮名称，还可以通过 JavaScript 配置后退按钮的默认名称，如下代码：

```
$.mobile.page.prototype.options.backBtnText = "后退";
```

现在我们对代码 8-11 进行调整，采用 jQuery Mobile 自动生成后退按钮，代码如下：

```
<div data-role="page" id="backPage" data-add-back-btn="true" data-back-btn-text="
后退">
    <header data-role="header">
    <h1>后退视图标题</h1>
    </header>
    <div>单击后退按钮返回第一个视图</div>
    <footer data-role="footer">
       <h1>footer bar</h1>
    </footer>
</div>
```

代码调整后运行的效果如图 8-18 所示。

图 8-18　data-add-back-btn 属性的后退按钮

8.6.3　多按钮的 Footer 工具栏

在上一节我们探讨了 header 工具栏的基本用法，然而 footer 工具栏的用法上基本和 header 工具栏相似，它既能设置 H1~H6 等各类标题文本，也能定义按钮。

但是，footer 工具栏和 header 工具栏在布局上有一些区别。在 footer 工具栏中添加的按钮会被自动设置成 inline 模式，并自适应其文本内容的宽度。

具有多按钮的 footer 工具栏示例如代码 8-12 所示。

代码 8-12　footer 工具栏示例代码

```
<!DOCTYPE html>
<html>
<head>
    <meta charset="utf-8" />
    <meta name="viewport" content="width=device-width,initial-scale=1" />
    <title>jQueryMobile toolbar example</title>
    <link rel="stylesheet" href="jquery.mobile-1.0b2.css" />
    <script type="text/javascript" src="jquery-1.6.2.js"></script>
    <script type="text/javascript" src="jquery.mobile-1.0b2.js"></script>
</head>
<body>
    <div data-role="page" id="forwardPage">
        <header data-role="header">
            <h1>前进视图标题</h1>
        </header>
        <div>点击前进进入第二个视图</div>
        <footer data-role="footer" class="ui-bar">
            <a href="#" data-role="button" data-icon="delete">删除</a>
            <a href="#" data-role="button" data-icon="plus">添加</a>
            <a href="#" data-role="button" data-icon="arrow-u">向上</a>
            <a href="#" data-role="button" data-icon="arrow-d">向下</a>
        </footer>
    </div>
</body>
</html>
```

代码 8-12 在 footer 元素内定义了 4 个 a 元素超链接的按钮，运行后效果图如图 8-19 所示。

从图 8-19 可以看到，虽然我们添加了 4 个超链接按钮，但在 UI 美观方面，感觉这 4 个按钮在 footer 区域的位置太靠近上、下两个边。因此，在默认情况下，工具栏没有使用 padding 等样式属性给按钮或组件预留任何空白间隔。为了使界面更加美观，我们在 footer 元素上设置 class 样式属性为“ui-bar”。样式添加后的效果如图 8-20 所示。

图 8-19　footer 工具栏示例效果图

图 8-20　带有 ui-bar 样式的工具栏效果图

在前面的例子中，footer 工具栏上的 4 个按钮都是各自独立的，我们可以把这 4 个独立的按钮合并成一组按钮。

实现一组按钮的方法是使用 div 元素并设置 data-role 属性值为 controlgroup，然后再设置 data-type 属性值 horizontal，说明该按钮是水平排列的。例如以下代码：

```
<footer data-role="footer" class="ui-bar">
        <div data-role="controlgroup" data-type="horizontal">
            <a data-role="button" data-icon="delete">删除</a>
            <a data-role="button" data-icon="plus">添加</a>
            <a data-role="button" data-icon="arrow-u">向上</a>
            <a data-role="button" data-icon="arrow-d">向下</a>
        </div>
</footer>
```

footer 工具栏的一组按钮效果如图 8-21 所示。

图 8-21　增加分组功能的按钮组后的效果图

8.6.4　导航条工具栏

jQuery Mobile 提供一个非常重要的导航工具栏组件：navbar，它提供各种数量的按钮组排列。一般情况下，导航工具栏位于 header 或 footer 工具栏内。

导航工具栏一般是一个包裹在一个容器内的无序超链接列表，并且对容器设置 data-role 属性值为 navbar。

在这里，jQuery Mobile 官方建议使用 div 元素作为这类导航列表的外部容器，而 HTML5 标准的新元素 nav 完全可以在这里充当导航列表的外部容器。因此采用 div 元素或者 nav 元素，都能作为导航工具栏的容器，但是使用 nav 元素更能表达页面中导航区域的语义。

在导航工具栏中，通常都需要默认指定其中一个按钮或超链接为激活状态以表示当前视图的位置。我们可以通过设置 class 属性值为 ui-btn-active，使按钮处于激活状态。

导航工具栏的示例如代码 8-13 所示。

代码 8-13　导航条工具栏示例代码

```
<!DOCTYPE html>
<html>
<head>
```

```
    <meta charset="utf-8" />
    <meta name="viewport" content="width=device-width,initial-scale=1" />
    <title>jQueryMobile toolbar example</title>
    <link rel="stylesheet" href="jquery.mobile-1.0b2.css" />
    <script type="text/javascript" src="jquery-1.6.2.js"></script>
    <script type="text/javascript" src="jquery.mobile-1.0b2.js"></script>
</head>
<body>
    <div data-role="page" id="forwardPage">
        <header data-role="header">
            <h1>navbar 导航工具栏</h1>
        </header>
        <div>视图内容区域</div>
        <footer data-role="header">
            <nav data-role="navbar">
                <ul>
                    <li><a href="#" class="ui-btn-active">照片</a></li>
                    <li><a href="#">状态</a></li>
                    <li><a href="#">信息</a></li>
                </ul>
            </nav>
        </footer>
    </div>
</body>
</html>
```

代码 8-13 中的 footer 区域定义了一个 nav 元素，说明这里是一个导航区域，并指定 data-role 属性为 navbar。

然后在 nav 元素内部定义三个无序超链接列表，并对第一个超链接设置 class 样式属性为 ui-btn-active，说明第一个超链接是激活状态。

代码 8-13 运行效果如图 8-22 所示。

从图 8-22 可以看到当使用导航工具栏时，工具栏定义了三个按钮列表，然而这三个按钮的样式并不像前面介绍按钮时根据内容自适应按钮宽度，而是根据按钮的数量自适应浏览器一行的宽度。也就是说，三个按钮的宽度是浏览器宽度的 1/3。

实际上，jQuery Mobile 支持 5 种按钮布局的导航工具栏，每一种按钮布局会根据其按钮的数量而定，例如：

当只有 1 个按钮导航工具栏时，其占用的宽度是整个浏览器宽度。

当有 2 个按钮导航工具栏时，其每个按钮的宽度是浏览器宽度的一半。

当有 3 个按钮导航工具栏时，每个按钮的宽度是浏览器宽度的 1/3。

当有 4 个按钮导航工具栏时，每个按钮的宽度是浏览器宽度的 1/4。

当有 4 个按钮导航工具栏时，每个按钮的宽度是浏览器宽度的 1/5。

5 种情况的导航工具栏效果如图 8-23 所示。

图 8-22　导航工具栏示例效果图

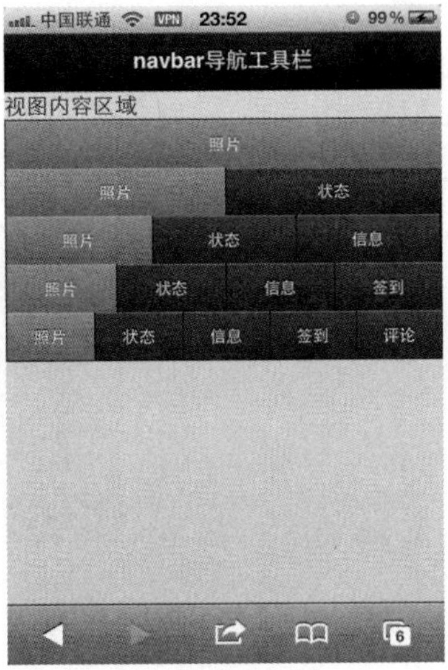

图 8-23　5 种情况的导航工具栏效果图

在实际项目中，我们定义的导航工具栏可能不止 5 个按钮，可能会有 6 个、7 个或者更多。但不用担心导航工具栏无法排满整一行，jQuery Mobile 提供了一种导航工具栏排序方案用于解决这种问题。

当定义的导航工具栏的按钮数是偶数个并且大于 5 个时，如 6 个按钮，则 jQuery Mobile 会对整个导航栏重新排列，分成 3 行，每行 2 个按钮，而每个按钮的实际宽度是浏览器宽度的一半；当按钮数是奇数个数并且大于 5 个时，如 7 个按钮，jQuery Mobile 会将按钮分成 4 行，每行 2 个按钮，最后一行则只有 1 个按钮，并且该按钮的实际宽度是浏览器宽度的一半。

例如，以下代码实现了 7 个按钮的导航工具栏：

```
<footer data-role="header">
    <nav data-role="navbar">
        <ul>
```

```
                <li><a href="#" class="ui-btn-active">照片</a></li>
                <li><a href="#">状态</a></li>
                <li><a href="#">信息</a></li>
                <li><a href="#">签到</a></li>
                <li><a href="#">评论</a></li>
                <li><a href="#">活动</a></li>
                <li><a href="#">链接</a></li>
            </ul>
        </nav>
</footer>
```

上述代码运行效果如图 8-24 所示。

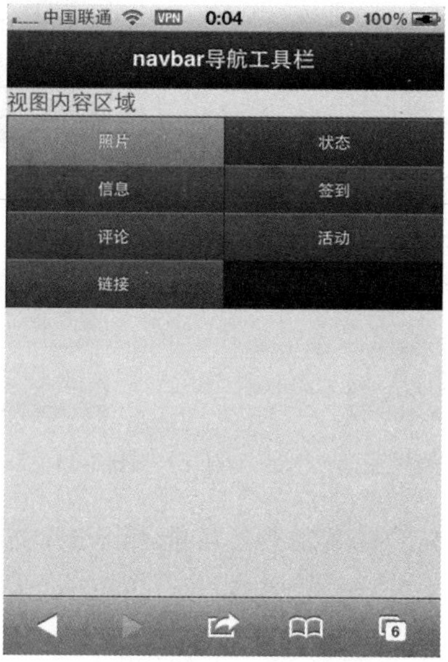

图 8-24　7 个按钮导航工具栏示例效果图

由于导航工具栏的实现原理是定义各种超链接按钮作为导航按钮，因此这类按钮都具有图标、位置等属性可以使用。例如定义 data-icon="home"和 data-iconpos="top"。

示例代码如下：

```
<footer data-role="header">
        <nav data-role="navbar">
            <ul>
                <li>
                    <a href="#" class="ui-btn-active" data-icon="home" data-ic
```

```
                onpos="top">主页</a>
            </li>
            <li>
                <a href="#" data-icon="search" data-iconpos="top">查找</a>
            </li>
            <li>
                <a href="#" data-icon="info" data-iconpos="top">信息</a>
            </li>
        </ul>
    </nav>
</footer>
```

上述代码运行效果如图 8-25 所示。

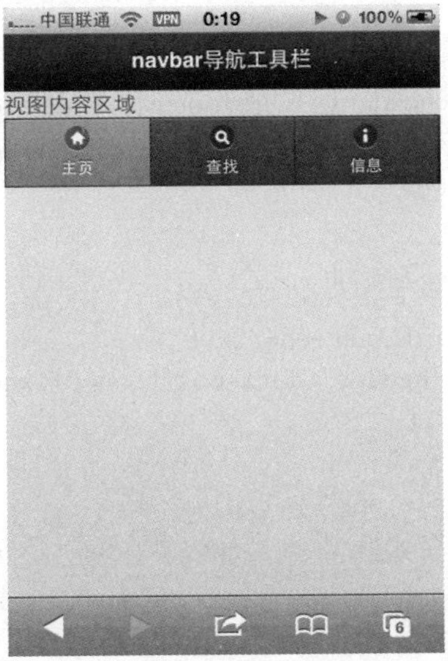

图 8-25　增加图标的导航工具栏示例效果图

8.6.5　定义 fixed 工具栏

jQuery Mobile 提供一种功能，当用户在屏幕中轻触屏幕或者滑动屏幕时，header 工具栏和 footer 工具栏都会消失或重新出现。

当页面正在滚动时，工具栏就会隐藏；当滚动停止时，工具栏又会重新显示。

当用户在屏幕中轻触屏幕任意非按钮区域时，工具栏会自动隐藏；当再次轻触屏幕时，工具栏便重新显示。依此类推，轻触屏幕多次，工具栏就会不断连续隐藏和显示。

实现这种功能非常简单，我们只需要定义 header 或 footer 元素的 data-position 属性值为 fixed 就能实现这种效果。

例如以下代码：

```
<header data-role="header" data-position="fixed">
        <h1>固定位置工具栏</h1>
</header>
```

8.6.6 全屏模式工具栏

通常情况下，用户在浏览照片、图像或视频的时候，都需要将上、下两个工具栏隐藏，以便达到最佳的浏览效果。jQuery Mobile 根据该需求，提供了一种方法来解决全屏模式。

首先，在页面或视图内的 header 区域或 footer 区域设置 data-position 属性值为 fixed，然后再在页面或视图的 div 元素上设置 data-fullscreen 属性值为 true，表示页面或视图采用全屏模式。

示例如下代码：

```
<div data-role="page" data-fullscreen="true">
        <header data-role="header" data-position="fixed">
            <h1>全屏模式</h1>
        </header>
        <div><img src="sample.png" /></div>
        <footer data-role="footer" data-position="fixed"></footer>
</div>
```

8.7 内容区域格式布局

上一节我们探讨了如何使用 jQuery Mobile 定义工具栏。本章节，我们将探讨如何在 jQuery Mobile 框架中布局页面或视图的内容区域。

8.7.1 网格布局

jQuery Mobile 提供一种多列布局的功能，由于移动设备的屏幕大小的原因，一般情况下都不建议大量使用多列布局，而这种多列布局可以用在如按钮组、导航等组件。

jQuery Mobile 提供一种 CSS 样式规则来定义多列的布局。该规则是在 CSS 样式中必须定义前缀名称是 ui-block，并且每个列的样式通过定义前缀+"-a"等方式对网格的列进行布局，而 a 字母是根据网格的列数而定的。例如两列布局的 CSS 样式：ui-block-a 和 ui-block-b。

1．两列网格布局

两列网格的布局既可以应用于文本内容，也可以应用于按钮。如两列网格文本内容布局示例代码如下：

```
<div class="ui-grid-a">
    <div class="ui-block-a">a block content</div>
    <div class="ui-block-b">b block content</div>
</div>
```

两列网格按钮布局示例代码如下：

```
<div class="ui-grid-a">
    <div class="ui-block-a">
        <input type="reset" data-theme="c" value="reset" />
    </div>
    <div class="ui-block-b">
        <input type="submit" data-theme="b" value="submit" />
    </div>
</div>
```

上述示例代码的效果如图 8-26 和图 8-27 所示。

两列布局，需要指定外层 div 的样式是 ui-gird-a。ui-gird-a 样式用于指定行列采用两列布局样式。

需要注意的是，图 8-27 和图 8-15 所示的两种效果都是对当前按钮进行水平排列，看上去差异不大。但它们之间是有区别的，图 8-27 所示的示例，代码定义两个按钮并采用网格布局，那么两个按钮将各自平均分配屏幕的整个宽度，即占据整个屏幕宽度的 50%；图 8-15 所示的示例，采用的是 data-inline 属性对按钮进行水平排列，按钮的宽度是根据按钮的实际文本内容决定的。

图 8-26　两列布局的文本效果图

图 8-27　两列布局的按钮效果图

2. 多列网格布局

在上一个例子中，我们介绍了如何使用 ui-grid-a 样式定义两列的布局。实际上通过前缀 ui-grid+后缀格式可以定义出多列的布局，多列布局目前支持最多 5 列：

- “ui-grid-a”两列
- “ui-grid-b”三列
- “ui-grid-c”四列
- “ui-grid-d”五列

例如，三列网格布局的示例如代码 8-14 所示。

代码 8-14　三列网格布局代码

```
<!DOCTYPE html>
<html>
<head>
    <meta charset="utf-8" />
    <meta name="viewport" content="width=device-width,initial-scale=1" />
    <title>jQueryMobile layout grids example</title>
    <link rel="stylesheet" href="jquery.mobile-1.0b2.css" />
    <script type="text/javascript" src="jquery-1.6.2.js"></script>
    <script type="text/javascript" src="jquery.mobile-1.0b2.js"></script>
</head>
```

```
<body>
    <div class="ui-grid-b">
        <div class="ui-block-a">
            <input type="reset" data-theme="a" value="a"/>
        </div>
        <div class="ui-block-b">
            <input type="submit" data-theme="b" value="b"/>
        </div>
        <div class="ui-block-c">
            <input type="submit" data-theme="c" value="c"/>
        </div>
    </div>
</body>
</html>
```

代码 8-14 运行效果如图 8-28 所示。

四列网格布局示例如代码 8-15 所示，运行效果如图 8-29 所示。

图 8-28　三列布局效果图

图 8-29　四列布局效果图

代码 8-15　四列网格布局示例代码

```
<!DOCTYPE html>
<html>
<head>
    <meta charset="utf-8" />
```

```
    <meta name="viewport" content="width=device-width,initial-scale=1" />
    <title>jQueryMobile layout grids example</title>
    <link rel="stylesheet" href="jquery.mobile-1.0b2.css" />
    <script type="text/javascript" src="jquery-1.6.2.js"></script>
    <script type="text/javascript" src="jquery.mobile-1.0b2.js"></script>
</head>
<body>
    <div class="ui-grid-c">
       <div class="ui-block-a"><input type="button" data-theme="a" value="a"/></div>
       <div class="ui-block-b"><input type="button" data-theme="b" value="b"/></div>
       <div class="ui-block-c"><input type="button" data-theme="c" value="c"/></div>
       <div class="ui-block-d"><input type="button" data-theme="d" value="d"/></div>
    </div>
</body>
</html>
```

五列网格布局示例如代码 8-16 所示，运行效果如图 8-30 所示。

代码 8-16　五列网格布局示例代码

```
<!DOCTYPE html>
<html>
<head>
    <meta charset="utf-8" />
    <meta name="viewport" content="width=device-width,initial-scale=1" />
    <title>jQueryMobile layout grids example</title>
    <link rel="stylesheet" href="jquery.mobile-1.0b2.css" />
    <script type="text/javascript" src="jquery-1.6.2.js"></script>
    <script type="text/javascript" src="jquery.mobile-1.0b2.js"></script>
</head>
<body>
    <div class="ui-grid-d">
       <div class="ui-block-a"><input type="button" data-theme="a" value="a"/></div>
       <div class="ui-block-b"><input type="button" data-theme="b" value="b"/></div>
       <div class="ui-block-c"><input type="button" data-theme="c" value="c"/></div>
       <div class="ui-block-d"><input type="button" data-theme="d" value="d"/></div>
       <div class="ui-block-e"><input type="button" data-theme="d" value="e"/></div>
    </div>
</body>
</html>
```

图 8-30　五列网格布局示例效果图

3. 网格布局

前面提到，我们在定义布局时，网格最外层 div 元素会添加一个 ui-grid-a 样式，定义该样式的元素属于行级布局。该样式的用法和 ui-block-a 相似，它允许定义 ui-block-b、ui-block-c 等最多 5 行布局样式。

三行五列示例如代码 8-17 所示，运行效果如图 8-31 所示。

代码 8-17　三行五列示例代码

```
<!DOCTYPE html>
<html>
<head>
    <meta charset="utf-8" />
    <meta name="viewport" content="width=device-width,initial-scale=1" />
    <title>jQueryMobile layout grids example</title>
    <link rel="stylesheet" href="jquery.mobile-1.0b2.css" />
    <script type="text/javascript" src="jquery-1.6.2.js"></script>
    <script type="text/javascript" src="jquery.mobile-1.0b2.js"></script>
</head>
<body>
    <div class="ui-grid-d">
        <div class="ui-block-a"><input type="reset" data-theme="a" value="a"/></div>
```

```
        <div class="ui-block-b"><input type="submit" data-theme="b" value="b"/></div>
        <div class="ui-block-c"><input type="submit" data-theme="c" value="c"/></div>
        <div class="ui-block-d"><input type="submit" data-theme="d" value="d"/></div>
        <div class="ui-block-e"><input type="submit" data-theme="e" value="e"/></div>
        <div class="ui-block-a"><input type="reset" data-theme="a" value="f"/></div>
        <div class="ui-block-b"><input type="submit" data-theme="b" value="g"/></div>
        <div class="ui-block-c"><input type="submit" data-theme="c" value="h"/></div>
        <div class="ui-block-d"><input type="submit" data-theme="d" value="i"/></div>
        <div class="ui-block-e"><input type="submit" data-theme="e" value="j"/></div>
        <div class="ui-block-a"><input type="reset" data-theme="a" value="k"/></div>
        <div class="ui-block-b"><input type="submit" data-theme="b" value="l"/></div>
        <div class="ui-block-c"><input type="submit" data-theme="c" value="m"/></div>
        <div class="ui-block-d"><input type="submit" data-theme="d" value="n"/></div>
        <div class="ui-block-e"><input type="submit" data-theme="e" value="o"/></div>
    </div>
</body>
</html>
```

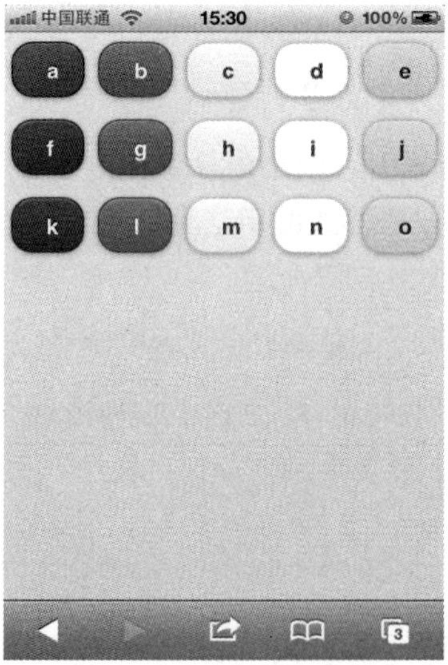

图 8-31　三行五列网格布局示例效果图

8.7.2　仿 9 宫格排列的按钮组例子

接下来我们结合网格和按钮的两种功能，模仿一个 9 宫格按钮列表的示例，如代码 8-18 所示。

代码 8-18　9 宫格列表示例代码

```
<!DOCTYPE html>
<html>
<head>
    <meta charset="utf-8" />
    <meta name="viewport" content="width=device-width,initial-scale=1" />
    <title>jQueryMobile layout grids example</title>
    <link rel="stylesheet" href="jquery.mobile-1.0b2.css" />
    <script type="text/javascript" src="jquery-1.6.2.js"></script>
    <script type="text/javascript" src="jquery.mobile-1.0b2.js"></script>
</head>
<body>
    <header data-role="header">
        <a href="#" data-role="button" data-icon="back">后退</a>
        <h1>9 宫格图</h1>
        <a href="#" data-role="button" data-icon="forward">前进</a>
    </header>
    <div class="ui-grid-b">
        <div  class="ui-block-a"><a  href="#"  data-theme="a"  data-role="button"
data-icon="home" data-iconpos="top">首页</a></div>
        <div  class="ui-block-b"><a  href="#"  data-theme="b"  data-role="button"
data-icon="grid" data-iconpos="top">列表</a></div>
        <div  class="ui-block-c"><a  href="#"  data-theme="c"  data-role="button"
data-icon="star" data-iconpos="top">加星</a></div>
        <div  class="ui-block-a"><a  href="#"  data-theme="a"  data-role="button"
data-icon="info" data-iconpos="top">信息</a></div>
        <div  class="ui-block-b"><a  href="#"  data-theme="b"  data-role="button"
data-icon="search" data-iconpos="top">搜索</a></div>
        <div  class="ui-block-c"><a  href="#"  data-theme="c"  data-role="button"
data-icon="gear" data-iconpos="top">设置</a></div>
        <div  class="ui-block-a"><a  href="#"  data-theme="a"  data-role="button"
data-icon="check" data-iconpos="top">已选</a></div>
        <div  class="ui-block-b"><a  href="#"  data-theme="b"  data-role="button"
data-icon="alert" data-iconpos="top">提示</a></div>
        <div  class="ui-block-c"><a  href="#"  data-theme="c"  data-role="button"
data-icon="plus" data-iconpos="top">添加</a></div>
    </div>
</body>
</html>
```

9 宫格是一个三行三列的网格，因此我们在第一层 div 代码中设定样式为“ui-grid-b”，表示指定使用三列格式。

既然是 9 宫格，那么内部就包含有 9 个网格元素。在 div 内部中，我们再次定义 9 个 div 元素，同时每 3 个 div 元素设置样式分别为"ui-block-a"、"ui-block-b"、"ui-block-c"。

在 9 格 div 元素中，都分别定义一个超链接，并指定 data-role 属性值为 button，说明它是一个按钮。每个按钮分别指定 data-icon 图标以及 data-iconpos 属性值为 top，用于模仿 9 宫格的按钮上边是图、下边是文字的效果。

代码 8-18 运行效果如图 8-32 所示。

图 8-32　仿 9 宫格示例效果图

8.7.3　折叠块功能

折叠块是 jQuery Mobile 非常有特色的组件之一。只要使用 jQuery Mobile 约定的编码规则以及利用 HTML5 的 dataset 特性，程序就能生成具有可折叠区域的折叠块组件。

在 data-role 属性中定义属性值为 collapsible，就可以创建一个可折叠的内容块区域。并且程序会把标题区域绑定点击和触摸事件，该事件会触发显示或隐藏内容区域等功能。同时，标题区域会根据当前内容区域的可见状态而显示 "+" 号或 "−" 号图标。

折叠块组件示例如代码 8-19 所示。

代码 8-19 可折叠功能示例代码

```
<!DOCTYPE html>
<html>
<head>
    <meta charset="utf-8" />
    <meta name="viewport" content="width=device-width,initial-scale=1" />
    <title>jQueryMobile collapsible example</title>
    <link rel="stylesheet" href="jquery.mobile-1.0b2.css" />
    <script type="text/javascript" src="jquery-1.6.2.js"></script>
    <script type="text/javascript" src="jquery.mobile-1.0b2.js"></script>
</head>
<body>
    <div data-role="collapsible">
        <h3>可折叠区标题</h3>
        <p>这是一个折叠区域的内容，默认情况下内容区域是开启状态，当点击标题区域时内容区
域会被隐藏。</p>
     </div>
</body>
</html>
```

从上述代码可以看到，div 元素的 data-role 属性设置为 collapsible，表示 div 元素内的所有代码都采用折叠块功能。由于折叠块组件有相应的编码约定，div 元素内需要定义 h3 标签表示折叠快的标题区域，该区域允许用户通过鼠标点击或手指触摸以显示或隐藏内容区域。该示例代码运行效果如图 8-33 所示。

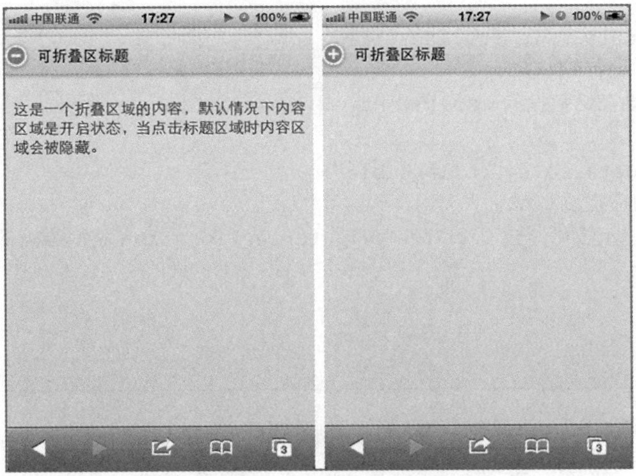

图 8-33 可折叠 collapsible 示例效果图

8.7.4 创建具有手风琴效果的例子

除了上一节 jQuery Mobile 提供可折叠的组件以外，在 1.0beta2 版本中，新增了另一种实现功能，即手风琴折叠效果的 accordions。由于是新组件，accordions 功能在 beta2 版本并不完善。

accordions 组件示例如代码 8-20 所示。

代码 8-20　accordions 示例代码

```
<!DOCTYPE html>
<html>
<head>
    <meta charset="utf-8" />
    <meta name="viewport" content="width=device-width,initial-scale=1" />
    <title>jQueryMobile collapsible accordions example</title>
    <link rel="stylesheet" href="jquery.mobile-1.0b2.css" />
    <script type="text/javascript" src="jquery-1.6.2.js"></script>
    <script type="text/javascript" src="jquery.mobile-1.0b2.js"></script>
</head>
<body>
    <div data-role="collapsible-set">
        <section data-role="collapsible">
            <h3>页面布局</h3>
            <p>HTML5 新元素中包括 header、footer、section、article 等语义标签。</p>
        </section>
        <section data-role="collapsible">
            <h3>本地存储</h3>
            <p>本地存储包括有 LocalStorage 和 SessionStorage 两种。</p>
        </section>
        <section data-role="collapsible">
            <h3>地理定位</h3>
            <p>地理定位可通过 window.navigator.getlocation 获得当前的位置信息</p>
        </section>
    </div>
</body>
</html>
```

首先，在最外层中 div 元素定义 data-role 属性值为 collapsible-set，表示这个 div 区域使用 accordions。接着，在该区域内同时定义可折叠组件，例如：

```
<section data-role="collapsible">
        <h3>本地存储</h3>
        <p>本地存储包括有 LocalStorage 和 SessionStorage 两种。</p>
</section>
```

accordions 组件内的折叠块采用的是 section 而不是 div。在这里建议使用 HTML5 的 section 新元素更适合，因为使用 section 元素更能表达 accordions 内每个折叠块的语义，即表示每一个折叠块区域。

在 jQuery Mobile 1.0beta2 版本的官方 Demo 中，官方 accordions 例子对每个 collapsible 折叠块会多定义一个 data-collapsed 属性。官方 API 说明这个属性用于指定 Accordions 折叠块默认展开的功能，不过笔者在测试该属性时发现该属性设置后仍然无法指定折叠块的展开。

代码 8-20 运行效果如图 8-34 所示。

图 8-34　Accordions 示例三种效果图

8.8　Form 表单

jQuery Mobile 为原生 HTML 表单元素封装了新样式，并对触屏设备的操作进行了优化。默认情况下，框架会自动渲染标准页面的 form 元素样式风格，一旦成功渲染，这些元素控件就可以使用 jQuery 操作表单。

8.8.1 如何使用表单提交功能

在所有的 jQuery Mobile 应用程序中，表单功能和传统的网页表单功能在用法上基本相同。但是，当在 jQuery Mobile 框架中实现的表单提交时，一般会使用 Ajax 提交表单，并在表单页和结果页之间创建一个平滑的过渡效果。

任何需要提交到服务器的表单元素都需要包含在 form 元素内。为确保表单的正常提交，官方建议 form 元素一定要定义 action 和 method 属性。其中 method 属性允许使用 get 和 post 两种方式提交表单。

当然表单元素也未必完全需要在表单 form 标签之内，如果表单元素不被 form 包括，那么表单元素和服务器通信时各种数据的输入/输出都需要通过 JavaScript 程序实现。

需要注意的是表单及表单内的各个元素的 ID 命名问题。在介绍页面和视图章节时提到，jQuery Mobile 由于允许在同一个 HTML 页面中定义多个视图，因此在定义 ID 命名的时候建议在整个项目中唯一，以免发生 ID 命名冲突的错误。

8.8.2 HTML5 文本框类型

文本框类型是 jQuery Mobile 最常用的表单类型组件之一，除了支持最基本的文本类型外，还支持 HTML5 标准规范的新文本类型。

jQuery Mobile 表单各个元素类型一般需要配合 label 元素，并对 label 元素的 for 属性设置和 input 元素相同的 ID 值。至于 input 的类型，我们也可以使用 HTML5 的新类型，如 email、tel、number 等。

1. 普通文本框

一个最基本的文本框和普通网页的文本框的用法相同。

示例如下：

```
<label for="name">name:</label>
<input type="text" name="name" id="name" value="" />
```

2. 密码类型文本框

密码类型文本框示例如下：

```
<label for="password">password</label>
<input type="password" name="password" id="password" value=""/>
```

3．文本类型文本框

textarea 类型文本框示例如下：

```
<label for="content">content:</label>
<textarea cols="40" rows="4" name="content" id="content"></textarea>
```

4．Number 类型文本框

```
<label for="number">password</label>
<input type="number" name="number" id="number" value=""/>
```

5．tel 类型文本框

```
<label for="tel">password</label>
<input type="tel" name="tel" id="tel" value=""/>
```

6．email 类型文本框

```
<label for="email">password</label>
<input type="email" name="email" id="email" value=""/>
```

7．URL 类型文本框

```
<label for="url">password</label>
<input type="url" name="url" id="url" value=""/>
```

我们在前面章节中提到，HTML5 规范新增的表单元素在桌面浏览器上的显示效果和普通的文本框效果基本一致，唯一的区别是在移动设备上的键盘会根据不同的类型而不同。由于 jQuery Mobile 是基于 HTML5 和 CSS3 构建的 Web 应用框架，因此其所支持的 HTML5 新表单类型同样也是根据文本框类型显示相应键盘。

8.8.3　HTML5 搜索类型输入框

HTML5 标准新增的搜索类型文本框可以用在 jQuery Mobile 表单组件中。search 类型的文本框在 jQuery Mobile 下会增加一个搜索的图标背景，同时将文本框的四角修饰成圆角效果，以区别于普通类型的文本框。

使用 jQuery Mobile 的 search 类型文本框非常简单，如以下代码：

```
<label for="search">搜索</label>
<input type=" search" name=" search" id="search" value=" " />
```

图 8-35 分别列出了普通文本框和搜索文本框两种类型的区别。

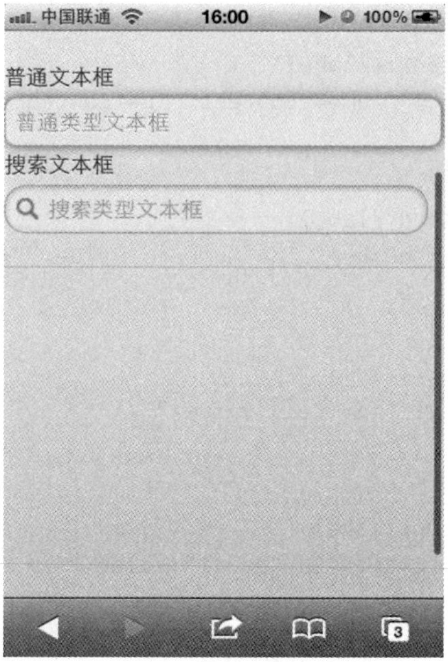

图 8-35　搜索文本框和普通文本框的区别

8.8.4　Slider 类型

jQuery Mobile 允许添加一个 range 类型的范围选择型控件。该类型可以通过定义 value、min、max 等属性来确定可选择的范围及初始默认值。

Slider 类型示例如下：

```
<div data-role="fieldcontain">
        <label for="slider">slider</label>
        <input type="range" name="slider" id="slider" value="2" min="0" max="10" />
    </div>
```

图 8-36 是一个 Slider 类型的例子，从该例子可以看出，jQuery Mobile 针对 Slider 类型的 input 元素，优化了其显示效果风格。它不仅提供一个普通的文本输入框， 还在文本框右侧动态生成一个可以拖拉的滑动条。当用户触摸滑动滑动条时，左侧文本框就会动态更新数值。

图 8-36　Slider 滑动选择类型

8.8.5　Toggle 类型

range 类型的 input 元素属于 jQuery Mobile 表单组件中一种范围选择器。现在，我们再介绍表单中的另一种范围选择器，它使用 select 元素并结合 range 类型，就能实现具有开关功能效果的 toggle switches 组件。

如以下示例代码：

```
<div data-role="fieldcontain">
        <label for="slider">toggle switches:</label>
        <select name="slider" id="slider" data-role="slider">
            <option value="off">关闭</option>
            <option value="on">开启</option>
        </select>
</div>
```

其效果如图 8-37 所示。

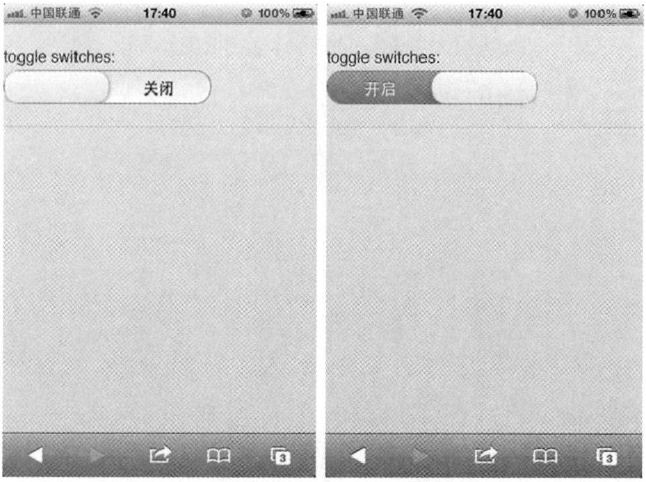

图 8-37　Toggle 示例效果图

8.8.6　单选按钮类型

在传统桌面端 Web 网页，默认的单选按钮在一般情况下就是一个小圆圈，用户可以通过鼠标点击小圆圈来选择选项。

事实上，桌面端的单选按钮功能并没有针对触摸设备做优化。所以，jQuery Mobile 把与按钮关联的 label 元素改变成可以点击或触摸的区域，并增加了由 jQuery Mobile 提供的图标来模拟桌面端的小圆圈效果。

创建一组单选按钮，其步骤如下。

（1）首先为 input 元素定义 radio 的 type 类型和 label 元素，并把 label 元素的 for 属性设置为 input 元素的 id 属性。

（2）单选按钮组中的 label 元素用于显示选项的文本内容。同时官方推荐把一组单选按钮元素放在 fieldset 元素内，同时定义 legend 元素表示单选按钮组的名称。

（3）最后，设置 fieldset 元素 data-role 属性值为 controlgroup，表示该元素内是一组单选按钮。

代码 8-21 是一组选择年龄范围的单选按钮组。

代码 8-21　创建年龄单选按钮组示例代码

```
<!DOCTYPE html>
<html>
<head>
```

```
    <meta charset="utf-8" />
    <meta name="viewport" content="width=device-width,initial-scale=1" />
    <title>jQueryMobile Form example</title>
    <link rel="stylesheet" href="jquery.mobile-1.0b2.css" />
    <script type="text/javascript" src="jquery-1.6.2.js"></script>
    <script type="text/javascript" src="jquery.mobile-1.0b2.js"></script>
</head>
<body>
    <fieldset data-role="controlgroup">
     <legend>请选择你的年龄范围:</legend>
         <input  type="radio"  name="radio-1"  id="radio-1"  value="any"  checked=
"checked" />
         <label for="radio-1">不限</label>
         <input type="radio" name="radio-1" id="radio-2" value="16-22"  />
         <label for="radio-2">16-22 岁</label>
         <input type="radio" name="radio-1" id="radio-3" value="23-30"  />
         <label for="radio-3">23-30 岁</label>
         <input type="radio" name="radio-1" id="radio-4" value="31-40"  />
         <label for="radio-4">31-40 岁</label>
           <input type="radio" name="radio-1" id="radio-5" value="40"  />
         <label for="radio-5">40 岁以上</label>
    </fieldset>
</body>
</html>
```

代码 8-21 在 iPhone Safari 浏览器下的运行效果如图 8-38 所示。

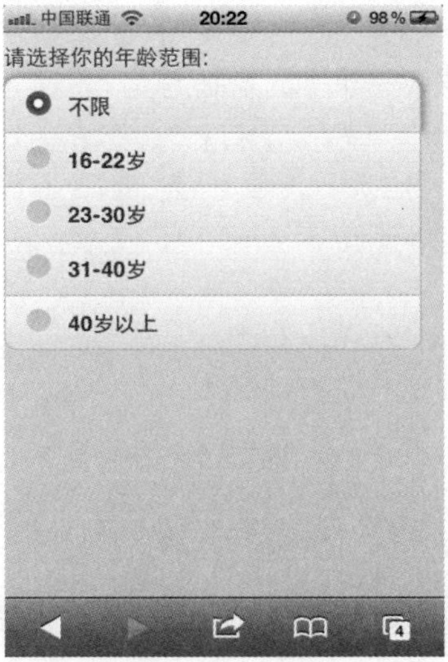

图 8-38　年龄单选按钮组示例代码效果图

上述代码展示了如何使用表单的单选按钮组件。从图 8-38 可以看到，这种单选按钮组的按钮选项的布局是垂直排列的，jQuery Mobile 还提供水平排列的单选按钮组布局，我们只需在 fieldset 元素中设置 data-type 属性为 horizontal，就可以实现水平排列单选按钮组。

水平排列单选按钮组和垂直排列单选按钮组在界面上有些区别，水平排列单选按钮组缺少左侧图标，其风格更像是一种开关选择控件。

现在，我们以代码 8-21 为基础，实现水平排列单选按钮组的效果，代码如下：

```
<fieldset data-role="controlgroup" data-type="horizontal">
    <legend>你的微博选项：</legend>
    <input type="radio" name="radio-1" id="radio-1" value="any" checked="checked" />
    <label for="radio-1">微博</label>
    <input type="radio" name="radio-1" id="radio-2" value="粉丝"  />
    <label for="radio-2">粉丝</label>
    <input type="radio" name="radio-1" id="radio-3" value="关注"  />
    <label for="radio-3">关注</label>
</fieldset>
```

我们在 fieldset 上增加了 data-type 属性，并赋值为 horizontal，同时还将选项中的名称修改成目前最流行的微博相关词语。该代码运行后的效果如图 8-39 所示。

图 8-39　水平方向单选按钮的效果图

8.8.7　复选框类型

jQuery Mobile 的复选框和单选按钮在语法方面是相同的。唯一不同的是 input 元素的 type 属性是 checkbox 而不是 radio。

从外观来看，jQuery Mobile 还会改变 label 元素的样式，并添加一个小钩图标以便其外观具有复选框的视觉效果。

复选框的创建步骤和单选按钮相同。创建一组复选框的示例代码如下：

```
<fieldset data-role="controlgroup">
    <legend>点击全选:</legend>
    <input type="checkbox" name="checkbox-1" id="checkbox-1" class="custom" />
    <label for="checkbox-1">全选</label>
</fieldset>
```

上述示例定义了只有一个复选框的按钮。和单选按钮相同的是，复选框也能够定义垂直排列和水平排列两种方式。代码 8-22 是定义垂直排列的复选框，其运行效果如图 8-40 所示。

代码 8-22　垂直方向排列的复选框示例代码

```
<!DOCTYPE html>
<html>
<head>
   <meta charset="utf-8" />
   <meta name="viewport" content="width=device-width,initial-scale=1" />
   <title>jQueryMobile Form example</title>
   <link rel="stylesheet" href="jquery.mobile-1.0b2.css" />
   <script type="text/javascript" src="jquery-1.6.2.js"></script>
   <script type="text/javascript" src="jquery.mobile-1.0b2.js"></script>
</head>
<body>
   <fieldset data-role="controlgroup">
    <legend>请选择你的兴趣:</legend>
        <input type="checkbox" name="checkbox-1" id="checkbox-1" value="音乐"
checked="checked" />
        <label for="checkbox-1">音乐</label>
        <input type="checkbox" name="checkbox-1" id="checkbox-2" value="电影"
checked="checked"  />
        <label for="checkbox-2">电影</label>
        <input type="checkbox" name="checkbox-1" id="checkbox-3" value="体育"  />
```

```
        <label for="checkbox-3">体育</label>
        <input type="checkbox" name="checkbox-1" id="checkbox-4" value="汽车"  />
        <label for="checkbox-4">汽车</label>
          <input type="checkbox" name="checkbox-1" id="checkbox-5" value="旅游"  />
        <label for="checkbox-5">旅游</label>
          <input type="checkbox" name="checkbox-1" id="checkbox-6" value="美食"  />
        <label for="checkbox-6">美食</label>
    </fieldset>
</body>
</html>
```

代码 8-23 是显示一组水平排列的复选框，其运行效果如图 8-41 所示。

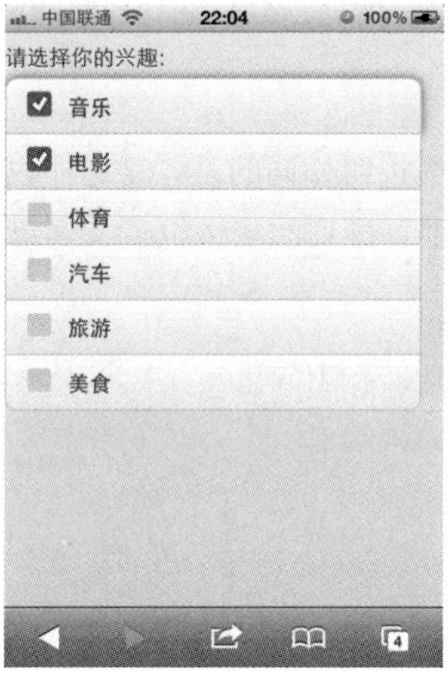

图 8-40　垂直方向的复选框示例效果图

图 8-41　水平方向的复选框示例效果图

代码 8-23　水平方向排列复选框示例代码

```
<!DOCTYPE html>
<html>
<head>
    <meta charset="utf-8" />
    <meta name="viewport" content="width=device-width,initial-scale=1" />
    <title>jQueryMobile Form example</title>
    <link rel="stylesheet" href="jquery.mobile-1.0b2.css" />
    <script type="text/javascript" src="jquery-1.6.2.js"></script>
    <script type="text/javascript" src="jquery.mobile-1.0b2.js"></script>
</head>
```

```
<body>
    <fieldset data-role="controlgroup" data-type="horizontal">
     <legend>请选择你的兴趣:</legend>
         <input type="checkbox" name="checkbox-1" id="checkbox-1" value="音乐"
checked="checked" />
         <label for="checkbox-1">音乐</label>
           <input type="checkbox" name="checkbox-1" id="checkbox-5" value="旅游"
checked="checked" />
         <label for="checkbox-5">旅游</label>
           <input type="checkbox" name="checkbox-1" id="checkbox-6" value="美食" />
         <label for="checkbox-6">美食</label>
    </fieldset>
</body>
</html>
```

8.8.8　下拉选择菜单

在移动触屏设备上，Web 表单的下拉选择菜单组件非常特殊，它不像传统桌面应用那样直接使用鼠标去选择下拉列表中相应的数据。它是在触屏设备上采用弹出层的方式来选择数据。

jQuery Mobile 为了更好地显示下拉选择菜单，优化了 select 元素在触屏设备上的显示样式。

创建选择菜单的步骤如下：

（1）定义 select 元素以及 option 元素列表。同时设置 label 元素的 for 属性为 select 元素的 id 属性值。

（2）定义 label 元素的文本内容作为选项的名称。

（3）定义 div 元素并设置 data-role 属性值为 fieldcontain，并把 select 元素、label 元素嵌套在该 div 元素内。

1．基本的选择菜单

现在，我们创建一个基本的选择菜单功能，如代码 8-24 所示。

代码 8-24　基本的选择菜单功能示例代码

```
<!DOCTYPE html>
<html>
<head>
    <meta charset="utf-8" />
```

```
    <meta name="viewport" content="width=device-width,initial-scale=1" />
    <title>jQueryMobile Form example</title>
    <link rel="stylesheet" href="jquery.mobile-1.0b2.css" />
    <script type="text/javascript" src="jquery-1.6.2.js"></script>
    <script type="text/javascript" src="jquery.mobile-1.0b2.js"></script>
</head>
<body>
    <div data-role="controlgroup">
     <label for="select" class="select">请选择你的兴趣</label>
         <select name="select" id="select">
<option value="音乐">音乐</option>
           <option value="电影">电影</option>
           <option value="体育">体育</option>
           <option value="旅游">旅游</option>
         </select>
    </div>
</body>
</html>
```

当代码 8-24 运行在 iPhone Safari 浏览器下可以看到，select 下拉选择元素被改造成一种类似按钮的样式。如果 option 没有指定默认选项，第一个 option 元素的内容会被填充到选择菜单文本区域中。

效果如图 8-42 所示。

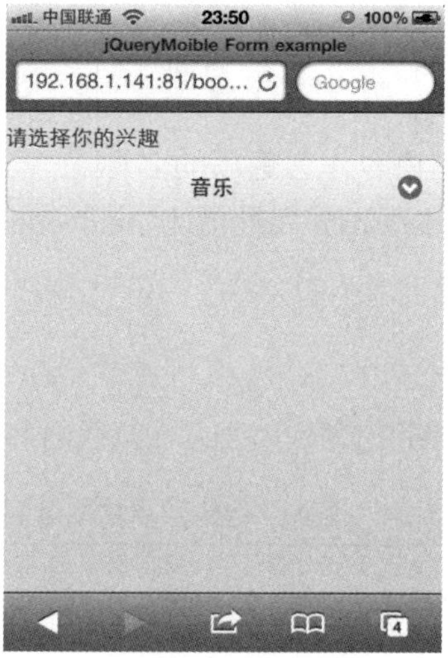

图 8-42　选择菜单默认效果图

当用手指触摸该选择菜单时，iPhone Safari 浏览器下的效果如图 8-43 所示。从图 8-43 可以看到，当触摸该控件时，iOS 平台会直接调用其内置的选择器组件，并填满所有 option 项的值。

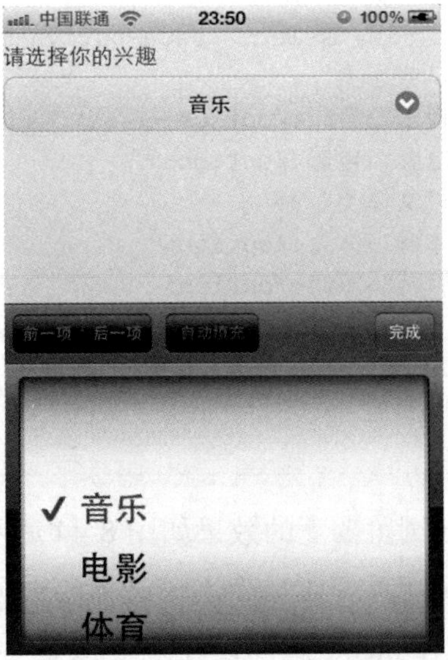

图 8-43　下拉选择菜单在选择数据项时的效果图

2．数据项分组的选择菜单

jQuery Mobile 还提供一种方法用于对选择菜单的数据项进行分组。只要在 select 元素内指定 optgroup 元素并设置其 label 属性，jQuery Mobile 会自动创建一个分隔符的分组标题，label 属性就是该分隔符的标题文本。

具有数据项分组的选择菜单示例如代码 8-25 所示。

代码 8-25　数据项分组的选择菜单示例代码

```
<!DOCTYPE html>
<html>
<head>
    <meta charset="utf-8" />
    <meta name="viewport" content="width=device-width,initial-scale=1" />
    <title>jQueryMobile Form example</title>
    <link rel="stylesheet" href="jquery.mobile-1.0b2.css" />
    <script type="text/javascript" src="jquery-1.6.2.js"></script>
```

```
    <script type="text/javascript" src="jquery.mobile-1.0b2.js"></script>
</head>
<body>
    <div data-role="controlgroup">
     <label for="select">请选择你的兴趣</label>
        <select name="select" id="select" data-native-menu="true">
            <optgroup label="娱乐类" />
            <option value="音乐">音乐</option>
            <option value="电影">电影</option>
            <optgroup label="文体类" />
            <option value="体育">体育</option>
            <option value="旅游">旅游</option>
        </select>
    </div>
</body>
</html>
```

代码运行在 iPhone Safari 浏览器下的效果如图 8-44 所示。当选择数据时，optgroup 元素便会将 option 数据进行分组并显示一个不可选择的选项。

在上述代码中，data-native-menu 属性设置为 true 时，表示选择菜单显示的数据项采用平台内置的选择器。当 data-native-menu 属性设置为 false 时，选择菜单就不采用平台内置选择器，而采用由 jQuery Mobile 自定义的弹出浮动层窗口。效果如图 8-45 所示。

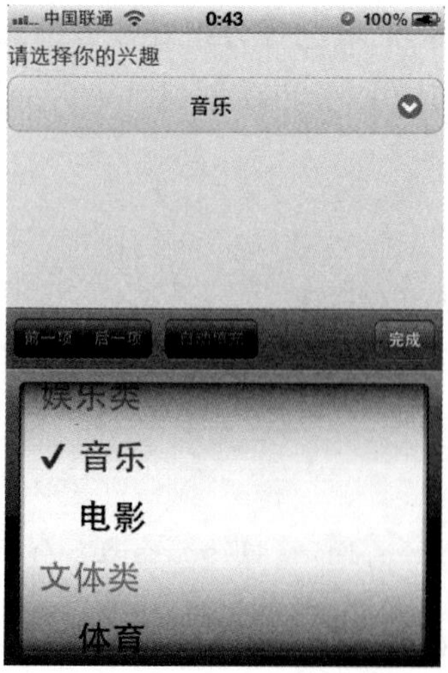

图 8-44　数据项分组的选择菜单效果图

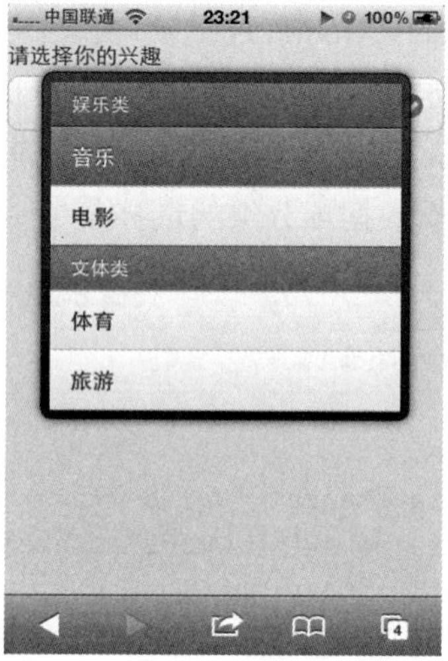

图 8-45　自定义分组选择菜单效果图

3．禁用指定 Option 数据项的选择菜单

有时候，数据项只允许在选择菜单选项中显示，不能直接选择。jQuery Mobile 提供了一个属性用于给这些数据项具有禁止选择的功能。

我们只需要在 option 元素中设置 disabled 属性，就能令该 option 数据项在选择菜单中不可选。如以下代码：

```
<div data-role="controlgroup">
    <label for="select">请选择你的兴趣</label>
       <select name="select" id="select" data-native-menu="true">
          <option value="音乐">音乐</option>
          <option value="电影" disabled>电影</option>
          <option value="体育">体育</option>
          <option value="旅游">旅游</option>
       </select>
</div>
```

目前 jQuery Mobile 1.0b3 版本的该功能在桌面 Chrome 浏览器和 Safari 浏览器下能实现出该效果。当 data-native-menu 属性设置为 true 时，disabled 属性在平台内置选择器中不会有效果。当 data-native-menu 属性设置为 false 时，在 jQuery Mobile 自定义的弹出选择层窗口中会根据 disabled 属性的设置情况决定是否可以选择，如果 option 元素被设置为 disabled，其数据项的背景颜色变成深灰色，并且不能选择。效果如图 8-46 所示。

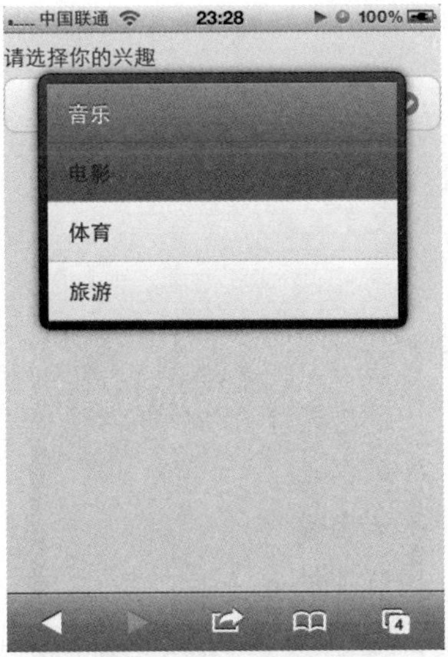

图 8-46　禁用 option 选项的自定义选择菜单效果图

4. 允许多选的选择菜单

在桌面端的 Web 应用中，多选下拉选择功能是常用的表单功能之一。由于传统的 Web 多选下拉选择功能只是针对鼠标点击模式，而没有针对触摸设备做优化，因此，在移动 Web 应用中桌面的多选下拉选择菜单就不适用了。

但是，经过 jQuery Mobile 的优化后定义多选功能的选择菜单就变得非常简单，其方法和桌面的多选下拉选择相同，只需要在 select 元素中指定 multiple 属性，就可以实现多选功能。

虽然从代码上来看，和桌面的多选下拉没什么区别，但是，在移动 Web 浏览器下的运行效果是不一样的。如以下代码：

```
<div data-role="controlgroup">
    <label for="select">请选择你的兴趣</label>
       <select name="select" id="select" data-native-menu="true" multiple>
          <option value="音乐">音乐</option>
          <option value="电影">电影</option>
          <option value="体育">体育</option>
          <option value="旅游">旅游</option>
       </select>
</div>
```

其效果如图 8-47 所示。

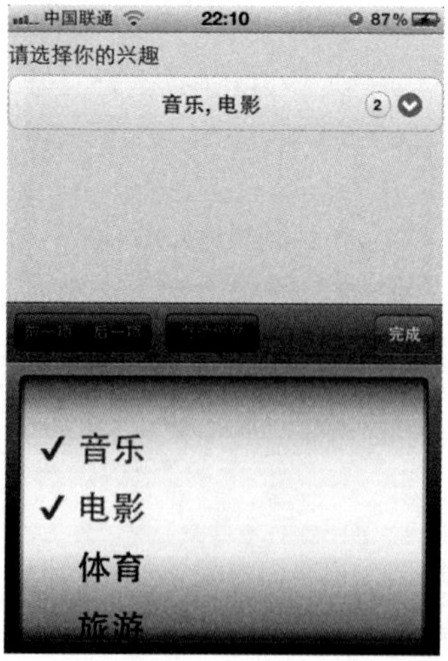

图 8-47　多选菜单在 iPhone Safari 下的效果图

采用内置选择器的多选菜单和普通的选择菜单操作方式类似，而多选菜单允许用户在 iPhone 的内置选择器中选择多个数据项。

每当用户选择一个数据项时，其菜单按钮就会实时显示已选中项的值，如果选择的数据项超过两个以上，按钮中的文本会用一个逗号分隔两个数据项的值。如果按钮中的文本无法完全显示，则多余的部分会变成省略号。

采用 jQuery Mobile 提供的自定义选择器时，弹出的选择层会在当前页面顶部多一行标题栏，同时标题栏左侧会默认显示一个关闭按钮，效果如图 8-48 所示。

图 8-48　多选菜单自定义选择层的效果图

5．含有占位符的选择菜单

在桌面的下拉选择功能中，常常需要使用一种占位符 option 属性值。这种占位符常常用于在选择菜单中为用户提示选择，例如“请选择”的选项。

在使用 jQuery Mobile 自定义的选择器浮动层时，占位符的功能才会生效。而调用平台内置的选择器不会因为该占位符的出现，而改变选择项时的文本内容显示。

当 option 元素中存在以下几种情况时，jQuery Mobile 会添加一个占位符：

- 空值的 option 元素
- 没有文本内容的 option 元素
- 带有 data-placeholder 属性的 option 元素

如果在 option 元素中存在一个占位符，jQuery Mobile 会尝试在弹出选择菜单层中隐藏该 option 元素，只显示可用的选项值，并将选择菜单层的页眉标题栏显示该占位符文本内容。

当然，如果不想使用占位符功能，可以通过插件的 hidePlaceholderMenuItems 选项禁用该功能，用法如下：

```
$.mobile.selectmenu.prototype.options.hidePlaceholderMenuItems = false;
```

默认使用空值的占位符示例如以下代码所示：

```
<div data-role="controlgroup">
    <label for="select" class="select">请选择你的兴趣</label>
      <select name="select" id="select" data-native-menu="false">
          <option value=""></option>
          <option value="音乐">音乐</option>
          <option value="电影">电影</option>
          <option value="体育">体育</option>
          <option value="旅游">旅游</option>
      </select>
</div>
```

上述示例的效果如图 8-49 所示。

当在 option 元素中使用空值作为占位符时，其效果是菜单按钮文本为一个空值，如图 8-49 所示。

当单击该按钮时，该占位符的 option 元素会因为 jQuery Mobile 自动隐藏掉而无法选择，其效果如图 8-50 所示。

图 8-49　含有空值的占位符选择菜单效果图

图 8-50　选择菜单层没有占位符的效果图

当 option 元素中的文本内容不为空时，例如输入“请选择你的兴趣”等字后，菜单按钮的文本就默认填充该字符串，但实际上该选择菜单按钮的值依然为空值，其效果如图 8-51 所示。

单击菜单按钮后，其占位符内的文本内容将作为该浮动层的标题栏标题，其效果如图 8-52 所示。

图 8-51　含有文本的占位符菜单按钮效果图

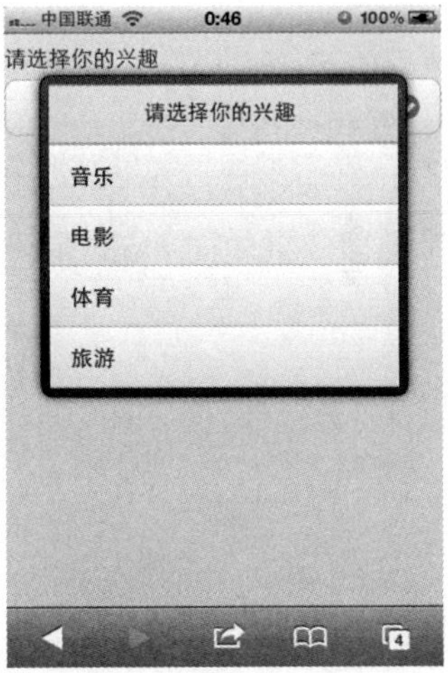

图 8-52　占位符作为选择层的标题效果图

当使用 data-placeholder 属性时，无论 option 元素的 value 值或文本内容是否为空，都被 jQuery Mobile 当作一个占位符。如以下代码：

```
<div data-role="controlgroup">
    <label for="select" class="select">请选择你的兴趣</label>
       <select name="select" id="select" data-native-menu="false">
           <option value="" data-placeholder="true">请选择</option>
           <option value="音乐">音乐</option>
           <option value="电影">电影</option>
           <option value="体育">体育</option>
           <option value="旅游">旅游</option>
       </select>
</div>
```

其运行效果如图 8-51 和图 8-52 所示。

6. 更多的 data 属性设置

jQuery Mobile 除了提供最基本的选择项属性以外，还支持以 data-开头的各种属性，例如 data-icon 属性。

现在为一个选择菜单添加一个图标和内联属性，代码如下：

```
<div data-role="controlgroup">
    <label for="select" class="select" data-theme="b">操作</label>
       <select name="select" id="select" data-native-menu="false" data-icon="gear"
data-inline="true">
           <option value="1">编辑用户</option>
           <option value="2">删除用户</option>
       </select>
</div>
```

其运行效果如图 8-53 所示。

图 8-53　增加更多 data 属性的选择菜单效果图

8.9　List 列表

在移动设备平台下，由于移动设备的屏幕小，以及采用触屏的浏览模式，传统的列表模式在移动设备下无法发挥出在桌面端浏览器下的优势，其主要原因是：

- 传统的列表模式由于移动设备屏幕的大小影响了在移动设备上的体验，特别是分页的功能，它无法发挥出触屏设备的优势，例如触划到列表底部时触发分页事件和触划列表顶部刷新列表。

- 在过去的 CSS 版本当中，CSS 主要是围绕着桌面端 Web 浏览器而设计的，它并没有针对移动触屏设备特性做任何的优化处理。由于移动设备的 Web 浏览器对 CSS3 的良好支持，使得 CSS3 在移动 Web 浏览器中发挥出它的作用。CSS3 的出现，让移动 Web 应用程序的用户界面实现变得更加简单、高效。

虽然 HTML5 和 CSS3 提供了强大的界面实现方案，但它们并没有提供各种统一界面的组件库。jQuery Mobile 作为 jQuery 框架的一个移动 Web 插件，它根据移动设备屏幕大小，优化了适合移动设备的组件库。列表组件就是 jQuery Mobile 根据移动设备的特性而实现的组件库之一。

列表组件作为移动 Web 页面中最重要的、使用频率最高的组件，其主要功能是实现展示数据、导航、结果列表及数据条目等。列表组件为开发者提供了不同的列表类型以满足项目的需求。

8.9.1　基本列表类型

jQuery Mobile 提供非常多的列表类型，这些列表类型既可以单独使用，又可以混合多种类型使用。

1．普通链接列表

这是列表类型中最普通的列表类型，主要提供最基本的列表功能，每一个列表项都可含有一种指向另外一个视图页面的链接。

2．多层次嵌套列表

这是一种多级列表的类型，如果应用中存在多层级别的列表，使用嵌套列表类型就非常适合。

3．有序编号列表

当应用中存在类似排行榜等列表类型时，可以使用有序编号列表。定义该类型的列表时，程序会自动为每个列表项生成一个序号。

4．只读模式列表

这种类型一般只显示一个列表，而不需要显示更多的子列表或其详细内容。

5．可分割按钮列表

可分割按钮列表是一种为每个列表项提供两种不同功能入口的类型。例如显示通信录列表时，单击通信录列表项内容则直接进入拨号，若单击列表项的按钮，则显示通信录详细内容。

6．列表分隔符

这种分隔符类型列表一般叫分组列表，例如通信录的分组列表功能。

7．列表搜索过滤器

由于 jQuery Mobile 没有提供分页的机制，当列表数据量非常大时，一个搜索过滤器就变得非常重要了。

8．气泡式计数列表

气泡式计数列表是在每个列表项的右侧显示一个类似气泡风格背景并包含数字的列表类型。这种类型一般用于类似微博中个人资料的统计，如我的微博数量、粉丝数量、关注数量、收藏数量的列表展示。

9．显示列表项右侧文本列表

列表项右侧文本列表和气泡式计数列表非常类似，它也是在每个列表项右侧显示一段字符串。但是它和气泡式计数列表不同的是，气泡式列表是有一种圆角白色背景的，而右侧文本列表项没有。列表项右侧文本列表一般用于显示列表项的时间信息。

10．列表项含有图标的列表

这种类型的列表在列表项的左侧显示一个 16×16 像素大小的小图标。一般情况下，IMG 小图标的定义是在列表项内的第一个元素。

11．列表项还有图片的列表

和图标列表项类似的列表类型。唯一的区别就是，图片列表项类型的图片是一个 80*80 像素的图片。

12．内嵌列表

内嵌列表类型允许在一个视图或页面内，使用多种不同类型的列表，每种列表各自独立。

接下来我们将详细介绍如何使用上述各种列表类型的用法。由于 jQuery Mobile 1.0beta2 版本存在非常多的 BUG，同时作者在编写本章节时刚刚发布 1.0beta3，因此接下来的列表示例，将采用 1.0beta3 版本作为基础组件库。

8.9.2　普通链接列表

实现 jQuery Mobile 的数据列表组件非常简单，只需要在列表视图的元素中添加 data-role 属性值为 listview 就可以实现简单的无序列表。

通过定义 data-role 属性为 listview 实现的列表组件，jQuery Mobile 会自动将所有必需的样式追加到列表上，以便在移动设备上显示出列表效果。

现在通过一个示例介绍如何使用 jQuery Mobile 的列表组件，如代码 8-26 所示。

代码 8-26　jQuery Mobile 基本列表组件示例代码

```
<!DOCTYPE html>
<html>
<head>
    <meta charset="utf-8" />
    <meta name="viewport" content="width=device-width,initial-scale=1" />
    <title>jQueryMobile List example</title>
    <link rel="stylesheet" href="jquery.mobile-1.0b3.css" />
    <script type="text/javascript" src="jquery-1.6.2.js"></script>
    <script type="text/javascript" src="jquery.mobile-1.0b3.js"></script>
</head>
<body>
    <div data-role="page">
        <header data-role="header">
            <h1>列表示例</h1>
        </header>
        <div data-role="content">
            <ul data-role="listview" data-theme="g">
                <li><a href="#">List 1</a></li>
                <li><a href="#">List 2</a></li>
                <li><a href="#">List 3</a></li>
                <li><a href="#">List 4</a></li>
                <li><a href="#">List 5</a></li>
            </ul>
        </div>
    </div>
</body>
</html>
```

在代码 8-26 中，我们定义了一个视图，在视图内分别定义了 header 区域和 content 区域，在 content 区域中定义了一个列表组件，如下代码：

```
<ul data-role="listview" data-theme="g">
        <li><a href="#">List 1</a></li>
        <li><a href="#">List 2</a></li>
        <li><a href="#">List 3</a></li>
        <li><a href="#">List 4</a></li>
        <li><a href="#">List 5</a></li>
</ul>
```

列表组件使用 ul 元素作为组件的最外层，并定义 data-role 为 listview 说明这是一个列表组件。同时通过定义 data-theme 属性，指定列表组件的主题风格样式。

在 ul 元素内部，jQuery Mobile 将 li 元素视为一个列表项，因此实际上定义了 5 个列表项。在每个列表项中都包含一个超链接元素。因此，每个列表项都允许指向另外一个视图或页面。

代码 8-26 运行在 iPhone Safari 下的效果如图 8-54 所示。

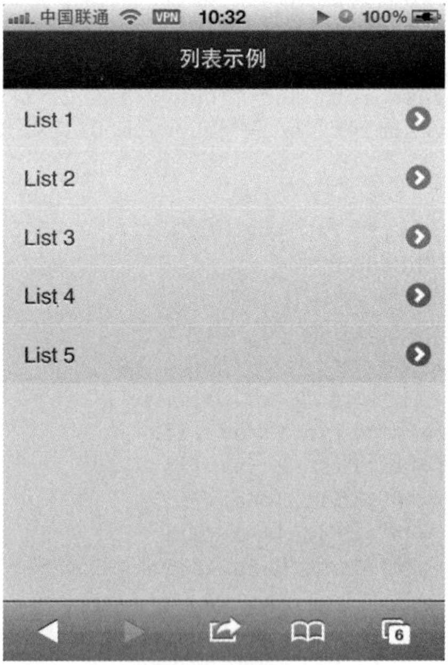

图 8-54　普通链接列表示例效果图

8.9.3　多层次嵌套列表

上一节我们介绍了如何定义一个基本的列表组件。实际上，我们还可以通过 ul 或 ol 元素内的 li 元素嵌套更多的 ul 列表，实现多层嵌套列表（Nested Lists）。

点击嵌套列表中的第一层列表后，该列表项内的列表会作为一个新视图以动画方式切换出来。

多层次嵌套列表示例如代码 8-27 所示。

代码 8-27　多层嵌套列表示例代码

```
<!DOCTYPE html>
<html>
<head>
    <meta charset="utf-8" />
    <meta name="viewport" content="width=device-width,initial-scale=1" />
    <title>jQueryMobile List example</title>
    <link rel="stylesheet" href="jquery.mobile-1.0b3.css" />
    <script type="text/javascript" src="jquery-1.6.2.js"></script>
    <script type="text/javascript" src="jquery.mobile-1.0b3.js"></script>
</head>
<body>
    <div data-role="page">
        <header data-role="header">
            <h1>列表示例</h1>
        </header>
        <div data-role="content">
            <ul data-role="listview" data-theme="g">
                <li>
                    <a href="#" data-add-back-btn="true">List 1</a>
                    <p>这是第一层 List 1</p>
                    <ul>
                        <li><a href="#">subList 1 of List 1</a></li>
                        <li><a href="#">subList 2 of List 1</a></li>
                        <li><a href="#">subList 3 of List 1</a></li>
                    </ul>
                </li>
                <li>
                    <a href="#">List 2</a>
```

```
                <p>这是第一层 List 2</p>
                <ul>
                    <li><a href="#">subList 1 of List 2</a></li>
                    <li><a href="#">subList 2 of List 2</a></li>
                    <li><a href="#">subList 3 of List 2</a></li>
                </ul>
            </li>
            <li>
                <a href="#">List 3</a>
                <p>这是第一层 List 3</p>
                <ul>
                    <li><a href="#">subList 1 of List 3</a></li>
                    <li><a href="#">subList 2 of List 3</a></li>
                    <li><a href="#">subList 3 of List 3</a></li>
                </ul>
            </li>
            <li>
                <a href="#">List 4</a>
                <p>这是第一层 List 4</p>
                <ul>
                    <li><a href="#">subList 1 of List 4</a></li>
                    <li><a href="#">subList 2 of List 4</a></li>
                    <li><a href="#">subList 3 of List 4</a></li>
                </ul>
            </li>
            <li>
                <a href="#">List 5</a>
                <p>这是第一层 List 5</p>
                <ul>
                    <li><a href="#">subList 1 of List 5</a></li>
                    <li><a href="#">subList 2 of List 5</a></li>
                    <li><a href="#">subList 3 of List 5</a></li>
                </ul>
            </li>
        </ul>
    </div>
  </div>
</body>
</html>
```

在代码 8-27 中，第一层 ul 列表的 li 元素内定义了一个超链接、一个文本内容以及一组子列表，该列表就是第二层列表视图。其代码运行后在 iPhone Safari 下的效果如图 8-55 所示。

从图 8-55 中可以看到，多层嵌套列表默认显示的是第一层 ul 元素内的非 ul 元素内容，比如只显示超链接元素和 p 元素文本内容。而第一层 ul 元素内的 ul 元素内容，被 jQuery Mobile 视为下一层级别的列表视图。

当单击第一层数据列表项时，jQuery Mobile 会通过动画从左到右的动画效果切换到其第二层 ul 元素列表。而第二层列表视图会包括一个 header 区域和 content 区域，同时 header 区域的标题会被 jQuery Mobile 指定为第一层列表项中第一个超链接文本内容。content 区域则为第一层列表项内定义的 ul 元素内容。例如图 8-56 所示视图是第一个列表项点击后切换到的第二层视图。

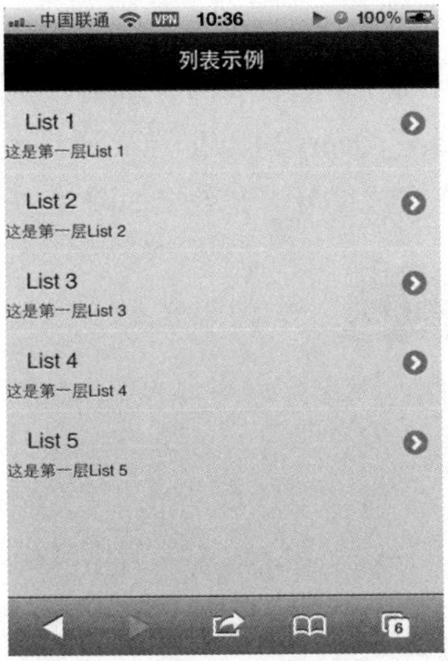

图 8-55　多层嵌套默认显示效果图

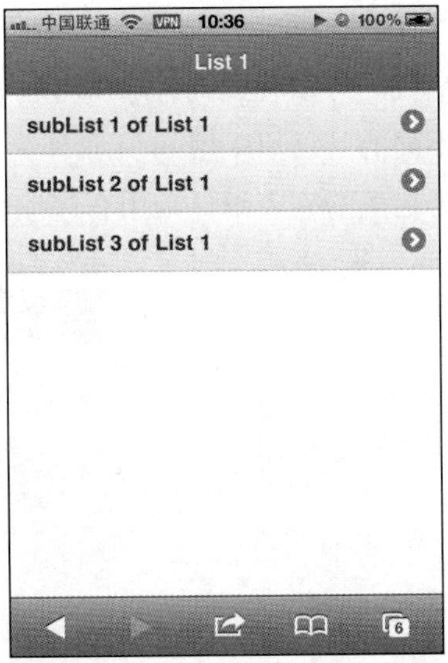

图 8-56　多层嵌套第二层显示效果图

8.9.4　有序编号列表

前面，我们使用 ul 元素实现了一个无序列表类型。现在我们可以使用 ol 元素创建一组有序列表（Numbered Lists）。

有序列表类型非常实用，我们可以通过它创建诸如音乐排行榜列表、电影排行榜列表等列表功能。

在默认情况下，jQuery Mobile 会采用 CSS 的方式对列表实现编号的追加，当浏览器不支持以这种追加方式追加数据时，jQuery Mobile 会采用 JavaScript 脚本方式将编号写入列表中。

有序编码列表示例如下代码：

```
<div data-role="content">
        <ol data-role="listview" data-theme="g">
            <li><a href="#">List 1</a></li>
            <li><a href="#">List 2</a></li>
            <li><a href="#">List 3</a></li>
            <li><a href="#">List 4</a></li>
            <li><a href="#">List 5</a></li>
        </ol>
</div>
```

从代码可以看到，有序编号列表的实现方式和前面介绍的普通列表类型非常类似，唯一不同的是这里采用 ol 元素作为列表组件外层元素，jQuery Mobile 当发现此元素时，会认为这里的列表组件采用有序编号列表，并会动态生成编号。其效果如图 8-57 所示。

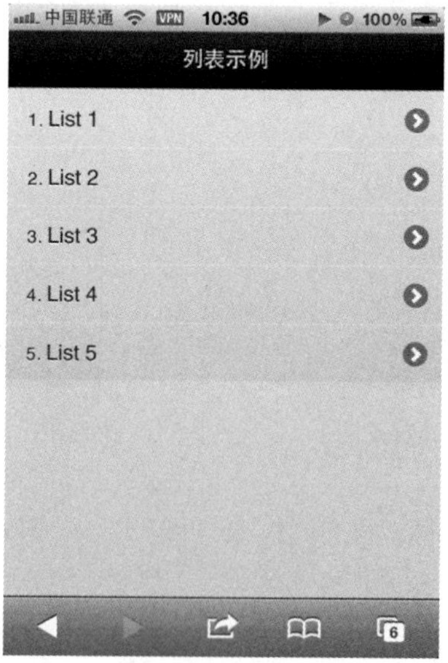

图 8-57　有序编号列示例效果图

8.9.5　只读列表

只读列表（Read-only lists）允许在有序列表或无序列表下使用，一般情况需要结合内嵌方式使用。需要注意的是，该列表类型默认采用 c 类型主题样式风格，并且会调整每个列表项中的字体大小。

只读列表的使用方法非常简单，只需要在 li 元素内部包含超链接 a 元素内容即可，示例如下：

```
<div data-role="content">
        <ul data-role="listview" data-inset="true">
            <li>List 1</li>
            <li>List 2</li>
            <li>List 3</li>
            <li>List 4</li>
            <li>List 5</li>
        </ul>
</div>
```

上述代码在 iPhone Safari 下的效果如图 8-58 所示。

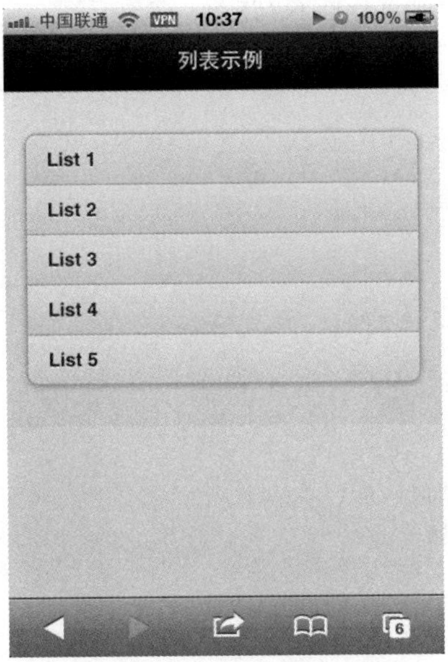

图 8-58　只读模式示例效果图

8.9.6 可分割按钮列表

如果在一个列表项中存在多于一种操作的情况，可分割按钮列表（Split Button List）允许提供两个独立的可点击项：列表项和右侧箭头图标。

要实现这种可分割按钮的列表，用户只需要在 li 元素内插入第二个链接，jQuery Mobile 就会自动把第二个链接变成只有图标的按钮。

列表项中的右侧默认采用箭头图标，我们可以使用 data-split-icon 属性设置自定义图标。data-split-theme 属性是设置图标的主题风格样式。

示例如下：

```
<div data-role="content">
    <ul data-role="listview" data-theme="g" data-split-icon="gear" data-split-theme="d">
            <li>
                <a href="#">List 1</a>
                <a href="#"></a>
            </li>
            <li>
                <a href="#">List 2</a>
                <a href="#"></a>
            </li>
            <li>
                <a href="#">List 3</a>
                <a href="#"></a>
            </li>
            <li>
                <a href="#">List 3</a>
                <a href="#"></a>
            </li>
            <li>
                <a href="#">List 4</a>
                <a href="#"></a>
            </li>
    </ul>
</div>
```

上述代码运行在 iPhone Safari 下的效果如图 8-59 所示。

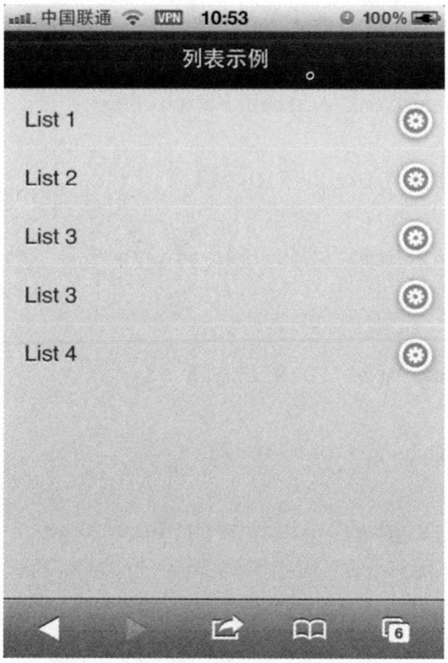

图 8-59　可分割按钮列表示例效果图

8.9.7　列表的分隔符

列表分隔符（List Divider）一般用于对列表进行分组的列表功能。

具有分组效果的列表可以在 li 元素上设置 data-role 属性值为 list-divider 来实现。默认情况下，jQuery Mobile 对用来分割的项使用 b 主题样式风格。同时，data-groupingtheme 属性还可以指定其他主题样式风格。

示例如下：

```
<ul data-role="listview" data-theme="g">
        <li data-role="list-divider">A</li>
        <li>
            <a href="index.html">Adam Kinkaid</a>
        </li>
        <li data-role="list-divider">B</li>
        <li>
```

```
            <a href="index.html">Bob Cabot</a>
        </li>
        <li data-role="list-divider">C</li>
        <li>
            <a href="index.html">Caleb Booth</a>
        </li>
        <li data-role="list-divider">D</li>
        <li>
            <a href="index.html">David Walsh</a>
        </li>
        <li>
            <a href="index.html">Drake Alfred</a>
        </li>
        <li data-role="list-divider">E</li>
        <li>
            <a href="index.html">Elizabeth Bacon</a>
        </li>
        <li data-role="list-divider">F</li>
        <li>
            <a href="index.html">Francis Wall</a>
        </li>
        <li data-role="list-divider">G</li>
        <li>
            <a href="index.html">Graham Smith</a>
        </li>
        <li data-role="list-divider">H</li>
        <li>
            <a href="index.html">Harvey Walls</a>
        </li>
        <li data-role="list-divider">M</li>
        <li>
            <a href="index.html">Mike Farnsworth</a>
        </li>
</ul>
```

上述代码在 iPhone Safari 下的运行效果如图 8-60 所示。

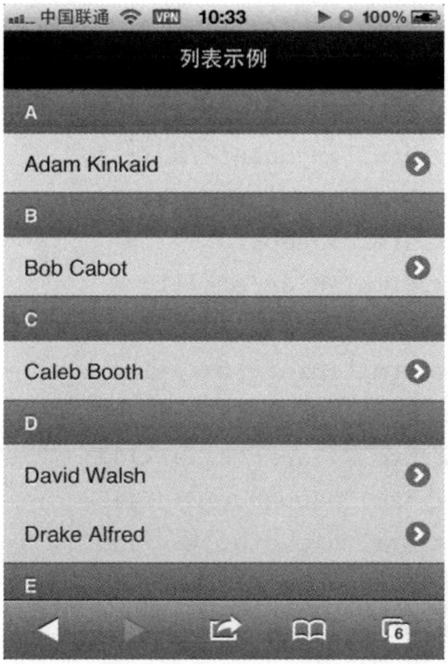

图 8-60　分组列表示例效果图

8.9.8　列表搜索过滤器

jQuery Mobile 提供一种方案用于过滤含有大量列表项的列表。

当在列表中设置 data-filter 属性值为 true 时，程序会根据列表中设置的该属性值，判断是否启用实时过滤功能。如果 data-filter 为 true，列表上方会动态地增加一个搜索文本框，只要用户在搜索框中输入内容就可以对列表进行实时搜索过滤。但是，这种搜索过滤模式，只是搜索当前的列表数据项。如果需要搜索后端数据并显示在页面上，需要自行编写实现逻辑。

示例代码如下：

```
<ul data-role="listview" data-filter="true" data-theme="g">
        <li><a href="index.html">Acura</a></li>
        <li><a href="index.html">Audi</a></li>
        <li><a href="index.html">BMW</a></li>
        <li><a href="index.html">Cadillac</a></li>
        <li><a href="index.html">Chrysler</a></li>
        <li><a href="index.html">Dodge</a></li>
        <li><a href="index.html">Ferrari</a></li>
```

```
        <li><a href="index.html">Ford</a></li>
        <li><a href="index.html">GMC</a></li>
        <li><a href="index.html">Honda</a></li>
        <li><a href="index.html">Hyundai</a></li>
        <li><a href="index.html">Infiniti</a></li>
        <li><a href="index.html">Jeep</a></li>
        <li><a href="index.html">Kia</a></li>
        <li><a href="index.html">Lexus</a></li>
        <li><a href="index.html">Mini</a></li>
        <li><a href="index.html">Nissan</a></li>
        <li><a href="index.html">Porsche</a></li>
        <li><a href="index.html">Subaru</a></li>
        <li><a href="index.html">Toyota</a></li>
        <li><a href="index.html">Volkswagon</a></li>
        <li><a href="index.html">Volvo</a></li>
</ul>
```

代码在 iPhone Safari 下的运行效果如图 8-61 所示。

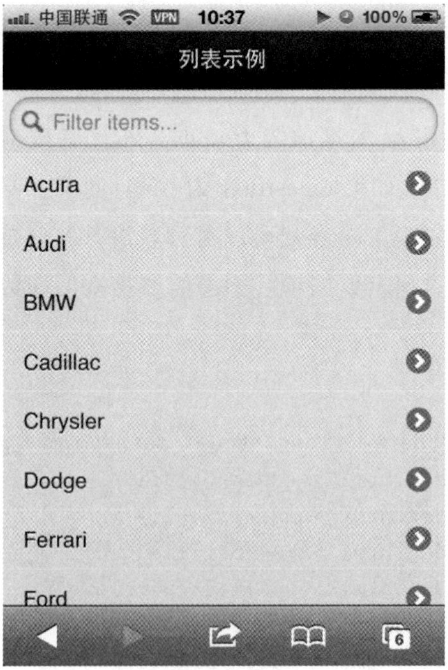

图 8-61　带搜索过滤器的列表效果图

当在搜索输入框中输入字符“g”时，程序就会实时地过滤列表数据，过滤效果如图 8-62 所示。

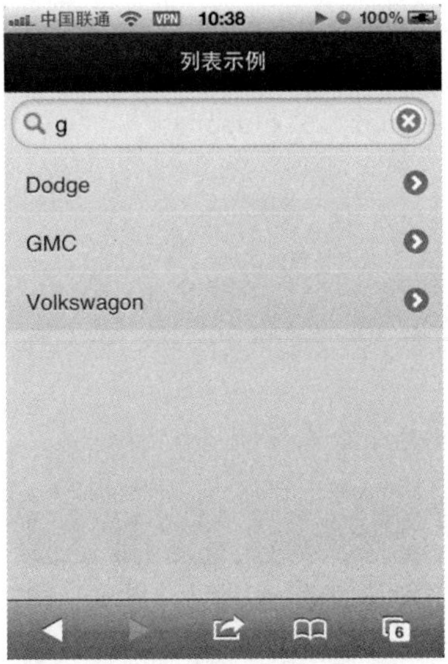

图 8-62　实时搜索的列表效果图

8.9.9　含有气泡式计数的列表

jQuery Mobile 实现了一种列表效果，就是在列表每一个数据项的右侧，会显示一个含数字的气泡。这种列表一般用于对该列表数据项的数据统计。其实现方法是：只要在每个 li 元素内定义一个 span 元素并指定 class 属性值为 ui-li-count，就可以在列表项的右侧增加一个含数字的气泡。

示例代码如下：

```
<ul data-role="listview" data-theme="g">
    <li>
        <a href="#">List 1</a>
        <span class="ui-li-count">33</span>
    </li>
    <li>
        <a href="#">List 2</a>
        <span class="ui-li-count">1</span>
    </li>
```

```
    <li>
        <a href="#">List 3</a>
        <span class="ui-li-count">101</span>
    </li>
    <li>
        <a href="#">List 4</a>
        <span class="ui-li-count">62</span>
    </li>
    <li>
        <a href="#">List 5</a>
        <span class="ui-li-count">21</span>
    </li>
</ul>
```

代码在 iPhone Safari 下的运行效果如图 8-63 所示。

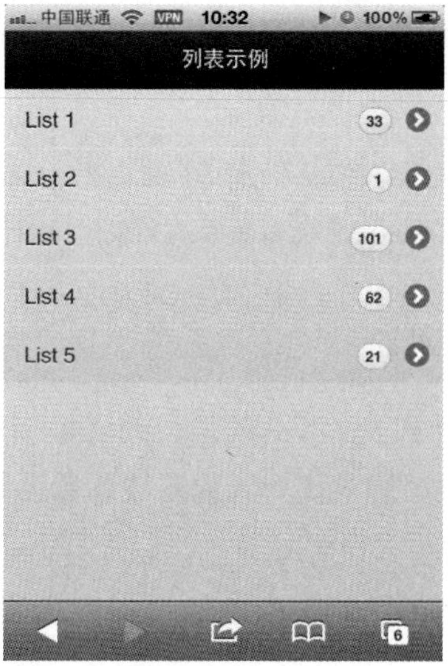

图 8-63　计数气泡的列表示例效果图

8.9.10　显示列表项右侧文本格式的列表

在列表组件当中，除了能够实现含数字气泡的列表类型以外，也可以实现在每个列表项右侧显示一段文本格式的内容。

其实现方法是：在 li 元素中对 p 元素设置 class 属性值为 ui-li-aside，就可以在列表项右侧添加一段文本。

示例代码如下：

```
<ul data-role="listview" data-theme="g">
        <li>
            <a href="#">安装状态</a>
            <p class="ui-li-aside">已安装</p>
        </li>
        <li>
            <a href="#">安装状态</a>
            <p class="ui-li-aside">已卸载</p>
        </li>
        <li>
            <a href="#">姓名</a>
            <p class="ui-li-aside">sankyu</p>
        </li>
        <li>
            <a href="#">性别</a>
            <p class="ui-li-aside">男</p>
        </li>
        <li>
            <a href="#">生日</a>
            <p class="ui-li-aside">1990-1-1</p>
        </li>
</ul>
```

代码在 iPhone Safari 下的运行效果如图 8-64 所示。

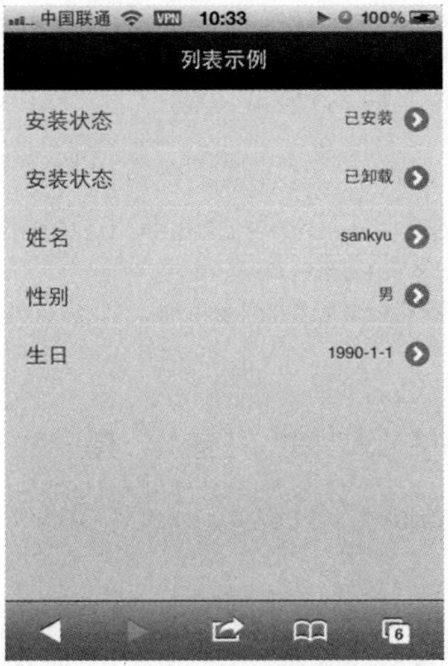

图 8-64　右侧文本的列表示例效果图

8.9.11 列表项含有图标的列表

含左侧小图标的列表类型实际上是在列表项的左侧显示一个 16×16 像素大小的图标。

这种类型的列表使用方法非常简单，只要在 li 元素内的第一个 img 元素中定义 class 属性值为 ul-li-icon，就可以实现含图标类型的列表。

示例代码如下：

```
<ul data-role="listview">
    <li>
        <img src="gf.png" alt="France" class="ui-li-icon">
        <a href="index.html">France</a>
        <span class="ui-li-count">4</span>
    </li>
    <li>
        <img src="de.png" alt="Germany" class="ui-li-icon">
        <a href="index.html">Germany</a>
        <span class="ui-li-count">4</span>
    </li>
    <li>
        <img src="gb.png" alt="Great Britain" class="ui-li-icon">
        <a href="index.html">Great Britain</a>
        <span class="ui-li-count">0</span>
    </li>
    <li>
        <img src="fi.png" alt="Japan" class="ui-li-icon">
        <a href="index.html">Japan</a>
        <span class="ui-li-count">12</span>
    </li>
    <li>
        <img src="sj.png" alt="Sweden" class="ui-li-icon">
        <a href="index.html">Sweden</a>
        <span class="ui-li-count">328</span>
    </li>
    <li>
        <img src="us.png" alt="United States" class="ui-li-icon">
        <a href="index.html">United States</a>
        <span class="ui-li-count">62</span>
    </li>
</ul>
```

在上述代码中，一共定义了 5 个数据列表项，每个列表项都包含有一个 img 元素图片、一个超链接、一个计数提示。而 img 元素设置了 class 属性值为 ul-li-icon，说明这个图片显示的是一个 16×16 像素大小的图标。

该示例代码在 iPhone Safari 下的效果如图 8-65 所示。

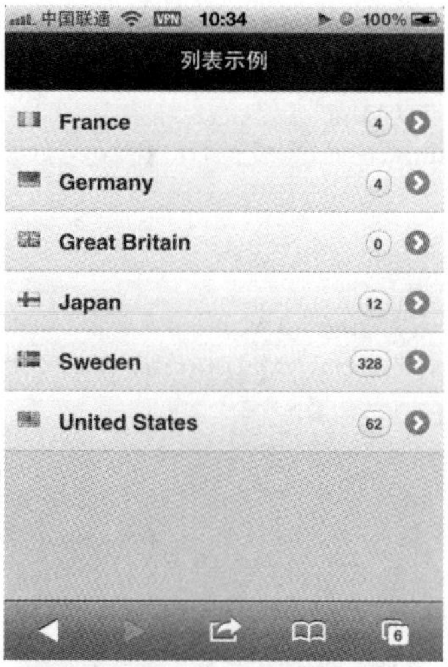

图 8-65　列表项含图标的列表效果图

8.9.12　数据项含有图片的列表

数据项含图片的列表和含小图标的列表两者的实现效果非常类似，唯一的区别是列表项内的图片不需要设置 class 属性。

含图片的列表类型必须对 li 元素内的第一个元素定义 img 类型图片，程序会自动识别该图片类型并将图片的大小调整为 80×80 像素大小。

示例代码如下：

```
<ul data-role="listview" data-theme="g">
        <li>
            <img src="album-bb.jpg" />
            <h3><a href="index.html">Broken Bells</a></h3>
            <p>Broken Bells</p>
        </li>
        <li>
            <img src="album-hc.jpg" />
            <h3><a href="index.html">Warning</a></h3>
            <p>Hot Chip</p>
```

```
        </li>
        <li>
            <img src="album-p.jpg" />
            <h3><a href="index.html">Wolfgang Amadeus Phoenix</a></h3>
            <p>Phoenix</p>
        </li>
        <li>
            <img src="album-ok.jpg" />
            <h3><a href="index.html">Of The Blue Colour Of The Sky</a></h3>
            <p>Ok Go</p>
        </li>
        <li>
            <img src="album-ws.jpg" />
            <h3><a href="index.html">Elephant</a></h3>
            <p>The White Stripes</p>
        </li>
</ul>
```

该示例代码在 iPhone Safari 下的运行效果如图 8-66 所示。

图 8-66　列表项含图片的列表效果图

8.9.13　内嵌列表

使用内嵌列表类型，能够把多个列表组件同时存在于同一个视图页面中。

被定义的内嵌列表，其样式和其他类型列表会有些区别，内嵌列表会以圆角和四个边缘留空白的块并显示出来，同时每一个列表块的下边框会带有阴影效果。

其实现方法是：对列表的 ul 或 ol 元素定义 data-inset 属性值为 ture 就可以实现内嵌列表。

示例代码如下：

```
<div data-role="content">
        <ul data-role="listview" data-theme="g" data-inset="true">
            <li><a href="#">List 1</a><span class="ui-li-count">33</span></li>
            <li><a href="#">List 2</a><span class="ui-li-count">1</span></li>
            <li><a href="#">List 3</a><span class="ui-li-count">101</span></li>
        </ul>
        <ol data-role="listview" data-theme="g" data-inset="true">
            <li><a href="#">List 1</a></li>
            <li><a href="#">List 2</a></li>
            <li><a href="#">List 3</a></li>
        </ol>
        <ul data-role="listview" data-theme="g" data-inset="true">
            <li><a href="#">List 1</a></li>
            <li><a href="#">List 2</a></li>
            <li><a href="#">List 3</a></li>
        </ul>
</div>
```

在上述示例代码中，一共定义了三个不同类型的内嵌列表。第一个实现了含数字气泡类型的列表，第二个实现了有序列表，第三个实现了一个普通类型的列表。

该示例代码在 iPhone Safari 下的运行效果如图 8-67 所示。

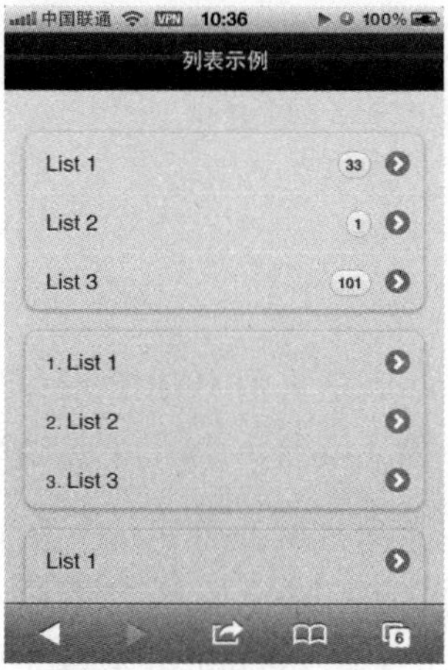

图 8-67　内嵌多个类型列表的效果图

8.9.14 列表的性能问题

jQuery Mobile 虽然提供了非常丰富的列表类型，但大部分类型都是针对不同的需求而实现的内容格式列表。

实际上，jQuery Mobile 并没有实现列表的分页功能，当数据量非常大时，需要有一种机制实现具有分页功能的列表。在前面的章节中提到，jQuery Mobile 提供一种可搜索过滤列表类型的列表，虽然该列表是针对当前列表数据项进行筛选过滤，但它存在一种缺陷，就是这些需要过滤的列表项必须是一次性加载到页面的。因此这种搜索过滤列表，无法在后台实现实时过滤，只能需要自己编写逻辑代码实现该功能。

至于列表性能效果，读者可以使用移动设备访问官方 jQuery Mobile 开发文档中的一个列表示例，该列表提供了一个具有 500 个数据项的列表用于性能上的测试，目前该测试地址的实现是基于 1.0b3 版本的，正式版本可以通过在线开发文档找到。具体地址如下：

http://jquerymobile.com/demos/1.0b3/docs/lists/lists-performance.html

该例子一次性加载了 500 个数据项列表，并提供一个可搜索的文本框。如果在桌面端使用 Chrome 浏览器测试其滚动效果以及实时搜索功能，其性能方面不存在任何问题。但是使用 iPhone 等移动设备时，其性能方面就稍逊一筹，每当输入一个字符时，浏览器都会假死一段时间才会出现搜索结果。同时，触摸滚动列表的效果也没有原生应用的滚动效果流畅。

从上述情况来看，jQuery Mobile 提供的列表组件功能，在处理大规模数据时会显得非常吃力，甚至严重影响用户的浏览体验。因此，在实际项目中使用列表组件时就需要考虑列表的数据量以及每个数据项界面的定制。

8.10 配置选项

在前面章节提到，jQuery Mobile 是采用 HTML5 标准的 data 属性来驱动元素生成各种界面组件的。实际上，jQuery Mobile 不仅提供上述这方面的功能，还在 JavaScript 可编程方面提供更多的可配置、可定制的参数和方法。

同样，作为基于 jQuery 的 jQuery Mobile 移动框架，它也提供了一个类似的事件。当 jQuery Mobile 开始运行时，它会在 document 对象上触发一个 mobileinit 事件。我们可以通过该事件重写默认的相应函数，配置各种属性参数。

使用方法如下：

```
$(document).bind("mobileinit",function(){
        //在这里添加用户自定义的代码
});
```

由于 mobileinit 事件在运行 jQuery Mobile 的时候会立即触发，因此如果我们需要编写自定义事件就必须在 mobileinit 事件之前运行。因此自定义事件的 JavaScript 文件的导入位置，就必须在 jQuery 类库文件之后，jQuery Mobile 类库文件之前。

例如：

```
<script src="jquery.js"></script>
<script src="自定义事件处理函数 js 文件.js"><script>
<script src="jquerymobile.js></script>
```

jQuery Mobile 为开发者提供一个对象：$.mobile。该对象的作用是配置各种选项及其默认值。

例如：

```
$(document).bind("mobileinit",function(){
        $.mobile.foo = "foo";
});
```

除了上述通过$.mobile.foo 的点语法对某个属性值进行初始化以外，还可以使用 jQuery 自带的方法$.extend 通过继承方式对属性值进行初始化。

例如：

```
$(document).bind("mobileinit",function(){
        $.extend($.mobile,{
            foo:"foo"
        });
});
```

jQuery Mobile 提供非常多的可配置选项。

1. ns

类型：字符串，默认值是空字符串。

用法：`$.mobile.ns = "mynamespace"`

描述：自定义命名空间，避免命名空间冲突。使用方法是通过指定 data-属性来自定义命名空间。当指定了 ns 值时，data 属性所对应的自定义命名空间属性名就是

data-mynamespace-foo。通常情况下，当开发者需要开发一套自定义主题样式时才需要使用该选项。

2．autoInitializePage

类型：布尔值，默认值是 true。

用法：`$.mobile.autoInitializePage = false`

描述：默认情况下，当页面 DOM 元素准备就绪后，程序会自动加载$.mobile.initializePage 函数。如果 autoInitializePage 选项被设置为 false，页面就不会被立即渲染，并保持隐藏状态，一直到人工调用$.mobile.initializePage 函数后才会渲染各种页面和视图组件。

initializePage 函数是 jQuery Mobile 框架的内部初始化函数，该函数的主要功能是在 DOM 元素中查找和增强页面中的各个视图，并指定默认显示的第一个视图。

3．subPageUrlKey

类型：字符串，默认值是 ui-page。

用法：`$.mobile.subPageUrlKey = "page"`

描述：该参数的主要功能是改变 jQuery Mobile 视图在 URL 地址中的 key 参数名，例如 example.html?ui-page=subpage。当选项参数改成 subPageUrlKey="page"时，其 url 地址会被更改为 example.html?page=subpage。

当 ui-page 的值是一个 URL 地址时，jQuery Mobile 框架会发送一个 Ajax 请求，并返回显示该 URL 页面。

4．activePageClass

类型：字符串，默认值是 ui-page-active。

用法：`$.mobile.activePageClass = "ui-ns-page-active"`

描述：该选项参数的主要功能是自定义活动状态页面和过渡状态时的视图 CSS 样式。

5．activeBtnClass

类型：字符串，默认值是 ui-btn-active。

用法：`$.mobile.activeBtnClass = "ui-ns-page-active"`

描述：该选项参数的主要功能是自定义处于活动状态的按钮的样式风格。

6．ajaxEnabled

类型：布尔值，默认值是 true。

用法：`$.mobile.ajaxEnabled = false`

描述：该选项参数的作用是设置当单击链接或提交表单或按钮时，是否使用 Ajax 方式加载页面或提交数据。默认情况下，jQuery Mobile 采用 Ajax 方式处理请求。当选项参数为 false 时，jQuery Mobile 会忽略这些链接或表单提交的 Ajax 请求，而采用传统的 HTTP 方式请求跳转或提交方式。

7．hashListeningEnabled。

类型：布尔值，默认值是 true。

用法：`$.mobile.hashListeningEnabled = false`

描述：设置 jQuery Mobile 是否自动监听和处理 location.hash 的变化，如果设置为 false，可以使用手动的方式处理 hash 的变化，或者简单地使用链接地址进行跳转。

8．defaultPageTransition

类型：字符串，默认值是 slide。

用法：`$.mobile.defaultPageTransition = "fade"`

描述：该选项参数的作用是设置页面切换默认的效果。如果设置为 none，页面切换时将不会有效果。可选的切换效果包括：slide（左右滑入）、slideup（由下向上滑入）、slidedown（由上向下滑入）、pop（由中心展开）、fade（渐显）、flip（翻转）。

9．touchOverflowEnabled

类型：布尔值，默认值是 false。

用法：`$.mobile.touchOverFlowEnabled = true`

描述：是否使用设备的原生区域滚动特性。目前除 iOS5 外，大部分设备还不支持原生的区域滚动特性。

10．defaultDialogTransition

类型：字符串，默认值是 pop。

用法：`$.mobile.defaultDialogTransition = "none"`

描述：该选项设置 Ajax 对话框的弹出效果，若设置为 none，则没有过渡效果。其可选的效果和 defaultPageTransition 属性相同。

11. minScrollBack

类型：字符串，默认值是 150。

用法：`$.mobile.minScrollBack = "200"`

描述：当滚动超出所设置的高度时才会触发滚动位置记忆功能。当滚动高度没有超过所设置的高度时，后退到该页面滚动条会到达顶部。通过设置该选项的数值来减小位置记忆的数据量。

12. loadingMessage

类型：字符串，默认值是 loading。

用法：`$.mobile.loadingMessage = "加载中"`

描述：设置页面加载状态时的文本内容。如果设置为 false，则不会显示任何内容。

13. pageLoadErrorMessage

类型：字符串，默认值是 Error Loading Page。

用法：`$.mobile.pageLoadErrorMessage = "页面加载失败"`

描述：设置当 Ajax 请求页面失败时显示的提示文本内容。

14. gradeA

类型：布尔值，默认值是$.support.mediaquery 的值。

用法：`$.mobile.gradeA`

描述：当浏览器符合所有支持的条件时才会返回 true。默认返回$.support.mediaquery 的值。

上面介绍了 jQuery Mobile 1.0beta3 版本中提供的可配置参数选项，由于该版本仍然是一个 beta 版本，因此这类配置参数可能会随着后续版本的更新而发生变化，例如有可能在下一个版本中发现某些配置选项已经被抛弃或者会新增更多的配置选项等。

8.11 Event 事件

jQuery Mobile 提供了丰富的事件处理机制，并且根据不同的移动设备，整合各种事件，使得开发者不必解决不同设备之间的事件处理差异。

这些事件会根据当前移动设备的特性来识别使用哪一类型事件，例如触摸（touch）、鼠标（mouse）或 window 事件，因此不管是移动 Web 浏览器还是桌面浏览器，都可以根据实际情况使用不同的事件类型。

虽然如此，我们仍然可以使用 jQuery 中的 live()和 bind()这类方法绑定事件。

8.11.1　页面加载事件

大家还记不记得 jQuery 提供的方法$(document).ready()？它的作用是当加载完成一个 Web 页面的 DOM 元素后，就开始运行该方法。

我们在编写移动 Web 应用程序的时候，仍然可以使用该方法初始化相关功能。但是，jQuery Mobile 的机制是每个视图或页面的内容都是通过 Ajax 请求加载的，这样每次显示一个新视图或页面时就无法触发$(document).ready()方法。

在这种情况下，jQuery Mobile 提供了另外一个方法用于解决这个问题：pageCreate 事件，该事件的含义是当视图或页面被切换时触发事件。

示例如下：

```
$('#aboutPage').live('pagecreate',function(event){
      alert('This page was just enhanced by jQuery Mobile!');
});
```

jQuery Mobile 同时还提供另外一个方法 pagebeforecreate 事件，该事件的触发顺序在 pagecreate 事件之前，即在框架初始化之前触发。

8.11.2　其他事件类型

根据 jQuery Mobile 提供的针对移动设备的事件函数，可以将事件函数分为以下 7 大类。

1．touch 事件

第一种事件类型是 touch 事件。目前 jQuery Mobile 只提供了最基本的触摸事件，它们分别是：

- tap：快速触摸屏幕并且离开，类似一次完整的点击操作。这种事件类型是最常用的 touch 事件。
- taphold：触摸屏幕并且保持一段时间。

- swipe：在 1 秒内水平移动 30px 屏幕像素以上时触发。
- swipeleft：向左侧滑动。
- swiperight：向右侧滑动。

2．方向改变事件

orientationchange 事件函数当移动设备的方向发生变化时触发。在事件的回调函数内的第二个参数返回一个用于识别当前方向的参数。该参数只会返回两种值：portrait（纵向）和 landscape（横向）。

需要注意的是，orientationchange 事件并不是所有的浏览器都支持。因此，在项目开发过程中，如无实际必要，一般都不会定义该事件函数。

3．滚动事件

jQuery Mobile 目前所支持的滚动事件只有两个，它们分别是：

- scrollstart

开始滚动时触发该事件。需要注意的是，目前在 iOS 设备上该事件并不稳定，原因是当 iOS 设备在滚动时会禁止 DOM 操作，并将 DOM 操作放入队列中，待滚动结束后才执行这些操作。这个 BUG 估计在后续新版本会解决。

- scrollend

当滚动结束时触发该事件。

4．显示/隐藏事件

在基于 jQuery Mobile 的移动 Web 应用中，我们知道一个 Web 页面存在多个不同的视图或页面，但是每次都只会显示其中的一个。当显示其中一个视图时，其余的视图会被隐藏。而每次视图之间的切换，都会触发视图的显示/隐藏事件。

显示/隐藏事件一共有 4 种类型的事件函数，它们分别是：

- pagebeforeshow

当视图通过动画效果开始显示在屏幕之前触发事件。

- pagebeforehide

当视图通过动画效果开始隐藏之前触发事件。

- pageshow

当视图通过动画效果显示在屏幕之后触发事件。

- pagehide

当视图通过动画效果隐藏后触发事件。

从上面 4 种事件类型可以看到，每切换一次页面，4 种类型都会被触发。例如，当 A 视图切换到 B 视图时，首先触发 A 视图的 pagebeforeshow 事件和 B 视图的 pagebeforehide 事件，当 B 视图完成切换动画效果后完整地显示在屏幕中时，会触发 A 视图的 pagehide 事件和 B 视图的 pageshow 事件。

示例代码如下：

```
$('div').live('pageshow',function(event, ui){
    alert('This page was just hidden: '+ ui.prevPage);
});
```

5. 虚拟鼠标事件

jQuery Mobile 提供了一种虚拟点击事件来整合不同移动设备中的 mouse 和 touch 事件。这些事件类型包括：

- vmouseover

统一处理触摸和鼠标悬停事件。

- vmousedown

统一处理触摸和鼠标按下事件。

- vmousemove

统一处理触摸和鼠标移动事件。

- vmouseup

统一处理触摸和鼠标按键松开事件。

- vclick

统一处理触摸和鼠标点击事件。

- vmousecancel

统一处理触摸和鼠标离开事件。

8.12 实用方法和工具

jQuery Mobile 为开发者提供了许多常用的函数和工具，通过这些函数和工具可以针对不同应用进行设置，例如改变页面加载时的动画效果、绝对地址和相对地址的切换、loading 文本内容的设置等。

由于本书只是围绕 jQuery Mobile 的 beta 版本而展开探讨的，因此这些函数和工具未来可能会根据版本的更新而变化。

现在我们来看一下如何使用这些常用的函数和工具。

8.12.1 页面视图辅助工具

在前面介绍页面和视图的时候提到，一个 Web 页面存在多个视图，每次只会显示其中一个视图，不同视图之间的切换是通过一些动画效果进行过渡的。

在这里，jQuery Mobile 提供了一种可编程的方式来改变这类视图之间的过渡效果。

1. $.mobile.changePage

该函数的主要功能是通过编程的方式改变两个视图之间切换的效果。该函数通常在通过点击超链接到下一个页面或提交表单时，自定义改变切换动画效果。

changePage 函数的语法如下：

```
$.mobile.changePage(to,options);
```

其中参数 to 是必选参数，它可以传递的参数类型包括字符串、对象。

- 当参数传递的是一个字符串时，该字符串是一个相对或绝对 URL 地址。
- 当参数传递的是一个对象时，该对象并不是由 window.getElementById 读取的原生 Object 对象，它实际上是通过 jQuery 框架读取的一个 jQuery 对象，例如 $("#subPage")。

参数 options 是可选参数，它传递的是一个 JSON 数据格式对象，该对象可以定义的参数属性如表 8-2 所示。

表 8-2　changePage 的 options 对象属性参数表

属 性 名	类　型	说　明
transition	字符串	设置页面切换视图时的动画效果。默认值是$.mobile.defaultPageTransition 中设置的值
reverse	布尔值	是否采用反向 transition 属性指定的动画效果，默认值是 false，即不采用反向

续表

属 性 名	类　型	说　明
role	字符串	设置需要切换的视图对应 data-role 的值。默认值是 underfined
pageContainer	jQuery collection	指定视图对应的 DOM 元素节点，该属性是由 jQuery 获取对应元素的 jQuery 对象数组
type	字符串	指定 URL 的请求类型，如“get”或“post”。该属性在参数 to 使用 URL 字符串参数时才会生效
data	字符串或对象	该参数是一个字符串或 JSON 对象，主要的作用是当使用 Ajax 请求页面时，相关参数值会传递到对应的 URL 地址中。与 type 属性相似，在参数 to 使用 URL 字符串参数时才会生效。默认值是 underfined
reloadPage	布尔值	是否强制重新加载一个页面。默认值是 false
changeHash	布尔值	是否更新 location 的 Hash 值。默认值是 true

现在，通过简单示例来说明如何使用 changePage 函数。

（1）改变动画效果

以下示例将改变切换 secondPage.html 页面时的动画效果。

```
$.mobile.changePage("secondPage.html",{
        transition:"slidedown"
});
```

（2）表单提交操作

当我们在表单视图中填好表单元素数据时，可以使用 JavaScript 代码对表单执行数据提交操作，示例如下：

```
$.mobile.changePage("submit.php",{
        type:"post",
        data:$("form#add").serialize();
});
```

（3）模拟弹出 confirm 确认提示框

通过设置 pop 动画方式以及不记录 location 的 hash 值进行视图的切换，模拟确认提示框，示例如下：

```
$.mobile.changePage("confirm.html",{
        transition:"pop",
        reverse:false,
        changeHash:false
});
```

2. $.mobile.loadPage

该函数的主要作用是加载外部页面，并插入当前页面的 DOM 元素内。

函数语法如下：

```
$.mobile.loadPage(url,options);
```

其中参数 url 是一个必选参数，主要传递一个绝对或相对 URL 地址。

参数 options 是可选参数，它传递的是一个 JSON 数据格式对象，该对象可以定义的参数属性如表 8-3 所示。

表 8-3　loadPage 函数的 options 属性参数值表

属 性 名	类　型	说　明
role	字符串	设置需要切换的视图对应 data-role 的值。默认值是 underfined
pageContainer	jQuery collection	指定视图对应的 DOM 元素节点，该属性是由 jQuery 获取对应元素的 jQuery 对象数组
type	字符串	指定 URL 的请求类型，如 “get” 或 “post”
data	字符串或对象	该参数是一个字符串或 JSON 对象，主要用于当使用 Ajax 请求页面时，将相关参数值传递到对应的 URL 地址中。与 type 属性相似，默认值是 underfined
reloadPage	布尔值	是否强制重新加载一个页面。默认值是 false
loadMsgDelay	数值	设置显示加载提示信息前的延迟时间，默认值是 50 毫秒

loadPage 函数和 changePage 函数的使用方法基本类似。下面我们通过简单示例说明如何使用 loadPage 函数。

示例如下：

```
$.mobile.loadPage("secondPage.html");
```

又如，以下示例提交表单并加载结果页面。

```
$.mobile.loadPage("result.php",{
        type:"get",
        data:$("form#search").serialize();
});
```

8.12.2　数据存储

我们知道，最新版本的 jQuery 提供了三个方法（data、removeData、hasData）用于在元素上操作各种数据的存取。

jQuery Mobile 则根据移动设备的特性重写了上述三个方法，以增强移动触屏设备的 Web 浏览器的功能。

1．jqmData()方法

该方法在元素上绑定任意数据。语法和 jQuery 的 data()方法一样，如下：

```
$.mobile.jqmData(element,key,value);
```

- element 参数是指定需要绑定数据的元素；
- key 是指定需要绑定数据的属性名；
- value 是绑定的数据。

2．jqmRemoveData()方法

该方法是移除绑定在元素上的 data 数据。语法和 jQuery 的 removeData()方法一样，如下：

```
$.mobile.jqmRemoveData([name]);
```

name 参数是可选参数，指定需要移除哪个 data 属性。如果不传入参数，则移除元素上的所有数据。

3．jqmHasData()方法

判断元素上是否存在绑定的数据。语法和 jQuery 的 hasData()方法一样，如下：

```
$.mobile.jqmHasData(element);
```

element 参数是一个进行数据检查的 DOM 元素。

8.12.3　地址路径辅助工具

在基于 jQuery Mobile 的移动 Web 应用程序中，由于大部分页面或视图都是通过 Ajax 请求完成的，我们常常需要和 URL 打交道，因此 jQuery Mobile 为开发人员提供了一系列的方法，可以方便地处理各种 URL 地址的需求。

jQuery Mobile 为我们提供的方法如表 8-4 所示。

表 8-4　地址路径辅助工具方法集表

函　　数	说　　明
$.mobile.path.parseUrl	解析 URL 地址，并返回一个各种 URL 参数值的对象
$.mobile.path.makePathAbsolute	将相对路径转换成绝对路径
$.mobile.path.makreUrlAbsolute	将相对 URL 地址转换成绝对 URL 地址
$.mobile.path.isSameDomain	比较两个 URL 地址的域是否相同
$.mobile.path.isRelativeUrl	判断 URL 地址是否是相对地址
$.mobile.path.isAbsoluteUrl	判断 URL 地址是否是绝对地址

现在来看看如何使用由 jQuery Mobile 内置提供的几个实用方法。

1．解析 URL 地址

$.mobile.path.parseUrl 函数解析一个 URL 地址，并返回一个含所有参数值的对象，这些参数值能够让我们很轻易地访问 URL 地址上的参数属性。

parseUrl 函数的语法是：

```
$.mobile.path.parseUrl(url);
```

其中 rul 参数是一个相对或绝对 URL 地址，这是必须传入的参数。

parseUrl 函数返回一个对象，对象内包含丰富的属性，如表 8-5 所示。

表 8-5　parseUrl 返回 object 对象的属性表

属　　性	说　　明
hash	返回 URL 地址上“#”号后面的所有字符内容。 相当于 location 的 hash 值
host	返回包含 URL 的主机名和端口号
hostname	返回只包含 URL 的主机名
href	返回整个 URL 地址
pathname	返回文件或目录的关联路径
port	返回请求 URL 地址的端口号
protocol	返回请求 URL 地址的协议，如 http:、https:
search	返回 URL 地址中“?”后面的请求参数
authority	返回用户名、密码、主机名、端口号组成的地址
directory	返回请求 URL 地址的目录路径
domain	返回 protocol 协议和 authority 组成的路径
filename	返回请求的 URL 文件名
hrefOfHash	返回不包含 hash 值的 URL 路径

续表

属　　性	说　　明
hrefOfSearch	返回不包含请求参数和 hash 值的 URL 路径
password	返回请求 URL 中的密码，如 FTP 协议的密码
username	返回请求 URL 中的用户名，如 FTP 协议的用户名

现在通过一些示例来验证上述提到的各种属性。

我们以一个完整的 http 请求 URL 地址作为示例，首先，我们以下面一个详细的 URL 地址作为参考：

```
var url = "http://www.example.com:8080/page/list.php?type=&key=sankyu#ui-page=
          firstPage";
var obj = $.mobile.parseUrl(url); //解析 URL 地址
```

返回的 obj 对象内置的参数值情况如下：

```
obj.authority: "www.example.com:8080"
obj.directory: "/page/"
obj.domain: "http://www.example.com:8080"
obj.filename: "list.php"
obj.hash: "#ui-page=firstPage"
obj.host: "www.example.com:8080"
obj.hostname: "www.example.com"
obj.href: "http://www.example.com:8080/page/list.php?type=&key=sankyu#ui-page=fi
rstPage"
obj.hrefNoHash: "http://www.example.com:8080/page/list.php?type=&key=sankyu"
obj.hrefNoSearch: "http://www.example.com:8080/page/list.php"
obj.password: ""
obj.pathname: "/page/list.php"
obj.port: "8080"
obj.protocol: "http:"
obj.search: "?type=&key=sankyu"
obj.username: ""
```

再如以一个 ftp 请求地址格式，通过 parseUrl 函数解析后的对象如下：

```
var ftp = "ftp://sankyu:123456@www.example.com:21/page/";
var obj = $.mobile.path.parseUrl(ftp);
```

返回的 obj 对象内置的参数值情况如下：

```
obj.authority: "sankyu:123456@www.example.com:21"
obj.directory: "/page/"
```

```
obj.domain: "ftp://sankyu:123456@www.example.com:21"
obj.filename: ""
obj.hash: ""
obj.host: "www.example.com:21"
obj.hostname: "www.example.com"
obj.href: "ftp://sankyu:123456@www.example.com:21/page/"
obj.hrefNoHash: "ftp://sankyu:123456@www.example.com:21/page/"
obj.hrefNoSearch:"ftp://sankyu:123456@www.example.com:21/page/"
obj.password: "123456"
obj.pathname: "/page/"
obj.port: "21"
obj.protocol: "ftp:"
obj.search: ""
username: "sankyu"
```

通过两个简单的示例，你基本上了解了 parseUrl 函数的基本用法。由于该函数工具的功能是分析 URL 地址并输出的实用数据，因此它既适用于各种移动设备上的 Web 应用程序，也适用于任何 Web 网站或 Web 应用软件。有兴趣的读者可以阅读该源码并应用于项目之中。

2. 判断路径类型

jQuery Mobile 提供了一对用于判断 URL 地址是相对路径还是绝对路径的函数工具，它们分别是 iSRelativeUrl 和 isAbsoluteUrl 函数。

$.mobile.path.isRelativeUrl 函数是判断传入的 URL 地址是否是相对路径。当 URL 地址属于相对路径时，该函数返回 true，否则返回 false。

$.mobile.path.isAbsoluteUrl 函数是判断传入的 URL 地址是否是绝对路径。当 URL 地址属于绝对路径时，该函数返回 true，否则返回 false。

下面我们通过一些示例说明如何使用这两个函数工具。

首先，使用一个完整的 http 请求 URL 地址进行判断，代码如下：

```
//false
$.mobile.path.isRelativeUrl("http://www.example.com/page/");
//true
$.mobile.path.isAbsoluteUrl("http://www.example.com/page/");
```

从上述代码可以看到，当使用一个完整 URL 地址时，isRelativeUrl 函数返回 false，isAbsoluteUrl 函数则返回 true。

接着，再来使用其他的地址进行判断，代码如下：

```
//true
$.mobile.path.isRelativeUrl("//www.example.com/a/file.html");
//true
$.mobile.path.isRelativeUrl("/page/page.html");
//true
$.mobile.path.isRelativeUrl("page.html");
//true
$.mobile.path.isRelativeUrl("?type=1&key=2");
//true
$.mobile.path.isRelativeUrl("#ui-page");
```

从上述代码可以看到，无论使用以斜杠开头的路径还是单独一个文件或者各种 URL 参数，isRelativeUrl 函数都返回 true。同样的参数，isAbsoluteUrl 函数则返回 false，代码如下：

```
//false
$.mobile.path.isAbsoluteUrl("//www.example.com/a/file.html");
//false
$.mobile.path.isAbsoluteUrl("/page/page.html");
//false
$.mobile.path.isAbsoluteUrl("page.html");
//false
$.mobile.path.isAbsoluteUrl("?type=1&key=2");
//false
$.mobile.path.isAbsoluteUrl("#ui-page");
```

3. 地址路径转换工具

jQuery Mobile 提供两个实用的函数工具用于改变各种路径或 URL 地址，它们分别是：

- $.mobile.path.makePathAbsolute
- $.mobile.path.makeUrlAbsolute

这两个函数工具的功能基本类似，唯一不同的是，makePathAbsolute 函数主要处理相对路径，makeUrlAbsolute 函数则主要处理 URL 完整路径。

（1）$.mobile.path.makePathAbsolute

函数功能：

将一个路径地址转换成指定的路径地址。该函数工具既支持文件名替换、路径+文件名替换，更支持“../”返回上级目录的语法。

语法：

```
$.mobile.path.makePathAbsolute(relPath,absPath);
```

makePathAbsolute 函数需要传递两个参数，其中 relPath 参数是指需要转换的路径，absPath 参数是指需要被转换的参考路径。

现在我们来看一下 makePathAbsolute 函数的示例：

```
//absPath="/a/b/c/index1.html"
var absPath = $.mobile.path.makePathAbsolute("index1.html", "/a/b/c/index.html");
```

从上述示例可以看到，第一个参数传入了一个文件名参数 index1.html，第二个参数传入了含文件名的一个相对路径。经过 makePathAbsolute 函数处理后，第二个参数中的 index.html 文件名被替换成 index1.html。

接下来我们再看以下这个示例：

```
// absPath="/a/foo/index1.html"
var absPath = $.mobile.path.makePathAbsolute("../../foo/index1.html", "/a/b/c/
index.html");
```

从上述示例可以看到，第一个参数和第一个示例的参数有些不同，在第一个参数中包含了两个“../”说明返回上级目录，同时在后面指定另外一个目录下的 index1.html，如/foo/index1.html。

该示例的实现原理是，当第一个参数中含有两个“../”时，首先会将参数“/a/b/c/index.html”向上退回两级目录，即返回“/a/”。然后根据第一个参数中已存在的目录路径，以“/a/”作为基础进入对应目录，即“/a/foo/”。最后由于两个参数都存在文件名，因此第二个参数的文件名会自动被替换为第一个参数的文件名。最后返回值就是“/a/foo/index1.html”。

通过两个示例我们可以了解到 makePathAbsolute 函数的基本用法。实际上，makePathAbsolute 函数内部的实现原理，是通过将路径的“/”符号切分成一个堆栈，并通过入栈和出栈方式实现路径的转换。因此，这种方式依然适用于 URL 地址的简单替换。

（2）$.mobile.path.makeUrlAbsolute

函数功能：

把一个 URL 地址转换成另外一个 URL 地址。该函数和 makePathAbsolute 函数一样都支持文件名替换、路径+文件名替换及“../”方式的路径转换等。

语法：

```
$.mobile.path.makeUrlAbsolute(relUrl,absUrl);
```

makeUrlAbsolute 函数需要传入两个参数，其中 relUrl 参数是指需要转换的 URL 地址，absUrl 参数是需要被转换的 URL 地址。

实际上，从 jQuery Mobile 源代码中可以看到，makeUrlAbsolute 函数内部使用 $.mobile.path.makePathAbsolute 来处理 URL 地址中的非域名部分的地址路径。因此，对于“../”等方式的地址转换和 makeUrlAbsolute 用法基本相同。

下面我们以简单的示例介绍如何使用 makeUrlAbsolute 函数。

文件名替换示例：

```
// absUrl="http://example.com/a/b/c/index.html"
var absUrl = $.mobile.path.makeUrlAbsolute("index.html", "http://example.com/a/b/
c/test.html");
```

使用返回上级目录替换地址示例：

```
// absUrl="http://foo.com/a/foo/index.html"
var absUrl = $.mobile.path.makeUrlAbsolute("../../foo/index.html", "http://example.
com/a/b/c/test.html");
```

makeUrlAbsolute 函数除了支持文件名替换和相对路径替换两种方式，还支持完整 URL 地址的替换。例如只需要在第一个参数值中的开始两个字符处输入两个斜杠“//”，makeUrlAbsolute 就会认为被直接替换成整个 URL 地址。如下示例：

```
// absUrl="http://example.com/example/index.html"
var absUrl = $.mobile.path.makeUrlAbsolute("//example.com/example/index.html",
"http://example.com/a/b/c/test.html");
```

同样，makeUrlAbsolute 也支持 URL 地址以“?”开头的参数以及以“#”开头的 hash 值。例如以下示例：

```
// absUrl="http://example.com/a/test.html?a=1&b=2"
var absUrl = $.mobile.path.makeUrlAbsolute("?a=1&b=2", "http://example.com/a/
test.html");
// absUrl="http://example.com/a/test.html?a=1&b=2"
var absUrl = $.mobile.path.makeUrlAbsolute("?a=1&b=2", "http://example.com/a/test.
html?c=3");
```

从上面的示例可以观察到，无论第二个参数中的 URL 地址是否存在请求参数，都会被添加或替换掉所有的请求参数。下面我们再来看看以下 hash 的示例。

```
// absUrl="http://example.com/a/test.html#bar"
var absUrl = $.mobile.path.makeUrlAbsolute("#bar", "http://foo.com/a/test.html");
// absUrl="http://example.com/a/test.html#bar"
var absUrl = $.mobile.path.makeUrlAbsolute("#bar", "http://foo.com/a/test.html#test");
```

通过上面的例子可以看到，makeUrlAbsolute 函数更适合用在 URL 地址的转换。

4．域的判断

jQuery Mobile 不仅提供前面提到的各种地址路径的函数工具，还提供一个非常实用的函数：isSameDomain。

isSameDomain 函数主要的作用是判断两个 URL 地址是否具有相同的请求协议和相同的域。如果两者都相同就返回 true，否则返回 false。

该函数的语法如下：

```
$.mobile.path.isSameDomain(url1,url2);
```

现在来看看以下示例：

```
// same = true
var same = $.mobile.path.isSameDomain("http://example.com/a/index.html", "http://
example.com/a/b/c/test.html");
// same = false
var same = $.mobile.path.isSameDomain("file://example.com/a/index.html", "http://
example.com/a/b/c/test.html");
// same = false
var same = $.mobile.path.isSameDomain("https://example.com/a/index.html", "http://
example.com/a/b/c/test.html");
// same = false
var same = $.mobile.path.isSameDomain("http://example.com/a/index.html", "http://
example.com/a/b/c/test.html");
```

从上面的示例可以看到，只有当两个 URL 地址的请求协议和域名相同的情况下，才会返回 true。

8.12.4 loading 显示/隐藏

jQuery Mobile 提供两个方法，使得开发者在编写 JavaScript 业务逻辑时，可以随意、地控制 loading 提示框。

显示 loading 对话框方法是：

```
$.mobile.showPageLoadingMsg();
```

隐藏 loading 对话框方法是：

```
$.mobile.hidePageLoadingMsg();
```

这两个方法的使用方法非常简单，当需要使用 loading 提示框时，只需要调用上述方法就能随意控制 loading 的显示或隐藏。由于这两个方法没有任何参数可以传递，因此无法在显示提示框时自定义其提示内容，只能通过全局参数$.mobile.loadingMessage 去设置提示文本内容。

8.13 主题系统

从本章一开始到现在，我们已经多次在示例中用到 jQuery Mobile 主题样式风格。通常在开发移动 Web 应用项目时，都会使用各种自定义的样式风格，虽然 jQuery Mobile 提供了默认的主题，但这些主题往往无法满足项目的需要。

jQuery Mobile 提供的主题系统基本上都是基于 CSS 来控制在屏幕中的显示效果。而 jQuery Mobile 提供的 CSS 样式文件，又包含两个主要部分：结构和主题。结构部分主要用于控制元素（如按钮或 tab）在屏幕的位置及内外边距等；主题则主要控制可视元素的视觉效果，例如字体、背景、渐变、阴影、圆角、边框等样式。

需要注意的是，jQuery Mobile 为了减少图片的请求数，大部分使用了 CSS3 特性来替代传统采用图片替代按钮或背景。当然我们还可以采用图片方式，但是不推荐使用。

jQuery Mobile 中的每一个主题（theme）可以包含一个或多个调色板（swatches）。调色板主要的作用是设置工具栏、内容区域、按钮、列表等组件的颜色。调色板可以很方便地切换主题中的配色方案。

jQuery Mobile 默认提供 5 种调色板（swatches），分别是：a、b、c、d、e。框架通过五个简写的字母方式识别 5 种不同调色板。

为了使调色板和各种 UI 组件在配合使用时发挥出不同调色板之间的效果，通常情况下，框架对 5 种调色板定义了一些规约，如下：

- a 调色板属于所有调色板的最高优先级，也是默认调色板，属于黑色风格主题。
- b 调色板优先级仅次于 a 调色板，属于蓝色风格主题。

- c 调色板属于基础样式调色板，属于灰色风格主题。
- d 调色板属于可选调色板，属于灰白色风格主题。
- e 调色板表示一种强调颜色，一般情况下需要在页面或视图中对某个组件做加强视觉效果时，可使用该调色板。它属于黄色风格主题。

在前面介绍 jQuery Mobile 组件时已经介绍到，要定义一个组件的主题样式，只需要设置 data-theme 属性，并指定使用哪种调色板就可以实现主题的切换。

例如：

```
data-theme="b"    //设置 b 类调色板
data-theme="e"    //设置 e 类调色板
```

8.14 本章小结

本章主要介绍了如何使用 jQuery Mobile 开发移动 Web 应用程序。首先我们介绍了基于 HTML5 的新特性：data 属性驱动的页面组件功能，包括视图、按钮、工具栏、文本内容、表单、列表等常用组件。在每个组件章节中，我们都通过简单示例介绍各个组件的基本用法。

最后，根据官方提供的开发文档，我们还介绍和分析了由 jQuery Mobile 提供的各种配置选项参数和函数工具的用法。同时也介绍了由 jQuery Mobile 提供的各种内置事件的使用方法。

第 9 章

重量级富框架 Sencha Touch 入门

本章我们将为读者介绍另外一套移动 Web 应用程序框架：Sencha Touch。本章主要介绍 Sencha Touch 封装的各种用户界面库的基本用法，如何使用 HTML5 特性，以及 MVC 开发模式。

9.1 Sencha Touch 概述

Sencha Touch 是世界上第一款基于 HTML5 的 Mobile Web App 应用框架，由著名的 JavaScript 框架 ExtJS 将现有 ExtJS 整合 JQTouch 和 Raphaël 库，推出适用于最前沿 Touch Web 的 Sencha Touch 框架，如图 9-1 所示。

图 9-1　Sencha Touch 框架的结构

通过 Sencha Touch 框架，我们可以开发一套基于移动设备的 Web App 应用程序，并且界面风格看上去非常像由 iPhone 或 Android 等开发的 Native App。其用户界面组件和数据的管理全部是基于 HTML5 和 CSS 构建的，完全兼容 Android 和 Apple iOS 两种平台。

9.1.1 功能特点

Sencha Touch 的功能非常强大，由于是基于 ExtJS 框架的，因此其语法和 ExtJS 相同。

Sencha Touch 的特点如下：

- 基于最新的 Web 标准。它是基于 HTML5、CSS3 以及 JavaScript 语言构建的富框架，并提供丰富的 API 接口。
- 支持目前世界上最好的手机操作系统。目前 Sencha Touch 1.0 正式版本已经支持包括 Android 2.1+、Apple iOS 3.0+和 BlackBerry 6+等在内的移动设备。
- 非常丰富的触摸事件。该框架不仅提供 touchstart 和 touchend 等标准触摸框架，还增加了非常多的自定义事件，例如 tap、double tap、swipe、tap and hold、pinch、rotate 等。
- 提供强大的数据集成。开发人员可以很容易地通过 Ajax、JSONP 或 YQL 等方式将数据绑定到各个组件模块中，或通过本地存储保存各种数据。

同时，Sencha Touch 还支持 HTML5 的各种标准规范并对其进行封装，例如本地存储、地理定位及音频视频等。

9.1.2 官方套件包

Sencha Touch 官方网址为：http://www.sencha.com/products/touch/。

如图 9-2 所示为官方网站首页。

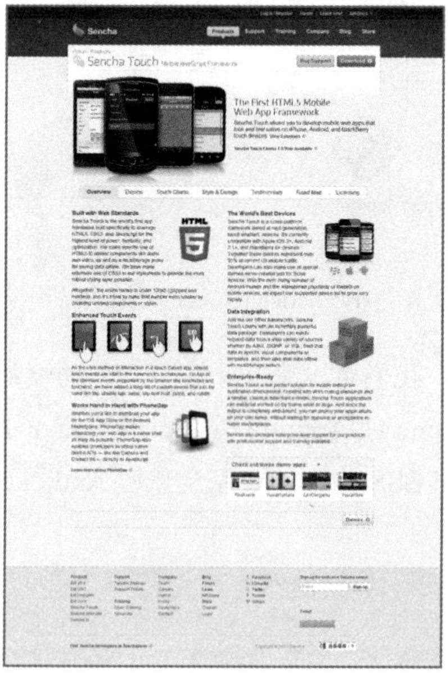

图 9-2　Sencha Touch 官方网站截图

开发者可以通过官方网站了解 Sencha Touch 的最新版本信息及特性。同时，Sencha Touch 还提供了丰富的 demo 示例。在示例页面底部还介绍了目前有哪些应用使用了 Sencha Touch 这个框架。

通过官方网站下载 Sencha Touch 套件包，该套件包包括类库及各种组件库，同时还包含丰富的实例。套件包目录如图 9-3 所示。

图 9-3　Sencha Touch 套件包目录

- docs 目录是 Sencha Touch 开发文档 API。开发人员可以通过该开发文档找到各种组件的 API 接口。可惜的是，Sencha Touch 开发文档 API 接口仍然不是很完善，有部分 API 接口没有出现在开发文档中。
- examples 目录是 Sencha Touch 的 demos 实例，该目录包含非常丰富的各种组件的例子，并附带几个综合的实例。
- jsbuilder 是 Sencha Touch 项目的工程文件。
- resources 目录包含一些资源文件，比如样式文件、主题等。
- src 目录是 Sencha Touch 各类组件库源文件，里面包含全部组件的 JavaScript 文件库。
- sencha-touch.js 是 Sencha Touch 最小化类库包，用于发布产品时用。
- sencha-touch-debug.js 是 Sencha Touch 开发时使用的类库包，可用于调试。
- Sencha-touch-debug-w-comments.js 用于研究 Sencha Touch 源码库。该文件内包含非常多的注释供开发人员阅读。

9.2 入门示例 Hello World

初学者在学习 Sencha Touch 时，首先最关心的就是 Hello World 入门范例。现在，我们以 Hello World 实例开始 Sencha Touch 的学习之旅。

9.2.1 部署文件

首先，在开发环境中新建一个 helloworld 目录，然后在如图 9-3 所示的套件包中将 sencha-touch-debug.js 类库文件复制到 helloworld 目录中。接着从套件包的目录下将 \resources\css\sencha-touch.css 样式文件复制到 helloworld 目录中。目录效果如图 9-4 所示。

图 9-4 helloworld 示例目录

9.2.2 开始编码

现在，我们在 helloworld 目录下新建一个 helloworld.html 文件，将以下代码复制到这个文件中，如代码 9-1 所示。

代码 9-1 helloworld.html 代码

```
<!DOCTYPE HTML>
<html>
    <head>
        <meta charset="UTF-8">
        <title>Hello World</title>
        <link rel="stylesheet" type="text/css" href="sencha-touch.css" />
        <script type="text/javascript" src="sencha-touch-debug.js"></script>
    </head>
    <body>
    </body>
</html>
```

现在我们已经将 sencha Touch 类库和样式文件加载到了 helloworld.html 文件中。接下来新建一个文件 helloworld.js，该文件用于编写 hello world 程序，如代码 9-2 所示。

代码 9-2　helloworld.js 代码

```
Ext.setup({
   icon: 'icon.png',
   glossOnIcon: false,
   tabletStartupScreen: 'tablet_startup.png',
   phoneStartupScreen: 'phone_startup.png',
   onReady: function() {
       var panel = new Ext.Panel({
          fullscreen:true,
          html:'Hello World'
       });
       panel.show();
   }
});
```

然后将以下代码加入 helloworld.html 的 head 标签之中。

```
<script type="text/javascript" src="helloworld.js"></script>
```

这样就实现了一个基于 Sencha Touch 的 Hello World 应用程序。代码运行后效果如图 9-5 所示。

图 9-5　Hello World 入门示例效果图

在 helloworld.js 代码中，我们在 onReady 函数内定义一个 Panel 组件，并在 Panel 组件中添加一段 html 代码，最后调用 panel 实例对象的 show 方法将组件显示在 Web 页面上。

9.2.3 调试环境

我们在开发 Sencha Touch 应用程序时，经常需要辅助工具提高开发效率。特别是调试过程，往往需要花费开发者的大部分时间。而且，使用 JavaScript 这种解释性脚本语言，调试过程非常困难。

由于 Sencha Touch 是基于 HTML5 和 CSS3 构建而成的，同时很多特性都必须在基于 WebKit 的浏览器下才能达到最优的效果。由于 Google Chrome 浏览器和 Apple Safari 浏览器都是基于 Webkit 内核实现的，因此作者推荐在开发 Sencha Touch 应用程序时使用 Chrome 浏览器开发人员工具（图 9-6）或 Safari 浏览器开发工具（图 9-7）作为调试 JavaScript 工具。

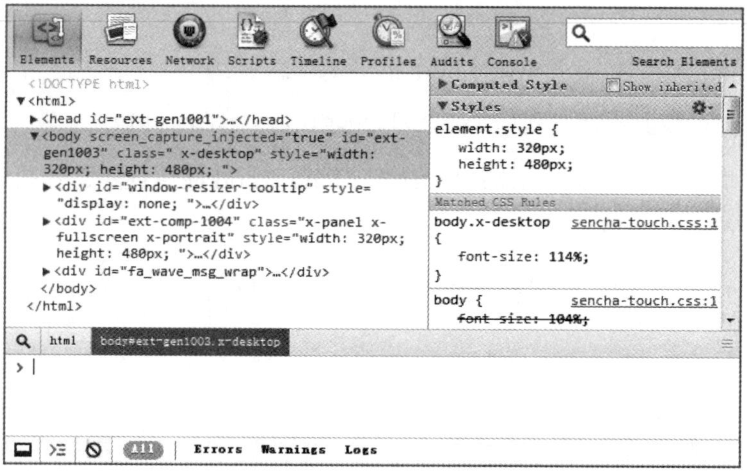

图 9-6　Google Chrome 浏览器开发人员工具界面效果图

9.2.4 页面调整

我们所开发的移动 Web 应用程序一般是在智能手机上访问的，对于这类 Web 应用程序我们简称为 Mobile Web App。相对于传统的 Web 网站，Mobile Web App 的最大问题就是屏幕小。开发人员在开发移动 Web 应用程序时，如何在桌面浏览器中调试 Web 页面大小的准确性呢？

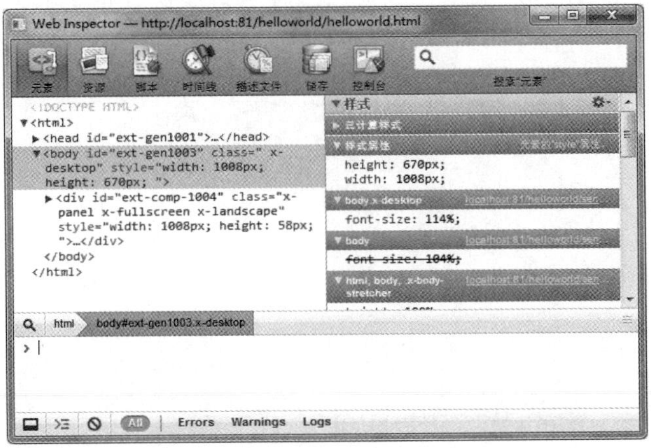

图 9-7　Apple Safari 浏览器开发人员工具界面效果图

对于这种情况，作者推荐一款基于 Chrome 浏览器的插件：Window Resizer。它可以调整当前浏览器的分辨率大小。同时，该插件允许调整为 iPhone 或 Andorid 设备分辨率大小 320×480。这款插件不仅可以调整以适应移动设备的界面大小，还可以自定义各种界面大小。

Window Resizer 插件可通过 Chrome 扩展程序页面中找到。其官方地址是：

https://chrome.google.com/webstore/detail/kkelicaakdanhinjdeammmilcgefonfh

安装插件后，可在 Chrome 浏览器右上角中选择浏览器分辨率大小，效果如图 9-8 所示。

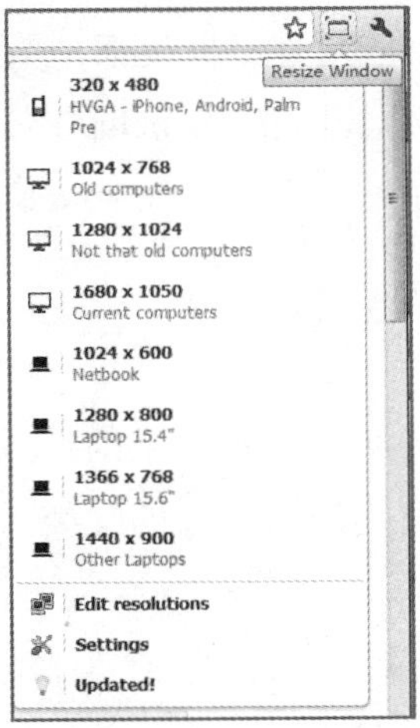

图 9-8　Window Resizer 插件效果图

根据刚才的 Hello World 例子，在桌面浏览器上调整分辨率大小后的效果如图 9-9 所示。

图 9-9 Hello World 示例在 Chrome 下的效果图

9.3 事件管理

前面提到，Sencha Touch 整个应用程序框架都是基于 ExtJS 而构建的，因此，Sencha Touch 的事件机制和 ExtJS 基本相同，同时 Sencha Touch 还根据触屏设备的特性提供丰富的 touch 事件。现在，我们来了解一下 Sencha touch 的事件机制是如何工作的。

9.3.1 自定义事件

Ext.util.Observable 是 Ext 事件模型中最基础的抽象基类，它为事件机制的管理提供一个公共接口。Ext.util.Observable 是所有组件的父类，它的一切子类都可以获得自定义新事件的能力。

下面通过继承 Ext.util.Observable 来实现一个支持事件的类，如代码 9-3 所示。

代码 9-3　定义具有事件的 Employee 类

```
Employee = Ext.extend(Ext.util.Observable, {
    constructor: function(config){
        this.name = config.name;
        this.addEvents({
            "fired" : true,
            "quit" : true
        });
        //添加接口中的所有监听器事件
        this.listeners = config.listeners;
        //调用父类构造函数声明
        Employee.superclass.constructor.call(this, config)
    }
});
```

通过 Ext.extend 方法继承了 Ext.util.Observable 的 Employee 类具有 fired 和 quit 两个自定义的事件，同时也具有 Ext.util.Observable 的所有事件方法。

上述代码通过继承的方式声明了类 Employee，我们可以通过这个类实例化一个对象，效果如代码 9-4 所示。

代码 9-4　实例化 Employee 类

```
var newEmployee = new Employee({
    name: employeeName,
    listeners: {
        quit: function() {
            alert(this.name + " has quit!");
        }
    }
});
```

Ext.util.Observable 事件基类包含非常丰富的属性参数、方法。它们的大部分属性和方法在所有的子类对象中都能得到应用。

至于 Ext.util.Observable 的常用属性和方法，读者可以通过 Sencha Touch 提供的 API 开发文档深入了解，本节不做重点介绍。

9.3.2　初始化事件

Ext.setup()方法的功能是在移动设备的 Web 浏览器中建立一个页面程序，通常用于页面初始化时配合 Ext. onReady()方法加载各种组件元素。

在本章的入门示例中已经使用过 Ext.setup()方法，其中使用到了 icon、glossOnIcon、tabletStartupScreen、phoneStartupScreen 四个参数。

接下来介绍 Ext.setup()方法中可以配置的参数列表，如表 9-1 所示。

表 9-1　Ext.setup()配置属性参数表

参 数 名	参数类型	说　　明
fullscreen	布尔值	创建 meta 标签作用于苹果设备（iPhone、iPad）的全屏模式
tabletStartupScreen	字符串	主要用于 iPad 设备开始屏幕的图片。图片必须是 768×1004 像素大小
phoneStartupScreen	字符串	主要用于 iPhone 手机开始屏幕的图片。图片必须是 320×460 像素大小
icon	字符串	默认使用 icon 值。该 icon 会自动应用于平板电脑或智能手机上，它的像素大小规定为 72×72
tableIcon	字符串	只用于平板电脑的 Icon 图标
phoneIcon	字符串	只用于智能手机的 Icon 图标
glossOnIcon	布尔值	是否加亮显示 Icon 图标，其功能主要作用于苹果设备，如 iPhone、iPad、iPod Touch 等
statusBarStyle	字符串	设置 iPhone 全屏幕 Web 页面时状态栏风格。它的值包括 default、black、black-translucent 等
onReady	函数	其功能是页面加载完毕后运行该函数
scope	作用域	定义 onReady 函数内部的作用域

9.3.3　Touch 触控事件

Sencha Touch 提供非常多的触摸事件，同时它还支持 W3C 标准的触摸事件，分别如下：

- touchstart：手指放在一个 DOM 元素上不放时触发事件。
- touchmove：手指拖曳一个 DOM 元素时触发事件。
- touchend：手指从一个 DOM 元素中移开时触发事件。

除了上述的标准触摸事件外，SenchaTouch 还自定义了非常多的事件，分别如下：

- touchdown：手机触摸屏幕时触发事件。
- dragstart：拖曳 DOM 元素前触发事件。
- drag：拖曳 DOM 元素时触发事件。
- dragend：拖曳 DOM 元素后触发事件。

- singletap：和 tap 事件类似。
- tap：手指触摸屏幕并迅速地离开屏幕。
- doubletap：手指连续两次放在 DOM 元素上后触发事件。
- taphold：触摸并保持一段时间后触发事件。
- tapcancel：触摸中断事件。
- swipe：滑动时触发事件。
- pinch：手指按捏一个 DOM 元素时触发事件。
- pinchstart：手指按捏一个 DOM 元素之前触发事件。
- pinchend：手指按捏一个 DOM 元素之后触发事件。

如果要实现上述各种事件，可通过代码 9-5 所示的示例对事件进行监听。

代码 9-5　定义一个触发触摸事件的组件

```
var touchEventDemo = Ext.extend(Ext.Component,{
    id:"touchEventDemo",
    initComponent:function(){
        touchEventDemo.superclass.initComponent.call(this);
    },
    afterRender:function(){
        touchEventDemo.superclass.initComponent.call(this);
        this.mon(this.el,"tap",function(){
            console.log("touchEventDemo tap");
        });
    }
});
```

在上述代码中，我们新建一个 Ext 对象 touchEventDemo，并继承了 Ext.Component 组件。

touchEventDemo 对象的 afterRender 方法是当对象 touchEventDemo 完成组件渲染后运行该函数。

接着，我们在该函数内绑定了一个 tap 事件，当 tap 事件被触发后就会在浏览器的控制台输出“touchEventDemo tap”日志。

9.3.4　事件管理器 Ext.EventManager

Ext.EventManager 作为事件管理器，定义了一系列事件相关的处理函数。接下来，我们将简单介绍 Ext.EventManager 几个常用的方法。

1. onDocumentReady

Ext.EventManager.onDocumentReady()方法就是之前提到过的 Ext.onReady()方法。它的作用是当页面文档渲染完成后触发该函数。

其语法如下：

```
onDocumentReady(Function fn,[Object scope,[Boolean options]])
```

从语法中可以看到，方法一共可以传递三个参数。其中参数 fn 是必需的，它是一个函数；scope 参数是可选的，表示作用域对象，默认为 window 对象；options 参数是一个布尔值参数。

2. onWindowResize

Ext.EventManager.onWindowResize()方法注册一个事件，当移动设备的浏览器窗口大小发生变化时触发该事件。

其语法如下：

```
onWIndowResize(Function fn,Object scope,Boolean options)
```

从语法中可以看到，方法一共可以传递三个必选参数。其中 fn 参数为触发该事件后运行的函数；scope 是作用域对象，默认 window 对象；options 表示是否选择传递自定义监听的事件。

3. addListener 和 removeListener

这两个方法主要用来增加和移除事件监听器，在实际应用中使用得非常广。

其语法如下：

```
addListener(String/HTMLElement el, String eventName, Function handler,
                [Object scope], [Object options])
removeListener(String/HTMLElement el,String eventName,Function fn, Object scope)
```

其中，第一个参数 el 既可以用字符串作为参数表示 ID 值，也可以使用 Element 节点对象作为参数，表示对哪个元素新增或移除监听器。

第二个参数是传递一个字符串，表示事件名称。

第三个参数为函数，其作用是触发该事件后运行该函数。

上述两个方法的第四个参数为 scope，它表示为方法内的作用域对象参数。其中 scope 在 addListener 方法中是可选参数，默认为当前 Element 节点元素，而在

removeListener 中则为必选参数。

addListener 方法还可以传递第五个可选参数 options，该参数为注册事件监听器的属性配置参数，一般传入的参数都是 Object 对象。

两个监听器方法中的 fn 函数参数，可以传入三个不同类型的参数，例如：

```
function(evt,t,o){ }
```

其中参数 evt 为 EventObject 对象；t 为节点元素对象；o 为 options 配置参数表。

4．on 和 un

两个方法是 addListener 和 removeListener 方法的简写，其功能和用法完全相同。

对某个元素或对象实现事件的监听非常容易，而且方法很多，无论采用哪一种方式都可以实现。如下代码显示了采用三种不同的方式实现相同的事件监听。

```
var myDiv = Ext.get("panel");
myDiv.on("click",function(e,t){});
Ext.EventManager.on("panel", 'tap', function(e,t){});
Ext.EventManager.addListener("panel", 'tap', function(e,t){});
```

9.4　核心组件库

Sencha Touch 的所有组件库提供了统一的编程模型，并封装了浏览器事件及对浏览器 DOM 的依赖。每个组件都有其自身的特性和生命周期，同时每个组件都有着良好的扩展性和易用性。

一般情况下，通过组件的属性、方法、事件等来实现对组件的操作。组件的方法是通过调用来获得组件的功能或操作。组件的事件是通过传入回调函数到组件中来实现特定的功能或操作。

下面我们将为读者介绍 Sencha Touch 的核心组件：Ext.lib.Component。

9.4.1　Ext.lib.Component

Ext.lib.Component 是 Sencha Touch 所有组件库的父类，所有组件都继承于它，它的所有子类都具有 Ext.lib.Component 的所有属性、方法及事件。

Ext.lib.Component 的每一个子组件都有一个默的 xtype 类型，我们可以直接使用 xtype 类型来使用 Sencha Touch 的组件。当然，我们也可以重构 Sencha Touch 提供的默认组件，并自定义 xtype 类型。

Sencha Touch 组件库大约可以分为两类：基本组件库（表 9-2）和表单组件库（表 9-3）。

表 9-2　基本组件库一览表

xtype	组 件 类	说　　明
button	Ext.Button	按钮组件
component	Ext.Component	组件
container	Ext.Container	容器
dataview	Ext.DataView	数据视图
panel	Ext.Panel	面板
slider	Ext.form.Slider	滑块
toolbar	Ext.Toolbar	工具栏
spacer	Ext.Spacer	占位符
tabpanel	Ext.TabPanel	选项面板

表 9-3　表单组件库

xtype	组 件 类	说　　明
formpanel	Ext.form.FormPanel	表单面板
checkboxfield	Ext.form.CheckBox	复选框
selectfield	Ext.form.Select	下拉选择框
field	Ext.form.Field	输入框
fieldset	Ext.form.FieldSet	输入框组
hiddenfield	Ext.form.Hidden	隐藏域文本框
numberfield	Ext.form.Number	数字文本框
radiofield	Ext.form.Radio	单选按钮
textareafield	Ext.form.TextArea	区域文本框
textfield	Ext.form.Text	普通文本框
togglefield	Ext.form.Toggle	切换域

9.4.2　属性、方法、事件

Ext.lib.Component 提供了丰富的可配置参数，在初始化任何子类组件时都可以通过各种参数配置组件的属性。这些配置参数可以分为基本组件参数、内容参数、布局参数、样式参数、模板参数。

基本组件参数主要配置组件的基本属性，也是非常重要的属性参数。表 9-4 列出了该核心组件参数的简要说明。

表 9-4　基本组件参数

属性名	类　型	说　明
disabled	Boolean	组件是否可用，默认为 false
draggable	Boolean	是否允许触屏事件中的拖曳动作
floating	Boolean	是否允许组件页面浮动，默认为 false
hidden	Boolean	组件是否隐藏，默认为 false
listeners	Object	初始化组件的事件监听。当组件被添加后，将会注册已经定义好的事件
plugins	Object/Array	组件的自定义插件功能。用户可以通过自定义插件嵌入到组件当中

在大部分 Sencha Touch 的组件中，最常用的属性就是 listeners 参数。我们可以在定义组件时通过 listeners 参数绑定各种事件，如代码 9-6 所示。

代码 9-6　定义 Panel 事件示例

```
new Ext.Panel({
    width: 400,
    height: 200,
    listeners: {
        click: {
            element: 'el',
            fn: function(){
                  console.log('click el');
              }
        },
        dblclick: {
            element: 'body',
            fn: function(){
                  console.log('dblclick body');
              }
        }
    }
});
```

在代码中，我们实例化一个 Ext.Panel 对象，并注册两个事件 click 和 dblclick。其中 click 事件绑定当前节点元素，dblclick 事件绑定页面 body 元素。

1. 页面布局参数

在所有继承 Ext.lib.Component 对象的组件中都具有这些布局参数。这些布局参数主要定义组件的类型、高度、宽度、边框及边距等参数。表 9-5 列出了布局参数相关的属性描述。

表 9-5 布局相关参数表

属性名	类　型	说　明
componentLayout	String/Object	定义组件的布局方式，包括大小和位置
border	Number/String	定义组件的边框宽度。该属性有两种类型，其中 Number 类型可以通过直接设置数值为组件的边框设置宽度，如 border:1；String 类型则可以设置不同边框不同宽度，如 border: “2 2 3 1”
height	Number	定义组件的高度
margin	Number/String	定义组件的 margin 值。用法和 border 相同
maxHeight	Number	定义组件的最大高度
maxWidth	Number	定义组件的最大宽度
minHeight	Number	定义组件的最小高度
minWidth	Number	定义组件的最小宽度
padding	Number/String	定义组件的 padding 值。用法和 border 相同
width	Number	定义组件的宽度

在实际的应用开发过程中，componentLayout、height、width 都是最常用的布局参数属性。height 和 width 属性参数用来设置当前组件的高和宽。componentLayout 主要设置组件的布局方式，若在组件的初始化参数中没有设置该属性参数，组件在初始化时会通过布局管理器初始化组件。

2．组件内容参数

这部分组件的属性参数主要是定义组件的内容区域和数据视图。表 9-6 是组件内容区域属性参数。

表 9-6 内容相关参数表

属性名	类　型	说　明
contentEl	String	对已定义 ID 值的组件对应的 HTML 节点元素渲染内容
data	Mixed	定义一组数据。该数据主要配合 tpl 参数属性，更新 tpl 模板并渲染到组件内容区域
html	String/Object	定义 HTML 代码片段，默认为空值。当组件被渲染到页面后，该 HTML 代码片段会自动被添加到组件内容区域中。因此在页面渲染后不会包含 HTML 代码片段。需要注意的是，contentEl 属性的渲染过程优先于 HTML 代码片段的渲染

3. 样式参数

这部分属性参数主要是自定义组件的样式，用户可以根据这类属性定制各种界面样式。表 9-7 是样式参数表。

表 9-7　样式参数表

属性名	类　型	说　明
baseCls	String	重定义组件的 CSS 基类
cls	String	允许用户向组件内容区域追加 CSS 类
componentCls	String	允许用户向组件父元素追加 CSS 类
disabledCls	String	组件被禁用时 CSS 类，默认为“x-item-disabled”
style	String	自定义 CSS 样式
styleHtmlCls	String	指定目标内容区域的 CSS 样式，默认为“x-html”。只有当 styleHtmlContent 的值为 true 时才生效
styleHtmlContent	Boolean	默认为 false。当参数值为 true 时，参数对应的组件内的 HTML 代码会识别出样式代码并应用到整个页面中
ui	String	定义 UI 风格的组件。大部分组件都支持默认的“light”和“dark”两种风格的 UI

Sencha Touch 和 ExtJS 一样提供了非常多的自定义样式属性配置，但是它们之间的关系如何呢？

现在我们通过示例来详细解释这些样式应该如何应用。首先，如代码 9-7。

代码 9-7　定义只有 cls 样式属性的 Panel 组件示例代码

```
<!DOCTYPE HTML>
<html>
    <head>
        <meta charset="UTF-8">
        <title>Ext.lib.Component 实例</title>
        <link rel="stylesheet" type="text/css" href="../sencha-touch.css" />
      <style type="text/css">
          .panel_cls{
              font-size:2em;
          }
      </style>
       <script type="text/javascript" src="../sencha-touch-debug.js"></script>
      <script type="text/javascript">
          Ext.setup({
              icon: 'icon.png',
```

```
                glossOnIcon: false,
                tabletStartupScreen: 'tablet_startup.png',
                phoneStartupScreen: 'phone_startup.png',
                onReady: function() {
                    var panel = new Ext.Panel({
                        id: 'panel',
                        fullscreen:true,
                        html:'cls 属性参数',
                        cls:"panel_cls"
                    });
                }
            });
        </script>
    </head>
    <body>
    </body>
</html>
```

在代码 9-7 中定义了一个 cls 属性，并指定属性值为 panel_cls，该值就是一个类别样式：.panel_cls。在样式中，我们对 panel 组件内的所有字体定义 2em 的字体大小。代码 9-7 在 iPhone Safari 下的运行效果如图 9-10 所示。

图 9-10　使用 cls 样式属性在 iPhone Safari 下的页面效果

从图 9-11 所示的 Chrome 浏览器控制台可以看出，我们在代码中定义的 cls 样式值被追加到组件对应最外层 div 元素的 class 属性。仔细发现，cls 样式值在 class 属性值中是排列在 x-panel 样式之后。那么，我们定义的 CSS 样式将会覆盖 x-panel 中同类的 CSS 样式。

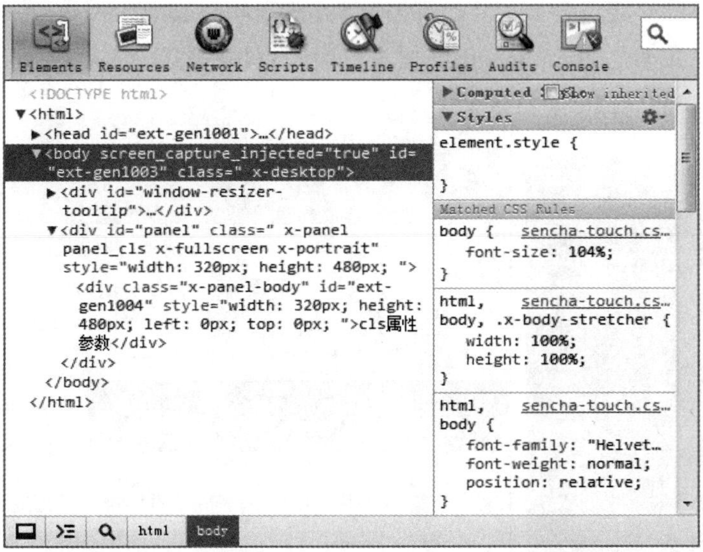

图 9-11　使用 cls 样式属性在 Panel 组件中的位置

接下来我们在此代码基础上稍作修改，在 Panel 组件上增加 ComponentCls 属性参数，如下代码所示：

```
var panel = new Ext.Panel({
        id: 'panel',
        fullscreen:true,
        html:'cls 属性参数',
        cls:"panel_cls",
        componentCls:"panel_componentCls"
});
```

同时，在 HTML 页面中添加如下 CSS 样式:

```
.panel_componentCls{
        background-color:#666;
        font-size:3em;
}
```

代码修改后，其效果在 iPhone Safari 下如图 9-12 所示。从图中可以观察到，字体被放大到 3em，同时背景色变成了#666。从图 9-13 所示的 Chrome 浏览器控制台可以看到，componentCls 属性和 cls 属性一样都被追加到组件对应最外层 div 元素的 class 属性上。从 class 属性上定义样式名称的位置可以看到 componentCls 位于 cls 之前，因此 cls 和 componentCls 都同时定义样式时，cls 的样式会被 componentCls 中的样式覆盖。然而优先级最高的样式并不是 componentCls 样式，而是组件的默认样式 x-panel。因此有部分样式无法通过 componentCls 自定义。

图 9-12　增加 componentCls 属性后的页面效果

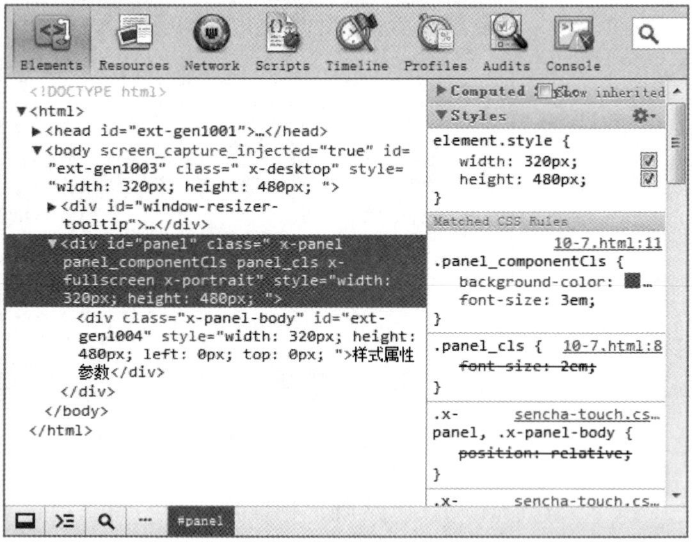

图 9-13　增加 componentCls 属性后属性所在的位置

在实际项目中，Sencha Touch 提供的组件 UI 样式风格通常都不能满足项目的需求，常常需要大量修改 UI 样式风格。baseCls 属性就是为此而生的样式属性配置选项。

baseCls 属性是对组件的默认样式进行重置。包括组件对应的子元素默认样式都会被重置，例如 x-panel-body 等。在刚才的代码上增加 baseCls 属性参数，看看发生了什么，如代码 9-8 所示。

代码 9-8　baseCls 属性参数示例代码

```
<!DOCTYPE HTML>
<html>
    <head>
        <meta charset="UTF-8">
        <title>Ext.lib.Component 实例</title>
```

```
        <link rel="stylesheet" type="text/css" href="../sencha-touch.css" />
        <style type="text/css">
            .panel_cls{
                font-size:2em;
            }
            .panel_componentCls{
                background-color:#666;
                font-size:3em;
            }
        </style>
        <script type="text/javascript" src="../sencha-touch-debug.js"></script>
        <script type="text/javascript">
            Ext.setup({
                icon: 'icon.png',
                glossOnIcon: false,
                tabletStartupScreen: 'tablet_startup.png',
                phoneStartupScreen: 'phone_startup.png',
                onReady: function() {
                    var panel = new Ext.Panel({
                        id: 'panel',
                        fullscreen:true,
                        html:'样式属性参数',
                        baseCls:'panel_baseCls',
                        cls:"panel_cls",
                        componentCls:"panel_componentCls"
                    });
                }
            });
        </script>
    </head>
    <body>
    </body>
</html>
```

代码 9-8 执行后效果变化不大，和图 9-12 所示的效果基本类似。该示例虽然对组件样式进行了重置，但仅限于重置 Panel 组件，大部分 UI 组件都定义了非常多的 CSS 样式。被重置后页面会产生非常大的变化甚至影响页面布局。

虽然 Panel 组件样式被重置，但 Sencha Touch 生成的代码出现了比较大的变化，效果如图 9-14 所示。

从图 9-14 所示的 Chrome 浏览器调试控制台中可以看到，定义了 baseCls 属性参数后，其原来 x-panel 和 x-panel-body 样式名称被更改为自定义的样式名称 panel_baseCls

和 panel_baseCls-body。这些新的样式名称，Sencha Touch 并不会自动提供其样式内容，这就需要开发人员自定义其样式内容。

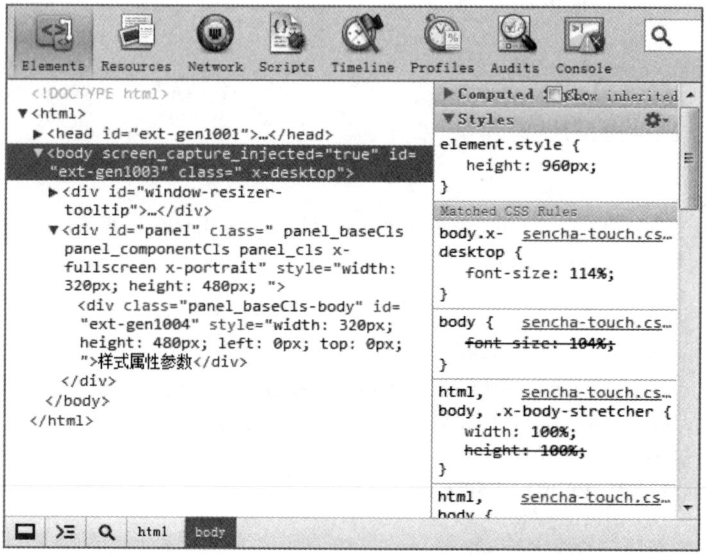

图 9-14　被重置 baseCls 样式的 Panel 组件源代码

通过上述三个简单的例子说明了 cls 属性、componentCls 属性、baseCls 属性的基本用法。如果在实际项目中对组件样式的修改较少，推荐使用 cls 属性追加样式。如果对组件样式修改非常大，推荐直接对组件样式进行重置并自定义样式。

4. 模板参数

模板参数用于指定组件内如何动态渲染内容，包括指定渲染节点、模板及渲染方式等。如表 9-8 所示是模板参数表。

表 9-8　模板参数表

属 性 名	类　型	说　明
renderSelectors	Object	指定渲染节点元素位置
renderTo	Mixed	渲染到一个含有 ID 值的元素或一个 DOM 元素或一个已经存在的元素
renderTpl	Mixed	指定渲染模板
tpl	Mixed	定义模板内容
tplWriteMode	String	定义模板被更新时的方式。默认为“overwrite”覆盖方式

5. 常用方法

（1）add 方法

add 方法的主要功能是为组件添加子组件，它的返回值是被添加的子组件。

示例代码如下。

```
var tb = new Ext.Toolbar();
//工具栏被渲染到页面中
tb.render(document.body);
//添加 button 按钮子组件
tb.add({text:"Add button"});
tb.add({text:"del button"});
tb.doLayout();
```

该示例的功能是在 toolbar 工具栏上动态增加两个 button 按钮并重新渲染到页面。

（2）doComponentLayout 方法

当组件中涉及页面布局的某些属性动态更新时，需要调用 doComponentLayout 方法才能生效。其中涉及的更新组件包括如添加、显示或隐藏 Panel 组件的 Docked Item，或者改变表单域 label 等。

（3）doLayout 方法

doLayout 方法和 doComponentLayout 方法非常相似。但 doLayout 方法使用的场景是子组件的页面大小和位置动态更新，又或者新增一个已被渲染到页面的组件对象等。在一般情况下 Sencha Touch 推荐使用 doComponentLayout 方法。

（4）getComponent 方法

getComponent 方法的作用是读取组件容器中 items 的属性或子组件容器。该方法必须传入一个参数以便寻找组件对象，参数可以为字符串或数值。当参数为数值时，表示包含 items 属性或组件的索引位置，当参数为字符串时，表示为子组件中定义的 itemId 或 id 的值。

（5）update 方法

update 方法主要用于更新组件容器中的内容区域。该方法一共可以传递三个参数，其语法如下：

```
update(Mixed htmlOrData,[Boolean loadScripts],[Function callback]);
```

其中第一个参数为必选参数，这个参数既可以包含 HTML 代码片段，也可以包含一些数据，比如数组等，此参数一般需要配合 tpl 属性定义的模板进行数据的更新操作；第二个参数是一个布尔值，其主要功能是决定当第一个参数 htmlOrData 是一段由 HTML 和 JavaScript 结合的代码时，是否运行该 JavaScript 代码，如参数为 true 则运行。第三个参数是可选参数，该参数允许传入的是一个回调函数，当 update 方法运行成功后，将调用回调函数。

6. 常用事件

Sencha Touch 为各种界面组件提供了非常丰富的事件，使我们在使用各种组件的时候，可以根据不同事件处理实际业务逻辑。本章节中我们不详细介绍如何使用这部分的事件，读者可以通过 Sencha Touch 提供的开发文档了解每一种事件的含义。

下面我们以 afterrender 事件为例，介绍如何使用 Sencha Touch 组件的事件基本用法。

首先，我们解释一下 afterrender 事件的含义， afterrender 事件就是当组件渲染到页面完毕后触发的。其语法如下：

```
afterrender(Ext.Component this);
```

其中 afterrender 事件函数中的参数 this 是触发该事件的当前组件对象。

绑定组件事件的方法如下代码所示：

```
new Ext.Panel({
        id:"test afterrender",
        fullscreen:true,
        listeners:{
            afterrender:function(){
                console.log("Panel 组件已经被渲染到页面。");
            }
        }
});
```

9.5 Toolbar 工具栏

在上一节我们介绍了 Sencha Touch 的父类组件 Ext.lib.Component 的基本用法，同时还针对该组件的属性、方法以及事件作了简单的介绍。下面，我们将结合例子介绍如何使用 Sencha Touch 其中一个重要 UI 组件：Toolbar 工具栏。

9.5.1　创建一个只有标题的工具栏例子

在编写 Sencha Touch 应用程序时，定义 Toolbar 工具栏组件非常简单。

首先，我们先来看看如何定义只有标题的工具栏，如代码 9-9。

代码 9-9　定义只有标题的工具栏

```
<!DOCTYPE HTML>
<html>
    <head>
        <meta charset="UTF-8">
        <title>工具栏实例</title>
        <link rel="stylesheet" type="text/css" href="../sencha-touch.css" />
        <script type="text/javascript" src="../sencha-touch-debug.js"></script>
        <script type="text/javascript">
            Ext.setup({
                icon: 'icon.png',
                glossOnIcon: false,
                tabletStartupScreen: 'tablet_startup.png',
                phoneStartupScreen: 'phone_startup.png',
                onReady: function() {
                    var panel = new Ext.Panel({
                        id: 'toolbar_demo1',
                        fullscreen:true,
                        html:'工具栏 Toolbars demo 实例 1',
                        dockedItems:[{
                            xtype:"toolbar",
                            dock:"bottom",
                            title:"工具栏实例"
                        }]
                    });
                }
            });
        </script>
    </head>
    <body>
    </body>
</html>
```

在代码中，我们在 Panel 组件上增加一个属性 dockedItems，该属性允许添加一个或多个工具栏组件。其效果如图 9-15 所示。实际上一个页面中的工具栏不仅可以放在顶部，也可以放在底部，只需要将属性 dock 的值更改为 bottom，就能实现如图 9-16 所示的底部工具栏效果。

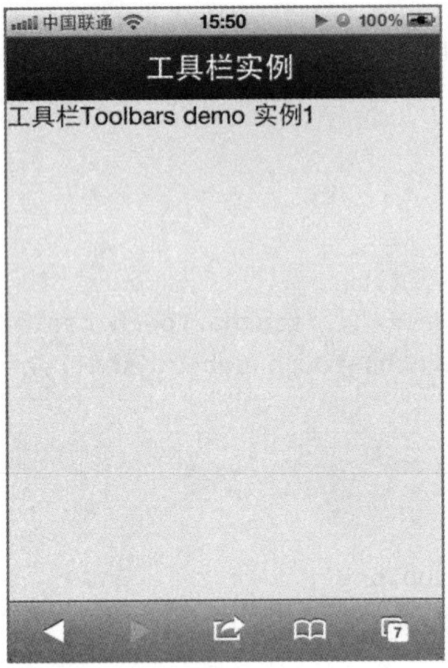

图 9-15　顶部工具栏效果图

图 9-16　底部工具栏效果图

9.5.2　模拟前进返回按钮的工具栏例子

Toolbar 工具栏除了可以设置标题外，还可以在标题两边定义不同种类的按钮。下面，我们实现一种模拟前进和返回按钮风格的工具栏效果，如代码 9-10 所示。

代码 9-10　模拟前进、返回按钮的工具栏

```
<!DOCTYPE HTML>
<html>
    <head>
        <meta charset="UTF-8">
        <title>工具栏实例</title>
        <link rel="stylesheet" type="text/css" href="../sencha-touch.css" />
       <script type="text/javascript" src="../sencha-touch-debug.js"></script>
      <script type="text/javascript">
          Ext.setup({
```

```
            icon: 'icon.png',
            glossOnIcon: false,
            tabletStartupScreen: 'tablet_startup.png',
            phoneStartupScreen: 'phone_startup.png',
            onReady: function() {
                var panel = new Ext.Panel({
                    id: 'toolbar_demo1',
                    fullscreen:true,
                    html:'工具栏 Toolbars 实例 2 -- 前进返回按钮',
                    dockedItems:[{
                        xtype:"toolbar",
                        dock:"top",
                        title:"工具栏实例",
                        items:[
                            {
                                text: '返回',
                                ui: 'back',
                                hander:function(){
                                    //单击或触摸按钮时触发事件
                                }
                            },{
                                xtype:"spacer"
                            },{
                                text: '下一步',
                                ui: 'forward',
                                hander:function(){
                                    //单击或触摸按钮时触发事件
                                }
                            }
                        ]
                    }]
                });
            }
        });
    </script>
  </head>
  <body>
  </body>
</html>
```

上述代码运行后，在 iPhone Safari 浏览器下的效果如图 9-17 所示。

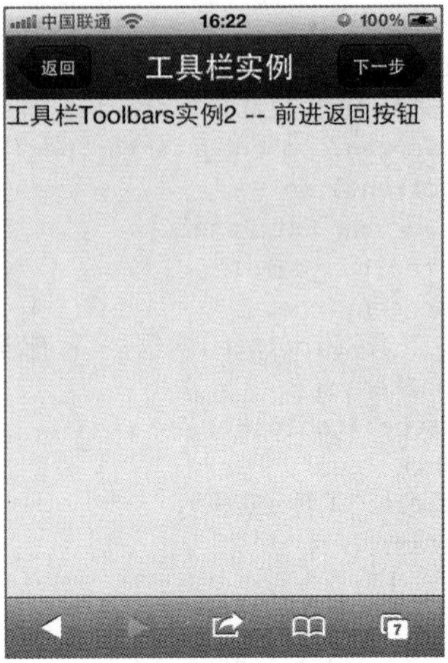

图 9-17 模拟前进、返回按钮的工具栏

其中，代码 xtype:spacer 的含义是占位符，用于间隔前后按钮之间的位置。ui 属性是指定按钮的样式，当 ui 为 back 时，按钮的样式具有向左箭头的风格，当 ui 为 forward 时，按钮的样式具有向右的箭头风格。最后，我们通过定义 handler 函数，让这些按钮具有手指轻触按钮或鼠标点击事件。

9.5.3 具有图标效果按钮的工具栏例子

在上一节，我们利用工具栏组件的 ui 属性定义了两个不同效果的工具栏按钮。在实际应用中，有些按钮可能没有文字描述，它仅仅依靠一种有含义的图标来当作按钮效果。Toolbar 工具栏提供了一种 CSS 方式可以让开发者定义只有图标的工具栏按钮，如代码 9-11 所示。

代码 9-11 图片按钮效果的工具栏

```
<!DOCTYPE HTML>
<html>
    <head>
        <meta charset="UTF-8">
        <title>工具栏实例</title>
        <link rel="stylesheet" type="text/css" href="../sencha-touch.css" />
```

```
        <script type="text/javascript" src="../sencha-touch-debug.js"></script>
        <script type="text/javascript">
            Ext.setup({
                icon: 'icon.png',
                glossOnIcon: false,
                tabletStartupScreen: 'tablet_startup.png',
                phoneStartupScreen: 'phone_startup.png',
                onReady: function() {
                    var panel = new Ext.Panel({
                        id: 'toolbar_demo1',
                        fullscreen:true,
                        html:'工具栏 Toolbars 实例 3 -- 图片按钮',
                        dockedItems:[{
                            xtype:"toolbar",
                            dock:"top",
                            title:"工具栏实例",
                            items:[{
                                ui:'plain',
                                iconMask:true,
                                iconCls:'compose',
                                hander:function(){
                                    //单击或触摸按钮时触发事件
                                }
                            },{xtype:"spacer"},{
                                ui:'plain',
                                iconMask:true,
                                iconCls:'refresh',
                                hander:function(){
                                    //单击或触摸按钮时触发事件
                                }
                            }]
                        }]
                    });
                }
            });
        </script>
    </head>
    <body>
    </body>
</html>
```

在上述代码中，我们利用 ui、iconMark、iconCls 三个组件属性来实现图标按钮样式。实际上，图标并非真正的图片，它只是一个被转换成 Base64 编码格式的图片字符串，并放在 CSS 文件中。

采用 Base64 编码格式存储图片的方式，有其自身的优点和缺点。优点就是它能减少图片的数量以及请求数等，缺点就是无形中增加了 CSS 文件大小，并影响到 CSS 文件的下载时间和维护的难度，毕竟将一张图片转换成 base64 格式代码后，其字符串非常长，不利于维护开发。

本示例代码运行后的效果如图 9-18 所示。

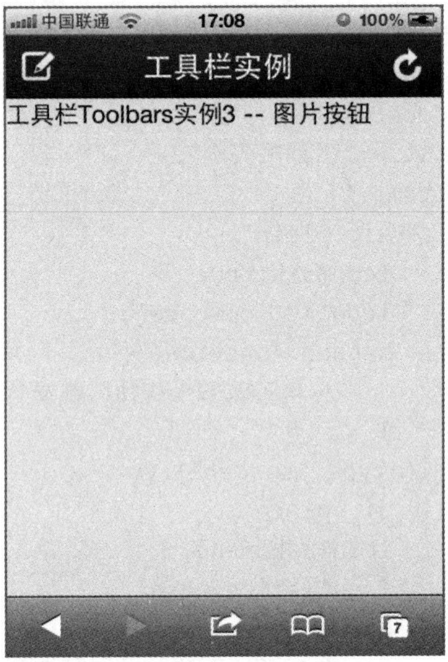

图 9-18　图片效果按钮的工具栏

9.5.4　按钮组的工具栏

通常有些应用需要在工具栏上排列成具有分组功能的按钮，按钮分组组件就具有这种分组状态，而且只有其中一个按钮是选中状态。虽然这种按钮分组并不是只有 Toolbar 工具栏才能使用，它也能够在其他组件中定义这种类型的按钮。按钮分组实际上是按钮组件的一个子组件，它被定义为 SegmentedButton 类型，其使用方法如代码 9-12 所示。

代码 9-12　具有按钮分组功能的工具栏

```
<!DOCTYPE HTML>
<html>
    <head>
        <meta charset="UTF-8">
        <title>工具栏实例</title>
        <link rel="stylesheet" type="text/css" href="../sencha-touch.css" />
       <script type="text/javascript" src="../sencha-touch-debug.js"></script>
        <script type="text/javascript">
          Ext.setup({
              icon: 'icon.png',
              glossOnIcon: false,
              tabletStartupScreen: 'tablet_startup.png',
              phoneStartupScreen: 'phone_startup.png',
              onReady: function() {
                  var panel = new Ext.Panel({
                      id: 'toolbar_demo1',
                      fullscreen:true,
                      html:'工具栏 Toolbars 实例 4 - 按钮组',
                      dockedItems:[{
                          xtype:"toolbar",
                          dock:"top",
                          items:[{
                              xtype:'spacer'
                          },{
                              xtype: 'segmentedbutton',
                              allowMultiple: false,
                              items: [{
                                  text: '评论',
                                  handler: function(){}
                              }, {
                                  text: '转发',
                                  pressed : true,
                                  handler: function(){}
                              }, {
                                  text: '私信',
                                  handler: function(){}
                              }],
                              listeners: {
                                  toggle: function(container, button, pressed){
                                      console.log("User toggled the '"
```

```
                                    +button.text+"' button: "+
                                     (pressed?'on':'off'));
                                }
                            }
                        },{
                            xtype:'spacer'
                        }]
                    }]
                });
            }
        });
    </script>
</head>
<body>
</body>
</html>
```

从上述代码来看，我们使用 xtype 属性创建按钮分组组件对象，并定义了三个按钮，同时使用 pressed 属性指定哪个按钮为默认选中状态。然后，把 allowMultiple 属性设置为 false，说明该按钮分组不能多选，只能单选。最后，通过占位符 spacer 类型将按钮分组布局到工具栏中间位置。

上述代码执行后的效果如图 9-19 所示。

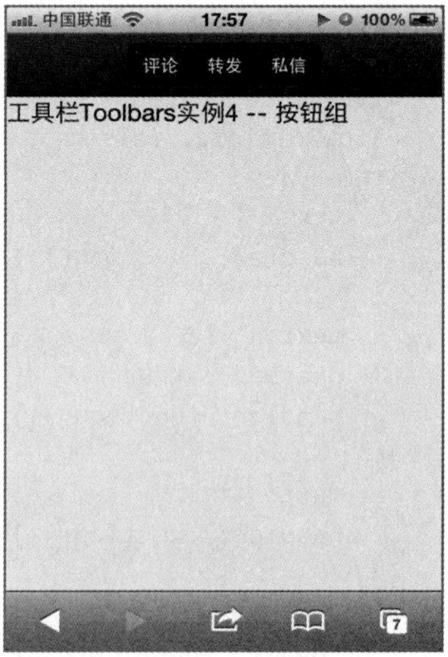

图 9-19　按钮组工具栏页面效果

9.6　Tabs 选项卡

Tab 选项卡组件也是 Sencha Touch 的重要界面组件库之一。接下来，我们通过两个例子详细解释如何使用 Tab 选项卡组件。

9.6.1　使用 TabPanel 组件定义 Tab 页面

首先，我们先看代码 9-13。

代码 9-13　使用 TabPanel 组件的示例代码

```
Ext.setup({
    icon: 'icon.png',
    glossOnIcon: false,
    tabletStartupScreen: 'tablet_startup.png',
    phoneStartupScreen: 'phone_startup.png',
    onReady: function() {
        new Ext.TabPanel({
            fullscreen: true,
            type: 'dark',
            sortable: true,
            items: [{
                title: 'Tab1 按钮',
                html: 'Tab1 标签页面',
            }, {
                title: 'Tab2 按钮',
                html: 'Tab2 标签页面',
            }, {
                title: 'Tab3 按钮',
                html: 'Tab3 标签页面',
            }]
        });
    }
});
```

上述代码使用 Ext.Panel 组件的一个子类组件 Ext.TabPanel，同时通过定义其组件的 items 属性来设置该组件有多少个 tab 选项卡。代码运行后的效果如图 9-20 所示。

图 9-20　TabPanel 组件的三个 Tab 页面

TabPanel 组件是 Sencha Touch 应用程序中最常用的组件之一，常常用来实现标签页或选项卡等功能。下面是该组件中最常用的属性：

- ui 属性，组件的风格 ui 属性，默认值是 dark。
- tabBarDock 属性，主要作用是设置 TabPanel 组件的位置，属性值设置为“top”和“bottom”。
- cardSwitchAnimation 属性，主要作用是设置各个选项卡切换的动画效果。此属性的可选值包括 fade、slide、flip、cube、pop、wipe 等，默认值是 slide。
- sortable 属性表示是否允许 tab 选项卡拖动排序。

9.6.2　选项卡功能

在上一节，我们介绍了 TabPanel 组件，并简单实现了基本的选项卡组件效果，但是该组件还能实现另外一种选项卡功能，如代码 9-14 所示。

代码 9-14　实现选项卡功能的 JavaScript 代码

```
Ext.setup({
    icon: 'icon.png',
    glossOnIcon: false,
    tabletStartupScreen: 'tablet_startup.png',
    phoneStartupScreen: 'phone_startup.png',
    onReady: function() {
        new Ext.TabPanel({
```

```
            fullscreen: true,
            cardSwitchAnimation:{
                type: 'slide',
                cover: true
            },
            tabBar:{
                dock: 'bottom',
                layout: {
                    pack: 'center'
                }
            },
            items:[{
                title:"书签",
                iconCls:"bookmarks",
                html:"书签页面"
            },{
                title:"收藏",
                iconCls:"favorites",
                html:"收藏页面"
            },{
                title:"下载",
                iconCls:"download",
                html:"下载页面"
            },{
                title:"个人资料",
                iconCls:"user",
                html:"个人资料页面"
            },{
                title:"设置",
                iconCls:"settings",
                html:"设置页面"
            }]
        });
    }
});
```

上述代码运行后，在 iPhone Safari 下的效果如图 9-21 所示。

代码中对 TabPanel 组件设置了 tabBar 属性参数，在参数内还定义 dock 属性值为 bottom，表示这个 TabPanel 组件在页面的底部。通过 layout 属性设置 tabPanel 组件的选项卡居中。cardSwitchAnimation 属性参数是定义的选项卡在切换的过程中采用的动画效果。

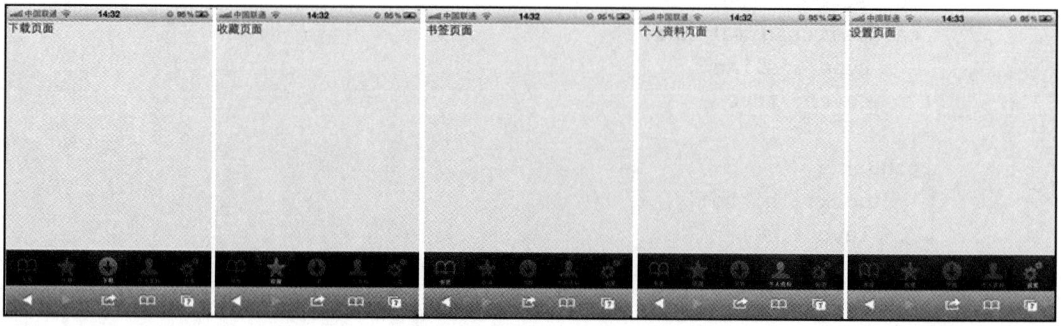

图 9-21　选项卡功能的 5 个页面效果图

需要注意的是，在采用 TabPanel 组件的选项卡功能时，每个选项卡都有一张类似图标的背景，这些背景是通过设置 iconCls 而生成的。

iconCls 是 TabPanel 组件专有的属性，它的值在 Sencha Touch 的官方 CSS 文件中定义几种不同图片，例如书签（bookmarks）、收藏（favorites）、下载（download）、用户（user）、设置（settings）、信息（info）、更多（more）、搜索（search）、团队（team）、事件（time）等。

这些图标是通过 base64 格式转换成的字符串，在实际项目开发过程中这部分图片通常是无法满足需要的。这时我们就需要使用自定义图标并转换成 base64 格式，同时通过自定义 CSS 样式定义成新的类型。

9.7 Carousel

Sencha Touch 为开发者提供一种 UI 组件，它能够实现多个页面之间通过屏幕触摸向左、向右或向上、向下滑动进行切换，这种组件叫做 Carousel。Carousel 有点类似于 TabPanel 的选项卡功能，只不过 Carousel 的页面切换是通过触屏事件而不是按钮事件触发的。

实现 Carousel 组件非常简单，接下来我们将通过一个实例来实现 Carousel 的效果。

Carousel 组件的示例如代码 9-15 所示。

代码 9-15　Carousel 组件的示例代码

```
Ext.setup({
    icon: 'icon.png',
    glossOnIcon: false,
    tabletStartupScreen: 'tablet_startup.png',
    phoneStartupScreen: 'phone_startup.png',
```

```
    onReady: function() {
        new Ext.Carousel({
            fullscreen: true,
            items:[{
                html:"第一个 Carousel 页面"
            },{
                html:"第二个 Carousel 页面"
            },{
                html:"第三个 Carousel 页面"
            }]
        });
    }
});
```

执行代码后在 iPhone Safari 下的效果如图 9-22 所示。

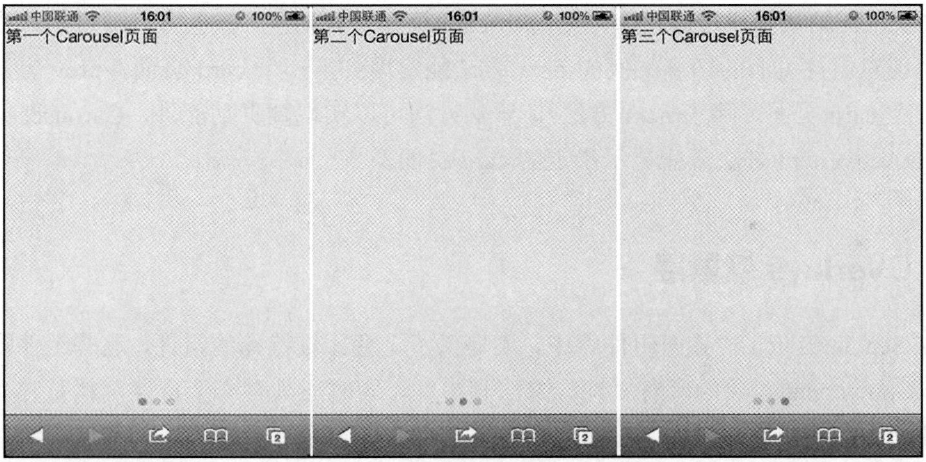

图 9-22　使用 Carousel 组件的效果图

Carousel 组件中的 direction 属性参数用于设置页面切换的方式，direction 属性支持两种切换方式，一种是 vertical（垂直方式），另一种是 horizontal（水平方式）。默认值是 horizontal（水平方式）。

我们在代码 9-15 的基础上增加 direction 属性并设置为 vertical，然后运行的效果如图 9-23 所示。

对比图 9-22 和图 9-23 可以看到，Carousel 组件的两种切换方式各不相同，一种是左右切换，一种是上下切换。

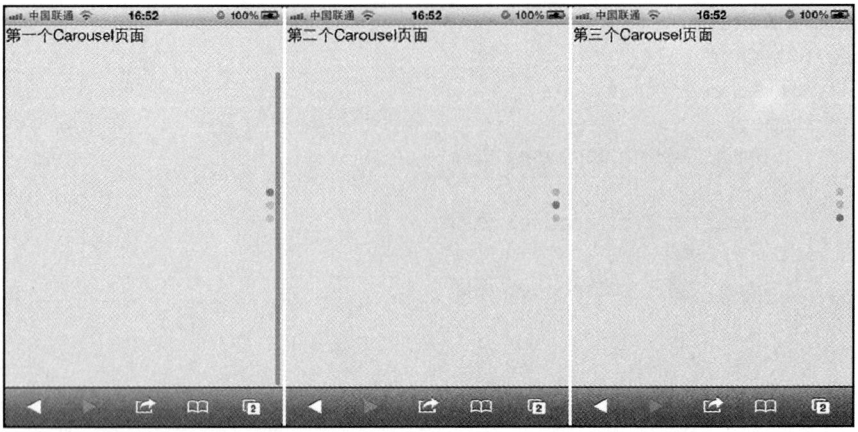

图 9-23　dircetion 属性值为 vertical 的 Carousel 组件效果图

Carousel 默认是通过触摸方式对每个 card 页面进行切换，但也可以通过组件提供的方法实现对组件页面的切换。例如 next 方法能实现到下一个 card 页面，prev 方法则是到上一个 card 页面。除了 next 方法和 prev 方法可以实现翻页功能外，Carousel 同时还提供 setActiveItem 方法激活显示指定的 card 页面。

9.8　Overlays 遮罩层

在 Sencha Touch 的界面组件库中，还提供了一套比较特殊的组件，这些组件既具有 Ext.lib.Component 对象的所有属性、方法和事件，同时还具有一个特点，就是它允许单独存在于整个应用程序之中，它以浮动遮罩层的形式显示在屏幕上，因此这类组件能够直接调用。

9.8.1　Alert 提示信息类型

Alert 类型的遮罩层通常用于提醒信息的确认，如代码 9-16 所示。

代码 9-16　Alert 类型示例代码

```
Ext.setup({
    icon: 'icon.png',
    glossOnIcon: false,
    tabletStartupScreen: 'tablet_startup.png',
    phoneStartupScreen: 'phone_startup.png',
```

```
    onReady: function() {
        var panel = new Ext.Panel({
            fullscreen:true,
            dockedItems:[{
                dock:"top",
                xtype: 'toolbar',
                items:[{
                    xtype:"button",
                    text:"Alert",
                    handler:function(){
                        Ext.Msg.alert("Overlay 遮罩层","Alert 示例");
                    }
                }]
            },{
                dock:"bottom",
                xtype: 'toolbar'
            }]
        });
    }
});
```

首先，代码初始化 Panel 组件并添加两个工具栏。其中一个工具栏添加一个 button 按钮，并在按钮的点击事件函数中调用 Ext.Msg.alert()。这样就实现了最简单的 Alert 类型提示框。代码运行效果如图 9-24 所示。

图 9-24　Alert 类型的提示框

alert 方法提供 4 个参数，其中第一个参数是提示框的标题，第二个参数是提示框的内容，这两个参数都是必须传入的。最后两个参数都是可选的，包括一个回调函数和一个作用域对象。

9.8.2 Confirm 确认提示框类型

Sencha Touch 同样也提供了 Confirm 类型的确认信息提示框。我们在代码 9-16 的基础上稍作修改，如代码 9-17 所示。

代码 9-17 confirm 类型提示框

```
Ext.setup({
    icon: 'icon.png',
    glossOnIcon: false,
    tabletStartupScreen: 'tablet_startup.png',
    phoneStartupScreen: 'phone_startup.png',
    onReady: function() {
        var panel = new Ext.Panel({
            id:"panel",
            fullscreen:true,
            dockedItems:[{
                dock:"top",
                xtype: 'toolbar',
                items:[{
                    xtype:"button",
                    text:"Alert",
                    handler:function(){
                        Ext.Msg.alert("Overlay 遮罩层","Alert 示例");
                    }
                },{
                    xtype:"button",
                    text:"confirm",
                    handler:function(){
                        Ext.Msg.confirm("Overlay 遮罩层","confirm 示例，确认退出
",Ext.emptyFn());
                    }
                }]
            },{
                dock:"bottom",
                xtype: 'toolbar'
            }]
        });
    }
});
```

我们在代码 9-16 的基础上增加一个 button 按钮，并采用 Ext.Msg.confirm 方法实现 confirm 类型信息确认提示框。Confirm 方法传递的参数类型和 Alert 相同，代码运行的效果如图 9-25 所示。

图 9-25　Confirm 类型信息确认提示框

9.8.3　Prompt 提示输入类型

Prompt 类型的提示框提供一个文本框允许用户输入信息并允许用户选择确定或取消操作。我们在代码 9-17 的基础上增加 Prompt 类型，如代码 9-18 所示。

代码 9-18　Prompt 类型示例代码

```
Ext.setup({
    icon: 'icon.png',
    glossOnIcon: false,
    tabletStartupScreen: 'tablet_startup.png',
    phoneStartupScreen: 'phone_startup.png',
    onReady: function() {
        var panel = new Ext.Panel({
            id:"panel",
```

```
            fullscreen:true,
            dockedItems:[{
                dock:"top",
                xtype: 'toolbar',
                items:[{
                    xtype:"button",
                    text:"Alert",
                    handler:function(){
                        Ext.Msg.alert("Overlay 遮罩层","Alert 示例");
                    }
                },{
                    xtype:"button",
                    text:"confirm",
                    handler:function(){
                        Ext.Msg.confirm("Overlay 遮罩层","confirm 示例,确认退出
                        ",Ext.emptyFn());
                    }
                },{
                    xtype:"button",
                    text:"prompt",
                    handler:function(){
                        Ext.Msg.prompt("Overlay 遮罩层","prompt 示例",function(text,
                        value){
                            Ext.getCmp("panel").update(value);
                        },null,false,null,{placeholder:'请输入内容'});
                    }
                }]
            },{
                dock:"bottom",
                xtype: 'toolbar'
            }]
        });
    }
});
```

我们在代码中再增加一个按钮并触发点击事件，该事件内直接调用 prompt 方法，并在回调函数中通过函数的第二个参数 value 获得文本框的值并更新到 panel 的内容区域。

代码中我们使用了 HTML5 标准新增的一个表单属性 placeholder，该属性指定文本框为空时的提示文本内容。代码运行效果如图 9-26 所示。

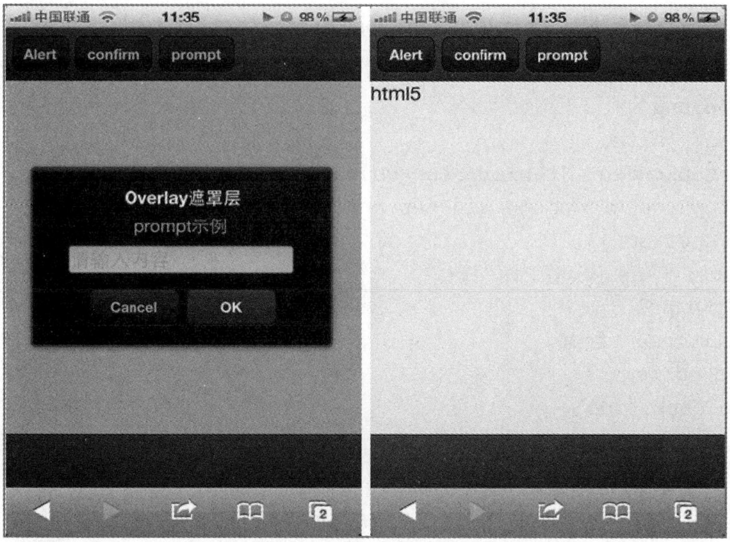

图 9-26　prompt 类型示例的效果图

prompt 方法需要传入的参数和 Alert 方法类似。其语法是：

```
prompt(String title,String msg,[Function fn],[Object scope],
    [Boolean/Number multiLine],[String value], Object promptConfig )
```

其中第一个和第二个参数是提示框的标题和内容。

第二个和第三个参数和 Alert 类型、Confirm 类型基本一样，提供回调函数和作用域参数。

第三个参数的作用是指定可输入的文本框是否允许多行显示或指定行数。

第四个参数传递一个文本框默认值。

第五个参数传递的是一个对象，该参数主要用于配置文本框的各个属性，它允许设置 focus、placeholder、autocapitalize、autocorrect、autocomplete、maxlength、type 等属性。

9.8.4　ActionSheet 选择器类型

ActionSheet 组件的显示方式通常会从界面底端出现，并且浮在页面上。Action Sheet 通常包含不少于两个按钮，允许用户选择其中一个按钮以便完成他们的任务。当用户单击按钮时，会触发按钮点击事件，并且 ActionSheet 会以动画向下移动的方式消失在界面上。

示例如代码 9-19 所示。

代码 9-19　ActionSheet 示例代码

```
Ext.setup({
    icon: 'icon.png',
    glossOnIcon: false,
    tabletStartupScreen: 'tablet_startup.png',
    phoneStartupScreen: 'phone_startup.png',
    onReady: function() {
        var panel = new Ext.Panel({
            id:"panel",
            fullscreen:true,
            dockedItems:[{
                dock:"top",
                xtype: 'toolbar',
                items:[{
                    xtype:"button",
                    text:"Alert",
                    handler:function(){
                        Ext.Msg.alert("Overlay 遮罩层","Alert 示例");
                    }
                },{
                    xtype:"button",
                    text:"confirm",
                    handler:function(){
                        Ext.Msg.confirm("Overlay 遮罩层","confirm 示例,确认退出",
                        Ext.emptyFn());
                    }
                },{
                    xtype:"button",
                    text:"prompt",
                    handler:function(){
                        Ext.Msg.prompt("Overlay 遮罩层","prompt 示例",function(text,
                        value){
                            Ext.getCmp("panel").update(value);
                        },null,false,null,{placeholder:'请输入内容'});
                    }
                },{
                    xtype:"button",
                    text:"action Sheet",
```

```
                handler:function(){
                    var as = new Ext.ActionSheet({
                        items:[{
                            text:"删除",
                            ui:"decline"
                        },{
                            text:"确定",
                            ui:"confirm"
                        },{
                            text:"取消"

                        }]
                    });
                    as.show();
                }
            }]
        },{
            dock:"bottom",
            xtype: 'toolbar'
        }]
    });
  }
});
```

代码运行后的效果如图 9-27 所示。

图 9-27　ActionSheet 类型效果图

9.8.5 Overlay 浮动层显示框类型

Ext.Panel 同样也能实现类似 Overlay 类型的组件。其实现方式比其他类型要复杂一些。我们在代码 9-19 的基础上稍作修改，如代码 9-20 所示。

代码 9-20 使用 Ext.Panel 实现 Overlay 效果代码

```
Ext.setup({
    icon: 'icon.png',
    glossOnIcon: false,
    tabletStartupScreen: 'tablet_startup.png',
    phoneStartupScreen: 'phone_startup.png',
    onReady: function() {
        var panel = new Ext.Panel({
            id:"panel",
            fullscreen:true,
            dockedItems:[{
                dock:"top",
                xtype: 'toolbar',
                items:[{
                    xtype:"button",
                    text:"Alert",
                    handler:function(){
                        Ext.Msg.alert("Overlay 遮罩层","Alert 示例");
                    }
                },{
                    xtype:"button",
                    text:"confirm",
                    handler:function(){
                        Ext.Msg.confirm("Overlay 遮罩层","confirm 示例,确认退出",
                        Ext.emptyFn());
                    }
                },{
                    xtype:"button",
                    text:"prompt",
                    handler:function(){
                        Ext.Msg.prompt("Overlay 遮罩层","prompt 示例",function(text,
                        value){
                            Ext.getCmp("panel").update(value);
                        },null,false,null,{placeholder:'请输入内容'});
                    }
```

```
},{
    xtype:"button",
    text:"action Sheet",
    handler:function(){
        var as = new Ext.ActionSheet({
            items:[{
                text:"删除",
                ui:"decline"
            },{
                text:"确定",
                ui:"confirm"
            },{
                text:"取消",
                handler:function(){as.hide()}
            }]
        });
        as.show();
    }
}]
},{
    dock:"bottom",
    xtype: 'toolbar',
    items:[{
        xtype:"button",
        text:"overlay",
        handler:function(){
            if(!this.pop){
                this.pop = new Ext.Panel({
                    floating:true,
                    modal:true,
                    centered:true,
                    width:300,
                    height:200,
                    styleHtmlContent:true,
                    scroll:'vertical',
                    html:'<p>这是一个 overlay 的示例</p>',
                    dockedItems:[{
                        dock:"top",
                        xtype:"toolbar",
                        title:"overlay 例子"
                    }]
```

```
                        })
                    }
                    this.pop.show();
                }
            }]
        }]
    });
}
});
```

代码 9-20 运行效果如图 9-28 所示。

图 9-28　Ext.Panel 实现 Overlay 效果图

至此，我们已经通过 5 个简单的示例分别讲述了 5 种不同类型的 Overlays 遮罩层组件的简单用法。Overlays 组件对开发 Sencha Touch 移动 Web 应用程序非常关键。这部分功能可以提高开发效率，同时也能提高用户体验。

9.9　Picker 选择器

Ext.Picker 选择器组件是 Sencha Touch 界面组件库的另一个特殊组件。该组件的界面和 ActionSheet 类型的遮罩层非常相似。原因是 Ext.Picker 和 Ext.ActionSheet 都继承于 Ext.sheet 对象。下面我们将通过两个例子来介绍如何使用 Picker 选择器。

9.9.1　创建单列的选择器例子

使用 Ext.Picker 对象实现的选择器非常简单，如代码 9-21 所示。

代码 9-21　单列 Picker 选择器代码

```
Ext.setup({
    icon: 'icon.png',
    glossOnIcon: false,
    tabletStartupScreen: 'tablet_startup.png',
    phoneStartupScreen: 'phone_startup.png',
    onReady: function() {
        var picker = new Ext.Picker({
            slots: [{
                    name:'browser',
                    title:'Speed',
                    data:[
                        {text:'Chrome 浏览器',value:1},
                        {text:'IE 浏览器',value:2},
                        {text:'Firefox 浏览器',value:3},
                        {text:'Safari 浏览器',value:4},
                        {text:'Opera 浏览器',value:5}
                    ]
            }],
            listeners:{
                pick:function(o,t,s){
                    var selectedText = o.slots[0].data[s.selectedIndex].text;
                    panel.update("当前选择的是: " + selectedText + ", 值是"+
                    t["browser"]);
                }
            }
        });
        var panel = new Ext.Panel({
            fullscreen:true,
            dockedItems:[{
                xtype:"toolbar",
                title:"Picker 选择器示例",
                items:[{
                    xtype:"button",
                    text:"picker",
                    handler:function(){
                        picker.show();
```

```
                    }
                }]
            }]
        });
        panel.show();
    }
});
```

如上代码所示，首先初始化一个 Picker 对象，并使用 slots 属性初始化一组数据源，同时还增加一个 pick 事件监听器，当选择器中的数据被选中时就触发 pick 事件，并将选中的数据输出到 panel 内容区域。代码运行效果如图 9-29 所示。

图 9-29　Picker 选择器效果图

9.9.2　创建允许选择日期的选择器例子

Sencha Touch 还提供了一种时间选择器 DatePicker，它继承自 Ext.Picker 对象，因此它具有 Ext.Picker 类的所有特性。时间选择器允许用户自定义年份的范围，是一种多数据关联的选择器。实现 DatePicker 也是非常简单，如代码 9-22 所示。

代码 9-22　DatePicker 示例代码

```
Ext.setup({
    icon: 'icon.png',
    glossOnIcon: false,
```

```
    tabletStartupScreen: 'tablet_startup.png',
    phoneStartupScreen: 'phone_startup.png',
    onReady: function() {
        Date.monthNames = ["1 月","2 月","3 月","4 月","5 月","6 月","7 月","8 月","9 月
","10 月","11 月","12 月"];
        var picker = new Ext.DatePicker({
            yearFrom:2000,
            yearTo:2012,
            listeners:{
                pick:function(o,t,s){
                    panel.update("当前选择的日期是： " + t);
                }
            }
        });
        var panel = new Ext.Panel({
            fullscreen:true,
            dockedItems:[{
                xtype:"toolbar",
                title:"DatePicker 示例",
                items:[{
                    xtype:"button",
                    text:"picker",
                    handler:function(){
                        picker.show();
                    }
                }]
            }]
        });
        panel.show();
    }
});
```

通过实例化 Ext.DatePicker 对象就能实现时间选择器，其中参数 yearFrom 和 yearTo 参数是指定年份之间选择的范围，并将选择后的结果输出到 Panel 内容区域中。代码运行效果如图 9-30 所示。

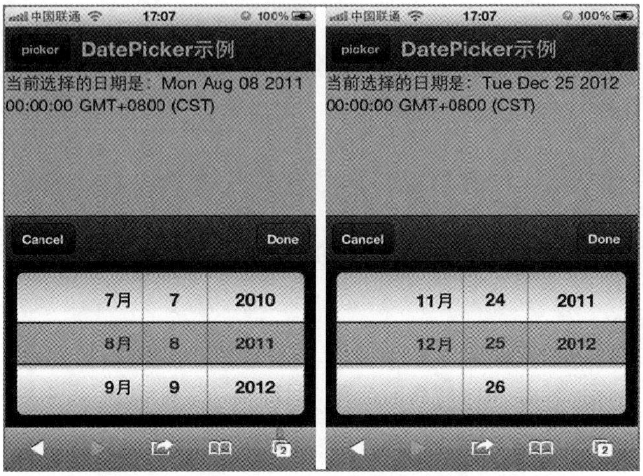

图 9-30　DatePicker 示例运行后的效果图

9.10　List 列表

Sencha Touch 最重要的界面组件库就是 Ext.List 组件，该组件是一个列表组件，它允许开发者根据不同列表类型实现不同的列表效果。接下来，我们将通过例子为读者介绍 Ext.List 组件的基本用法。

9.10.1　创建基本的列表例子

创建一个最基本的列表功能要准备三个条件，分别是 Model、Store 以及 List 组件，如代码 9-23 所示。

代码 9-23　Ext.List 组件示例

```
Ext.setup({
    icon: 'icon.png',
    glossOnIcon: false,
    tabletStartupScreen: 'tablet_startup.png',
    phoneStartupScreen: 'phone_startup.png',
    onReady: function() {
        Ext.regModel('City',{
            fields:['cityName']
        });
```

```
        var store = new Ext.data.JsonStore({
            model:"City",
            data:[
                {cityName:"beijing"},
                {cityName:"shanghai"},
                {cityName:"guangzhou"},
                {cityName:"shenzhen"},
                {cityName:"hangzhou"},
                {cityName:"nanjing"},
                {cityName:"chengdu"}
            ]
        })
        var list = new Ext.List({
            fullscreen:true,
            itemTpl:"{cityName}",
            store:store,
            onItemDisclosure:function(record,btn,index){
              Ext.Msg.alert("list","已选中: " + record.get("cityName"),Ext.emptyFn());
            }
        });
        list.show();
    }
});
```

代码运行效果如图 9-31 所示，左图为页面加载后生成的列表，列表中的每个数据项右侧有一个图标，触摸图标就会触发 onItemDisclosure 事件并 alert 输出选中项的内容。

图 9-31　Ext.List 示例效果图

通过上述例子可以看到，要完成一个 List 功能，必须具备三个条件：第一个是 Model 类对象，用于提供数据的实体模型，指定数据字段；第二个是 Store 对象，其作用是和后端进行数据交互。上述例子使用的是 Ext.data.JsonStore 对象，该对象默认返回 JSON 格式数据；第三个就是用于显示数据视图的 List 对象。

三个条件之间相互牵连。Store 对象初始化时必须指定 Model 属性，List 对象则必须指定数据来源，上述例子就使用继承自 Store 的 JsonStore 对象提供数据。

在 List 对象中，itemTpl 属性的功能是定义被渲染到数据项列表的模板。该属性通常用于自定义 List 列表项页面，模板的介绍将会在后续章节中介绍。

onItemDisclosure 属性则提供一种默认列表右侧图标按钮事件触发的功能。该属性既可以是布尔值和 Object 对象，又可以是函数对象。

当 onItemDisclosure 属性设置成 true 时，List 列表中的每一项右侧都会显示一个图标按钮，但并不会触发任何事件。当 onItemDisclosure 属性被定义为函数对象时，List 组件会在初始化时注册每个数据项右侧图标按钮的 tap 事件。

9.10.2 改进的分组列表例子

在上一个示例中我们介绍了如何使用一个 List 组件。但 List 组件远远不止这些功能，它提供的功能非常多。

本节将介绍一种能模仿 iPhone 原生程序中具备自动分组排序功能的列表功能。具体示例如代码 9-24 所示。

代码 9-24 分组列表示例代码

```
Ext.setup({
    icon: 'icon.png',
    glossOnIcon: false,
    tabletStartupScreen: 'tablet_startup.png',
    phoneStartupScreen: 'phone_startup.png',
    onReady: function() {
        Ext.regModel('City',{
            fields:['cityName']
        });

        var store = new Ext.data.JsonStore({
            model:"City",
```

```
            sorters:"cityName",
            getGroupString : function(record){
                return record.get("cityName")[0];
            },
            data:[
                {cityName:"beijing"},
                {cityName:"shanghai"},
                {cityName:"guangzhou"},
                {cityName:"shenzhen"},
                {cityName:"hangzhou"},
                {cityName:"nanjing"},
                {cityName:"chengdu"},
                {cityName:"tianjing"},
                {cityName:"shenyang"},
                {cityName:"dalian"},
                {cityName:"changchun"},
                {cityName:"xiamen"},
                {cityName:"qingdao"},
                {cityName:"luoyang"},
                {cityName:"wuhan"},
                {cityName:"changsha"},
                {cityName:"zhuhai"},
                {cityName:"chongqing"}
            ]
        })
        var list = new Ext.List({
            fullscreen:true,
            itemTpl:"{cityName}",
            store:store,
            grouped:true,
            indexBar:true
        });
        list.show();
    }
});
```

上述代码在代码 9-23 的基础上增加了更多的数据及属性参数。代码运行效果如图 9-32 所示。

其中，Store 对象和 List 对象增加几个属性参数，实现列表的分组排序功能。

在 Store 对象中，通过 sorters 属性，设置需要排序的字段名（Model 类中定义的字段），同时设置 getGroupString 函数指定字段名中的第一个字符作为分组标识。

图 9-32　分组列表示例效果图

设置完这些属性后，仍然无法实现分组排序功能。因为 List 对象并没指明开启列表分组功能，因此还需要在 List 对象中设置 grouped 属性为 true，开启列表分组排序，然后再设置 indexBar 属性为 true，开启索引栏以便用户能通过索引栏快速定位分组类别。

9.10.3　使用 Ajax 异步请求的列表

从前面两个实例可以看到，列表组件的数据源都是直接嵌入 List 组件内，但在实际项目开发中，数据通常是来自服务器返回的数据。

List 组件对数据源的支持非常广泛，其中包括 Ajax 请求的数据、JSONP 格式数据以及 YQL 查询语言。

接下来，我们通过示例介绍如何使用 List 组件功能通过 Ajax 请求 JSON 数据。首先新建一个 json 文件 citys.json，如代码 9-25 所示。

代码 9-25　city.json 数据源代码

```
{
   "citys":[
      {"cityName":"beijing"},
      {"cityName":"shanghai"},
      {"cityName":"guangzhou"},
```

```
        {"cityName":"shenzhen"},
        {"cityName":"hangzhou"},
        {"cityName":"nanjing"},
        {"cityName":"chengdu"},
        {"cityName":"tianjing"},
        {"cityName":"shenyang"},
        {"cityName":"dalian"},
        {"cityName":"changchun"},
        {"cityName":"xiamen"},
        {"cityName":"qingdao"},
        {"cityName":"luoyang"},
        {"cityName":"wuhan"},
        {"cityName":"changsha"},
        {"cityName":"zhuhai"},
        {"cityName":"chongqing"}
    ]
}
```

Ajax 异步请求的示例如代码 9-26 所示。

代码 9-26　Ajax 请求 JSON 数据的 List 组件代码

```
Ext.setup({
    icon: 'icon.png',
    glossOnIcon: false,
    tabletStartupScreen: 'tablet_startup.png',
    phoneStartupScreen: 'phone_startup.png',
    onReady: function() {
        Ext.regModel('City',{
            fields:[{name:'cityName',type:'string'}]
        });

        var store = new Ext.data.Store({
            model:"City",
            autoLoad:true,
            proxy:{
                type:'ajax',
                url:'citys.json',
                reader:{
                    type:"json",
                    root:"citys"
                }
            }
```

```
        })
        var list = new Ext.List({
            fullscreen:true,
            itemTpl:"{cityName}",
            store:store,
            onItemDisclosure:function(record,btn,index){
                Ext.Msg.alert("list","已选中: " + record.get("cityName"),Ext.
emptyFn());
            }
        });
        list.show();
    }
});
```

代码 9-26 运行效果如图 9-33 所示。

图 9-33 采用 Ajax 异步请求的列表效果图

我们在代码 9-24 的基础上稍作修改，将原来 List 组件中的 data 数据单独分离到 json 文件，最后形成代码 9-25。

接着，我们继续对代码 9-24 进行调整，为 store 对象增加 proxy 属性，如下代码：

```
proxy:{
    type:'ajax',
    url:'citys.json',
    reader:{
        type:"json",
        root:"citys"
    }
}
```

其中 type 属性指定 store 通过 ajax 异步请求数据；url 属性指定请求的路径；reader 属性指定读取的数据类型为 json 格式数据以及返回的数据在 json 的 citys 对象中。

autoLoad 属性指定当 List 组件被渲染后，List 对应的 Store 自动请求加载数据。

代码 9-24 调整后就形成了如代码 9-26 所示的示例。

9.10.4　XTemplate 模板的应用

在 List 组件对象内有一个属性参数：itemTpl。该参数是定义列表的列表项模板，例如前面例子中的值是 “{cityName}”。从图 9-33 可以看到，每个列表项都根据这个属性参数定义的模板显示相应的页面内容。

在一般情况下，Sencha Touch 应用程序都需要对模板重新定制各种不同界面风格。而且这些定制界面模板，一般都需要使用 HTML 和 CSS 语言结合实现，同时还需要配合 Sencha Touch 提供的模板语法将数据生成静态的 HTML 片段。

Sencha Touch 提供了一个模板组件库：Ext.XTemplate。它允许我们在模板组件内任意定义各种 HTML 片段。同时还提供 tpl 标签用于处理各种对象、属性以及列表。

实际上，Sencha Touch 提供的模板组件和 ExtJS 提供的模板组件的功能基本相同。现在我们就来看看如何使用 Ext.XTemplate。

首先，定义一组用于展示模板特性的数据，代码如下：

```
var data = {
    name: 'Tommy Maintz',
    title: 'Lead Developer',
    company: 'Ext JS, Inc',
    email: 'tommy@extjs.com',
    address: '5 Cups Drive',
    city: 'Palo Alto',
    state: 'CA',
    zip: '44102',
    drinks: ['Coffee', 'Soda', 'Water'],
    kids: [{
            name: 'Joshua',
            age:3
        },{
            name: 'Matthew',
            age:2
        },{
```

```
            name: 'Solomon',
            age:0
    }]
};
```

接着，定义一个 XTemplate 模板对象，代码如下：

```
var t = Ext.XTemplate(
    '<p>name:{name}</p>',
    '<p>title:{title}</p>',
    '<p>company:{company}</p>'
);
t.overwrite(panel.body, data);
```

从上面的代码中可以看到，我们直接在模板中定义了三个 p 元素 HTML 代码片段，并在元素内分别设置了{name}、{title}、{company}三个变量元素。该变量元素其实是用大括号引用方式指定了 data 对象内的 name 属性、title 属性、company 属性。

最后，使用 XTemplate 对象的 overwrite 方法将 data 数据传入模板并生成 HTML 片段，同时将片段插入 panel 对象的内容区域。

1. tpl 标签 for 属性点语法

在 XTemplate 对象中，除上述例子使用到括号语法表示变量，模板还提供 tpl 标签元素用于读取 data 对象的数据。

现在我们通过简单的示例介绍如何使用 tpl 标签元素的 for 属性，代码如下：

```
var tpl = new Ext.XTemplate(
    '<p>Kids: ',
    '<tpl for=".">',
        '<p>{name}</p>',
    '</tpl></p>'
);
tpl.overwrite(panel.body, data.kids);
```

从上述代码可以看到，我们在模板内使用了 tpl 标签元素，并设置 for 属性。同时在 for 属性中使用了点语法，该点语法的含义是指传入的 data.kids 对象，也就是根节点对象。在 tpl 元素内部，可以直接调用根节点内的所有属性，如{name}。

2. for 属性指定元素节点

for 属性使用点语法可以表示当前对象的根节点，如果传入的是一个字符串，那么就说明它传入的是指定的对象。例如以下代码：

```
var tpl = new Ext.XTemplate(
    '<p>Kids: ',
    '<tpl for="kids">',
        '<p>{name}</p>',
    '</tpl></p>'
);
tpl.overwrite(panel.body, data);
```

从上述代码中可以看出，和之前的点语法示例有些类似，而且功能相同。唯一不同的是 overwrite 方法的第二个参数传入的是一个 data 对象。在模板内，使用 for 属性直接指向 data 数据内的属性名同样也能达到点语法的相同效果，如上述代码的“kids”。

3．tpl 元素内指定列表序号

在刚才的点语法示例中，我们简单地展示了如何使用 tpl 元素遍历一个数组。需要注意的是，当遍历数组时，可能在遍历过程中需要知道每个数据项的位置或序号，以便判断实现更多的功能。基于这种需求，在 tpl 元素内可以直接使用{#}语法，代码如下：

```
var tpl = new Ext.XTemplate(
    '<p>Kids: ',
    '<tpl for="kids">',
        '<p>{#}.{name}</p>',
    '</tpl></p>'
);
tpl.overwrite(panel.body, data);
```

4．访问父元素对象

在遍历数组过程中，我们还可以使用“parent”关键字访问父级对象成员，代码如下：

```
var tpl = new Ext.XTemplate(
    '<p>Name: {name}</p>',
    '<p>Kids: ',
    '<tpl for="kids">',
     '<p>{name}</p>',
        '<p>Dad: {parent.name}</p>',
    '</tpl></p>'
);
tpl.overwrite(panel.body, data);
```

5. if 条件逻辑判断

tpl 元素除了支持 for 属性外，还支持 if 属性等用于逻辑条件的判断语法。例如以下代码当数组内的判断年龄大于 1 时才显示该数组。

```
var tpl = new Ext.XTemplate(
    '<p>Name: {name}</p>',
    '<p>Kids: ',
    '<tpl for="kids">',
        '<tpl if="age &gt; 1">',
            '<p>{name}</p>',
        '</tpl>',
    '</tpl></p>'
);
tpl.overwrite(panel.body, data);
```

6. 模板内置函数

Sencha Touch 提供的模板功能和 ExtJS 相同，它们都支持在模板内自定义各种函数工具，以便于处理各种复杂的逻辑问题，代码如下：

```
var tpl = new Ext.XTemplate(
    '<p>Name: {name}</p>',
    '<p>Kids: ',
    '<tpl for="kids">',
        '<tpl if="this.isBaby(age)">',
            '<p>{name} is a baby!</p>',
        '</tpl>',
    '</tpl></p>',
    {
        compiled: true,
        isBaby: function(age){
           return age < 1;
        }
    }
);
tpl.overwrite(panel.body, data);
```

通过上述几个示例，我们大致讲述了 XTemplate 模板对象的基本用法。事实上，XTemplate 模板对象不止只有这几种功能，它的语法非常多。鉴于本书重点不是讲述如何使用该功能，因此并没有详细地介绍模板的整个原理。如读者对本部分需要深入研究，可以阅读 Sencha Touch 提供的开发文档以及 Ext.XTemplate 对象源代码。

9.11　对 HTML5 的支持和封装

经过前一章节对常用组件库的介绍，读者基本上了解到如何使用 Sencha Touch 开发各种界面组件库。接下来，本章节将探讨 Sencha Touch 如何封装及应用 HTML5 各种标准。

9.11.1　封装 HTML5 新表单元素

Sencha Touch 的表单组件除了支持各种常用的表单元素外，还对 HTML5 标准中定义的新表单功能进行了封装，同时它还继承于 Ext.lib.Component 组件，因此我们依然能够使用 Ext.lib.Component 组件的大部分属性、方法和事件。

Sencha Touch 目前支持的 HTML5 新元素类型包括 Email 类型、URL 类型、Number 类型、Search 类型等表单元素，同时还支持 HTML5 标准中的 required 和 placeHolder 等属性。

除了常用的表单元素和 HTML5 新元素外，Sencha Touch 还封装了非常丰富的组件，例如 DatePicker 时间选择器、Slider 滑块、Spinner、Toggle 切换按钮。

表单组件的使用方法非常简单，我们只需要在各种组件的 items 属性中配置 xtype 类型、name 名称、label 名称及 placeHolder 等就能实现表单组件。例如 email 输入框示例代码所示：

```
{
        xtype:"emailfield",
        name:"email",
        label:"电子邮件",
        placeholder:"请输入正确的电子邮件地址。"
}
```

该代码运行效果类似于第 5 章的图 5-4。

9.11.2　HTML5 表单应用例子

本节我们将通过示例讲述如何使用 Sencha Touch 的表单组件。该示例将使用 HTML5 的新元素来编写一套手机表单页面，如代码 9-27 所示。

代码 9-27　Sencha Touch 表单示例代码

```
Ext.setup({
    icon: 'icon.png',
    glossOnIcon: false,
    tabletStartupScreen: 'tablet_startup.png',
    phoneStartupScreen: 'phone_startup.png',
    onReady: function() {
        var formElement = [{
            xtype:"emailfield",
            name:"email",
            label:"电子邮件",
            placeHolder:"请输入正确的电子邮件"
        },{
            xtype:"urlfield",
            name:"url",
            label:"网址",
            placeHolder:"请输入正确的网址"
        },{
            xtype:"numberfield",
            name:"age",
            label:"年龄",
            placeHolder:"请输入年龄",
            minValue:1,
            maxValue:99
        },{
            xtype:"sliderfield",
            label:"Volume",
            value:5,
            minValue:1,
            maxValue:10
        },{
            xtype:"spinnerfield",
            minValue:0,
            maxValue:100,
            incrementValue:2,
        },{
            xtype:"togglefield",
            name:"toggle",
            value:1
        }];
        var formPanel = new Ext.form.FormPanel({
```

```
            id:"formPanel",
            fullscreen:true,
            dockedItems:[{
                xtype:"toolbar",
                dock:"top",
                title:"Sencha Touch 表单示例"
            }],
            items:[formElement]
        })
        formPanel.show();
    }
});
```

代码运行效果如图 9-34 所示。

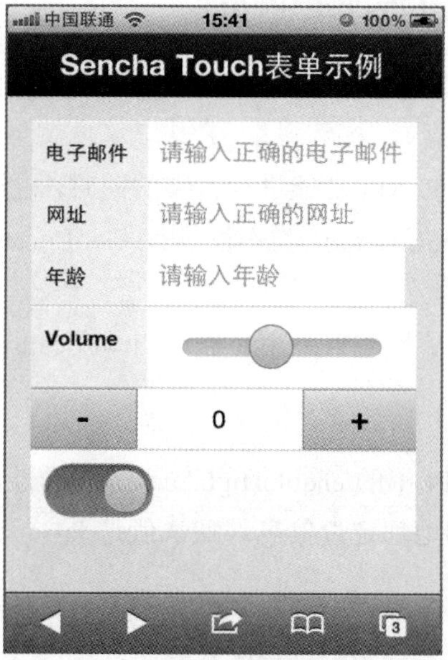

图 9-34　Sencha Touch 表单示例效果图

在代码 9-26 所示的示例中，定义了一个 FormPanel 组件，并添加了一个头部 Toolbar 工具栏。然后定义了一个数组变量 formElement 用于记录各种表单元素组件，同时将变量 formElement 赋到 formPanel 的 items 中。

在 Email 和 URL 两种表单类型中，都各自定义了 name 名称和 label 名称，并使用 placeHolder 属性设置了 input 的占位符作为输入提示。

在年龄表单类型中，我们定义了 number 类型的 Input 元素，同时把 minValue 和 maxValue 属性设置成最小和最大允许值。

sliderfield 类型是一个滑动器，通过设置 minValue 和 maxValue 属性给滑动器定义左侧最小值和右侧最大值，以及默认值。

表单中的 spinnerfield 类型和 sliderfield 类型在功能上非常相似。唯一不同的是操作方式不一样，spinnerfield 通过加号和减号设置数值，同时还允许通过属性 incrementValue 的设置，以指定加减数值的跨度。

togglefield 类型是一种开关器，常常用于是和否、真和假值的判断。我们把 value 值设置为 1，指定默认是开启状态。

9.11.3 封装 GeoLocation 地理定位功能

HTML5 标准中对 GeoLocation API 的定义非常简单，主要的功能是实时对当前用户访问的页面进行位置的定位。

Sencha Touch 在对原有的 API 功能进行封装的同时，也继承了 Sencha Touch 中的事件观察类。因此 Ext.Util.GeoLocation 类不仅具有 GeoLocation API 功能，也具有监听 Sencha Touch 事件的功能。

Ext.Util.GeoLocation 的属性配置中主要提供 GeoLocation API 中的几项属性。

1. allowHighAccuracy

它对应 GeoLocation API 中的 enableHighAccuracy 属性，传入的参数是布尔值。主要功能是是否要求高精度的地理定位信息。默认值是 false。

2. autoUpdate

主要的功能是是否允许自动更新地理定位信息。

3. maximumAge

它对应 GeoLocation API 中的 maximunAge 属性，传入的参数是数值。主要功能是设置地理定位信息的缓存有效时间。默认值是 0。

4. timeout

它对应 GeoLocation API 中的 timeout 属性，传入的参数是数值。主要功能是设置获取地理定位信息的超时限制。默认值是 Infinity，即不限制。

Ext.Util.GeoLocation 同样封装了 GeoLocation API 中读取到地理定位信息后的对象属性，它们都属于只读属性。

1. accuracy

它对应 GeoLocation API 中 position 对象的 accuracy 属性，返回值是数值类型。主要功能是获取纬度或经度的精度。

2. altitude

它对应 GeoLocation API 中 position 对象的 alititude 属性，返回值是数值类型，不能获取时为 null 值。主要功能是获取当前地理位置的海拔高度。

3. altitudeAccuracy

它对应 GeoLocation API 中 position 对象的 alititudeAccuracy 属性，返回值是数值类型。主要功能是获取海拔高度的精度。

4. heading

它对应 GeoLocation API 中 position 对象的 heading 属性，返回值是数值类型。主要功能是读取移动设备的移动方向。该值返回 0 至 359 之间，若计数为顺时针则相对于设备方向向北。

5. latitude

它对应 GeoLocation API 中 position 对象的 latitude 属性，返回值是数值类型。主要功能是获取当前地理位置的纬度。

6. longitude

它对应 GeoLocation API 中 position 对象的 longitude 属性，返回值是数值类型。主要功能是获取当前地理位置的精度。

7. speed

它对应 GeoLocation API 中 position 对象的 speed 属性，返回值是数值类型。主要功能是获取移动设备的移动速度。

8．timestamp

它对应 GeoLocation API 中 position 对象的 timestamp 属性，返回值是数值类型。该属性值是读取当前地理位置信息时的时间。

由于 Ext.Util.GeoLocation 继承自 Ext.util.Observable 类，因此它具有非常多的事件相关的方法，例如增加监听器 addListener 和移除监听器 removeListener。同时 Ext.Util.GeoLocation 还对原生 API 进行封装并提供 updateLocation 方法用于更新当前的地理位置信息。语法如以下代码所示：

```
geo.updateLocation(function(geo){
        alert("Latitude:" + (geo !=null ? geo.latitude : "failed"));
});
```

Ext.Util.GeoLocation 的事件机制对其封装了两种事件：

第一种是 locationupdate 事件，当地理位置更新后触发该事件。第二种是 locationerror 事件，在地理位置获取失败后触发该事件。

现在我们以一个简单的例子来总结刚才介绍的 GeoLocation 在 Sencha Touch 应用程序下的基本用法，如代码 9-28 所示。

代码 9-28　Ext.Util.GeoLocation 的用法示例代码

```
Ext.setup({
    icon: 'icon.png',
    glossOnIcon: false,
    tabletStartupScreen: 'tablet_startup.png',
    phoneStartupScreen: 'phone_startup.png',
    onReady: function() {
        var geo = new Ext.util.GeoLocation({
            autoUpdate: false,
            listeners: {
                locationupdate: function (geo) {
                    alert('New latitude: ' + geo.latitude);
                },
                locationerror: function (geo,bTimeout,
                bPermissionDenied,bLocationUnavailable,message) {
                    if(bTimeout){
                        alert('Timeout occurred.');
                    }
                    else{
```

```
                        alert('Error occurred.');
                    }
                }
            }
        });
        geo.updateLocation();
    }
});
```

9.11.4　本地存储的支持

Sencha Touch 对 HTML5 标准的 Session Storage 和 Local Storage 进行了二次封装，并可通过 Proxy 代理方式对本地存储进行数据操作。

Sencha Touch 提供 Ext.data.SessionStorageProxy 和 Ext.data.LocalStorageProxy 两个类进行本地存储的操作，它们之间的继承关系如图 9-35 所示。

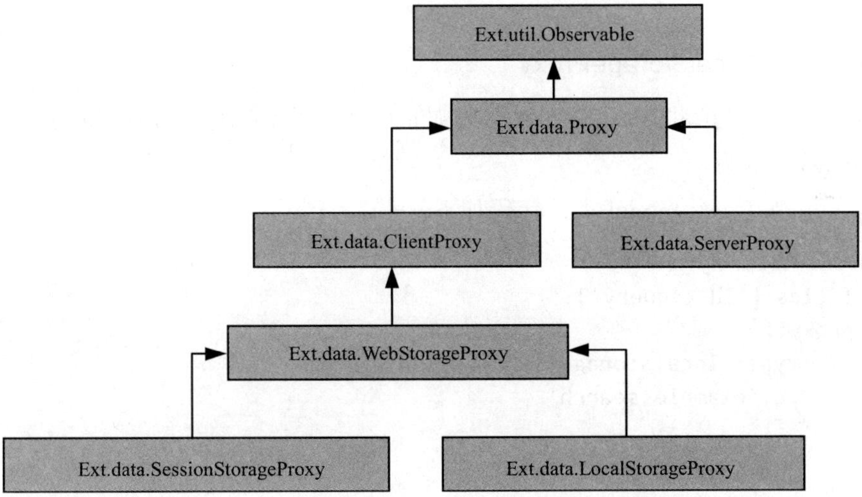

图 9-35　Sencha Touch 封装本地存储类关系图

Ext.data.SessionStorageProxy 封装 HTML5 的 SessionStorage 作为数据的存储和检索的类对象。Ext.data.LocalStorageProxy 封装 HTML5 的 LocalStorage 作为数据的本地存储和检索的类对象。它们都继承于 Ext.util.Observable 事件类，因此它们都具备 Observable 所有的属性、方法和事件。

当用户在使用 Sencha Touch 提供的 Storage 类对象时，如果当前浏览器不支持本地存储，构造函数将会抛出一个错误。

1．Ext.data.SessionStorageProxy

创建 SessionStorageProxy 的代码如下：

```
new Ext.SessionStorageProxy({
    id:'mySessionStorage'
})
```

SessionStorageProxy 在 Sencha Touch 中允许通过 Store 的代理方式直接存储和检索，代码如下：

```
new Ext.data.Store({
    proxy:{
        type:'sessionstorage',
        id:'mySessionStorage'
    }
});
```

2．Ext.data.LocalStorageProxy

如何创建一个 LocalStorageProxy 对象呢？现在以 Store 代理的方式创建一个记录搜索关键词的简单示例。

首先，先建立一个 model 类，代码如下：

```
Ext.regModel('search',{
        fields:['id','query'],
        proxy:{
            type:'localstorage',
            id:'example-search'
        }
});
```

初始化完 model 类实体后，接着定义 Store 对象，并把该对象的 model 属性设置为 model 类实体名称“search”。代码如下：

```
var store = new Ext.data.Store({
        model:'search'
});
```

现在我们可以通过下面的代码加载 localStorage 中的数据。

```
store.load();
```

如何添加数据到 localStorage 呢？可通过 Store 对象提供的 add 方法将数据添加到 localStorage 中。代码如下：

```
store.add({query:'HTML5'});
store.add({query:'Sencha'});
store.sync();
```

最后通过 sync 方法，将 add 方法添加的所有数据都保存到 localStorage。

9.11.5　多媒体的支持

Sencha Touch 对 HTML5 的视频标准和音频标准进行了二次封装，使得开发者可以在 Web 应用程序中嵌入音频和视频功能。

Ext.Video 对象封装了 HTML5 的视频原生 API，Ext.Audio 对象封装了 HTML5 的音频原生 API。它们在 Sencha Touch 的继承关系如图 9-36 所示。

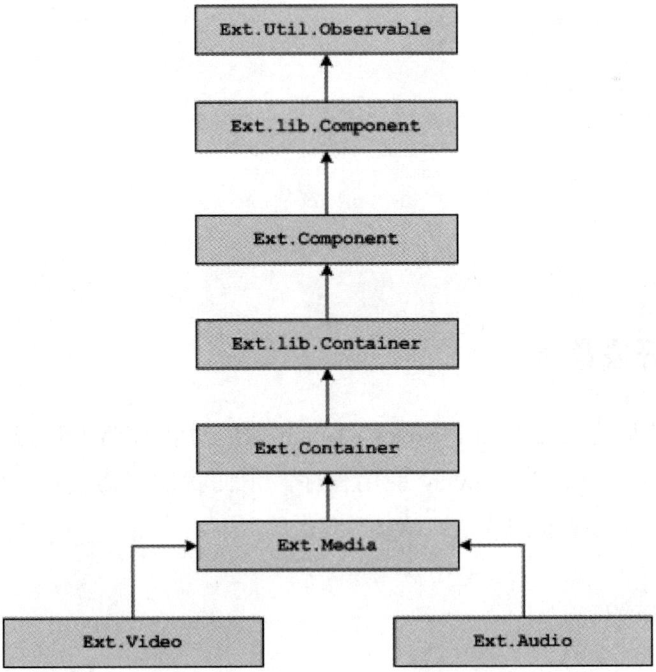

图 9-36　Sencha Touch 封装 HTML5 多媒体类关系图

从图 9-36 可以看到 Ext.video 和 Ext.Audio 都继承自 Sencha Touch 的各个核心组件。因此它们都具备了组件界面定制功能及事件机制。

Ext.Media 是 Ext.video 和 Ext.Audio 的父类，它提供了一些新的属性和方法。其中 url 属性提供给子类对象播放视频或音频的路径，方法 pause 和 play 都提供视频或音频的播放或暂停的功能。

Ext.Audio 音频功能的示例代码如下：

```
var audioPanel = new Ext.Panel({
        fullscreen:true,
        items:[{
            xtype:'audio',
            url:'audio.mp3'
        }]
});
```

Ext.Video 视频功能的示例代码如下：

```
var videoPanel = new Ext.Panel({
        fullscreen:true,
        items:[{
            xtype:'video',
            width:160,
            height:240,
            url:'video.mov',
        }]
});
```

9.12 MVC 开发模式

上一章节，我们为读者介绍了 Sencha Touch 如何封装 HTML5 标准以及通过简单的例子来展示如何应用 Sencha Touch 应用程序。下面我们将为读者介绍在开发 Sencha Touch 应用程序时非常重要的模式：MVC 模式。

9.12.1 MVC 介绍

MVC 的英文是 Model-View-Controller，翻译成中文就是模型、视图、控制器。一个完整的 MVC 应用程序是由这三部分组成的，并将整个应用程序的输入、输出及逻辑处理等各种职责进行分离。

这三部分的职责究竟是什么呢？我们来简单地解释一下这三部分的功能。

- 模型

模型是指在整个业务流程中的处理及业务规则的规约。在 Web 应用程序中，模型主要是提供实体对象的数据模型。

- 视图

视图主要代表用户交互界面。它主要是在视图上提供数据的采集和处理用户的请求操作，对于业务流程的处理，视图不参与。

- 控制器

控制器主要打通视图和模型之间的通道，将两者连接在一起，共同完成用户的各种请求。实际上，它主要处理各种业务流程。

在 Sencha Touch 框架中，它提供了一套基于 MVC 的 JavaScript 开发模式，该模式能使开发人员可以随意地将界面和业务逻辑分离，使得代码之间的维护成本更加低廉。

对于 MVC 模式，Sencha Touch 对于模型的概念，主要是定位于提供处理各种业务流程的实体类，即类似于 J2EE 开发模式的 Model 实体类。而视图的主要作用是定义和显示各种 UI 界面组件，并提供可操作的请求接口。控制器则主要处理视图的数据业务逻辑及视图之间的交互操作等。

现在，我们就马上揭开 Sencha Touch 的 MVC 开发模式。

9.12.2　创建 application 应用程序

创建一个 Sencha Touch 的 MVC 应用程序，需要一个初始化事件函数。我们在介绍事件管理的时候介绍过 Ext.setup()方法可以作为页面的初始化函数来初始化各种组件。

Sencha Touch 基于对 MVC 的开发模式，提供了另外一种页面初始化函数，语法如下：

```
new Ext.Application({
    name: 'MyApp',
    launch: function(){
    }
});
```

上述代码表示实例化一个 Application 对象，并在参数内定义 launch 函数，该函数的作用就是创建一个 application 应用程序，并使用 launch 函数作为初始化事件入口。

在 launch 函数内，它提供一个 viewpoint 属性，用于设置这个 applicaition 应用程序初始组件对象，并且作为 application 应用程序组件树结构的根组件。后续的其余组件的位置深度，都是基于这个组件对象，相当于叶子组件节点的含义。

viewport 属性的应用例子如下代码：

```
launch: function() {
    this.viewport = new Ext.Panel({
        fullscreen: true,
        id    : 'mainPanel',
        layout: 'card',
        items : [
            {
                html: 'Welcome to My App!'
            }
        ]
    });
}
```

从上面的代码可以看到，我们在 launch 函数内实例化一个 Panel 组件对象，并将实例对象赋值给 this.viewport 属性。上述 application 应用程序的代码等价于以下代码：

```
Ext.setup({
    onReady: function() {
        var panel = new Ext.Panel({
                fullscreen: true,
                id    : 'mainPanel',
                layout: 'card',
                items : [
                    {
                        html: 'Welcome to My App!'
                    }
                ]
            });
        panel.show();
    }
});
```

就这样，整个 Sencha Touch 应用程序组件对象之间的调用将围绕这个 Panel 组件而展开。

每一个 Sencha Touch 的 UI 组件库，都提供一个 items 属性，该属性允许设置指定叶子组件，因此，我们可以理解成树结构的子节点。图 9-37 所示为一个 application 应用程序的组件树结构示例图。

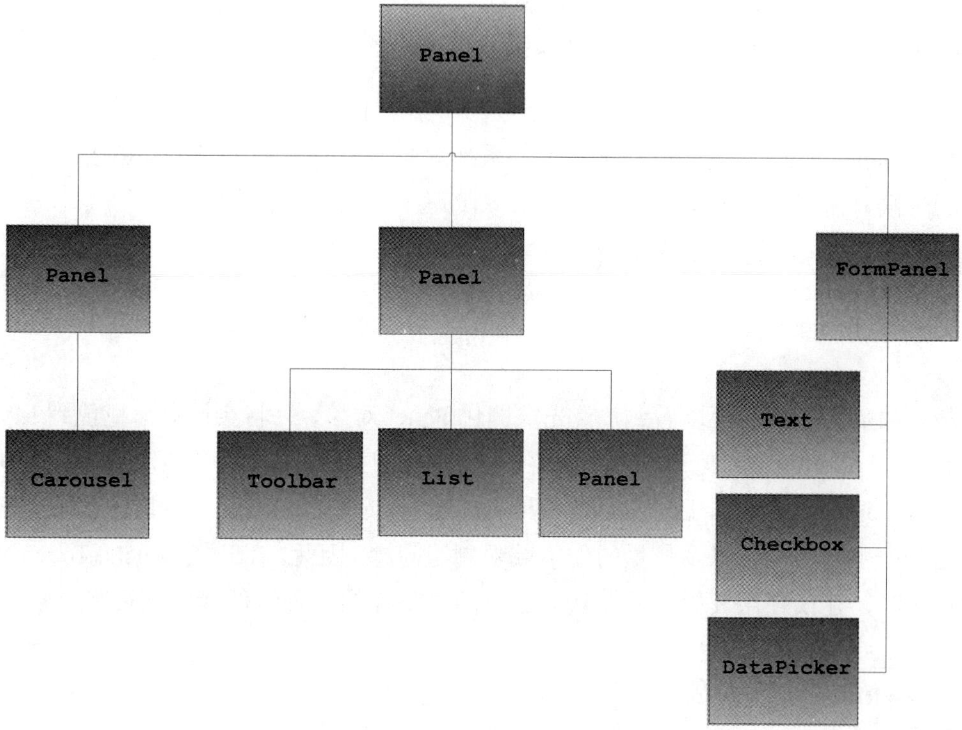

图 9-37　Sencha Touch 组件树结构图

从 application 对象的示例代码中可以看到，application 对象还设置了 name 属性。该属性主要用于定义 application 应用程序的名称，同时也作为命名空间的变量名称。

当创建一个 Application 对象实例并设置 name 属性时，Application 对象内部会在实例化时创建一组命名空间变量，它们分别是：

- MyApp
- MyApp.models
- MyApp.views
- MyApp.stores
- MyApp.controllers

这些命名空间变量的主要作用是我们在实现 MVC 应用程序时，Sencha Touch 为我们提供默认的命名空间，其优点是避免变量的冲突。虽然 Sencha Touch 提供了上述的几个命名空间变量，但有时候也需要根据项目实际情况自定义其他命名空间变量。Sencha Touch 为我们提供了 namespace 方法自定义命名空间变量，方法示例如下：

```
Ext.namespace("MyApp.templates");
```

由于 Sencha Touch 内部已经定义了一系列的命名空间变量名，因此我们在编写应用程序的时候只需要直接使用即可，例如以下代码：

```
MyApp.panelDemo = new Ext.Panel({
        id:'panel',
        fullscreen:true
});
```

从上面的示例代码可以看到，首先实例化 Panel 对象，并将实例对象赋值到 MyApp 的命名空间 panelDemo 变量中。当需要调用该对象时，只需要调用 MyApp.panelDemo 变量就行。这种方式相当于通过直接使用 var 创建一个变量方式。不过使用 var 创建的变量容易产生名字冲突以及变量的作用域限制等问题，因此，在开发 Sencha Touch MVC 应用程序时，建议使用其提供的默认命名空间变量存储各种组件对象或实例对象。

9.12.3 Model 实体对象

采用 MVC 模式创建 Sencha TOuch 应用程序的同时它还会自动创建一系列命名空间变量。现在，我们就分析一下这些命名空间变量的用法。首先我们创建一个 Model 实体对象。

如下示例代码：

```
MyApp.models.User = Ext.regModel('User', {
    fields: [
        {name:'name',type:'string'},
        {name:'age',type:'int'},
        {name:'phone',type:'string'},
        {name:'alive',type:'boolean',defaultValue:true}
    ]
});
```

从上面的代码可以看到，我们在代码中使用 Ext 对象的 regModel 方法注册一个

Model 实例对象，并指定该对象名称为“User”。同时，在其配置参数中设置 fields 属性，该属性是定义对象的各种变量，如 name、age、phone、alive 等。最后把 regModel 方法创建 User 实例对象保存到命名空间变量 MyApp.models.User 中。

1. 可用的数据类型

Model 实体对象支持的变量类型非常多，基本上都能满足各种应用需求。除了上述示例代码的 string、int 及 boolean 三种基本类型外，它还支持 Object 对象类型。例如如下示例：

```
Ext.regModel('User',{
    fields: ['id','age','phone','alive']
});
```

代码在 fields 中定义一个字符串数组，该字符串变量类型就变成 Object 类型。

Model 对象除了可以指定变量的类型外，还可以设置 defaultValue 默认值属性。基于这几种不同类型的变量，可以同时存在，例如以下代码：

```
MyApp.models.User = Ext.regModel('User',{
    fields:[
        {name:'name',type:'string'},
        {name:'age',type:'int'},
        {name:'alive',type:'boolean',defaultValue:true},
        'addresses','education'
    ]
});
```

2. 数据验证

Model 实体对象除了提供变量的名称、类型、默认值外，它还提供对数据类型的校验功能。目前 Model 对象支持的数据校验类型包括长度校验、列表匹配校验、正则表达式校验等三种。

如以下示例：

```
Ext.regModel('User',{
    fields:[
        {name:'name',type:'string'},
        {name:'age',type:'int'},
        {name:'phone',type:'string'},
        {name:'gender',type:'string'},
```

```
        {name:'username',type:'string'}
    ],
    validations:[
        {type:'presence',field:'age'},
        {type:'length',field:'name',min:2,max:10},
        {type:'inclusion',field:'gender',list:['男','女']},
        {type:'exclusion',field:'username',list:['管理员','版主']},
        {type:'format',field:'username',matcher:/([a-z]+)[0-9]{2,3}/}
    ]
});
```

从上面的代码可以看到， validations 属性的作用就是定义数据校验规则。接下来我们解释一下上述各种数据校验规则。

第一种校验类型是 presence，如代码：

```
{type:'presence',field:'age'}
```

其中 type 类型是 presence，field 是 age，说明字段属性 age 使用 presence 校验类型，该类型的含义是指 age 属性必须存在值。

第二种校验类型是 length，如代码：

```
{type:'length',field:'name',min:2,max:10}
```

Length 校验类型是指字段的最小长度或最大长度。最小长度通过 min 属性指定，最大长度通过 max 属性指定。

第三种校验类型是 inclusion，如代码：

```
{type:'inclusion',field:'gender',list:['男','女']}
```

inclusion 校验类型是指字段属性的值必须在 list 属性指定的数组范围内。

第四种校验类型是 exclusion，如代码：

```
{type:'exclusion',field:'username',list:['管理员','版主']}
```

这种类型和 inclusion 有些类似，唯一不同的是指定的字段属性值不能包含在由 List 属性指定的数组范围内。

第五种校验类型是 format，如代码：

```
{type:'format',field:'username',matcher:/([a-z]+)[0-9]{2,3}/}
```

这种校验类型主要是针对字符串或数值类型字段匹配正则表达式。

虽然 Sencha Touch 为 Model 提供了数据校验的最基本功能。然而，我们如何操作这些数据校验？校验数据成功或失败时又是如何返回提示信息的？现在我们继续看以下代码：

```
var user = Ext.ModelMgr.create({
    name: 'Sankyu',
    gender: '女',
    username: '普通用户'
}, 'User');
var errors = user.validate();
```

代码使用了 Ext.ModelMgr.create()方法创建一个 User 实例对象，然后使用该对象调用 validate 方法验证数据，并返回一个数组对象，同时该数组对象记录着验证失败时对应属性字段的错误提示信息。例如 inclusion 类型的默认错误提示信息是“is not included in the list of acceptable values”。

3. Model 从属关系

Model 对象另外一个非常强大的特性是支持多个 Model 之间的从属关系，既可以是 1 对 1 关系，又可以是 1 对 *N* 的关系。

通过设置 belongsTo 属性表示 1 对 1 的主从关系，设置 hasMany 表示 1 对 *N* 的关系。

下面以一个论坛帖子的例子讲解如何使用这些关系。以下代码定义了三个不同的 Model 实体类型：

```
Ext.regModel('Post',{
    fields:['id','user_id']
});
Ext.regModel('Comment',{
    fields:['id','user_id','post_id']
});
Ext.regModel('User',{
    fields:['id']
});
```

其中 User 实体对象表示用户，Post 实体对象表示帖子主体，Comment 实体对象表示评论主题。

根据这三者的关系，User 对象允许有多个 Post 实体对象，而一个 Post 对象只能允许一个 User 创建。因此可以对 User 对象和 Post 对象增加如下代码以实现两者之间的关系：

```
Ext.regModel('Post',{
```

```
    fields:['id','user_id'],
    belongsTo:'User'
});
Ext.regModel('User',{
    fields:['id'],
    hasMany:['Post']
});
```

代码实现了 User 对象和 Post 对象之间的关系后，我们再来分析一下 User 对象和 Comment 对象之间的关系，一个 Comment 评论帖只能允许一个用户评论，一般不会存在多用户评论同一个帖子的可能，但是会存在一个用户拥有多个评论帖子，因此 User 对象和 Comment 对象是一种 1 对 *N* 的关系。因此，User 对象代码更新如下：

```
Ext.regModel('User',{
    fields:['id'],
    hasMany:[
        'Post',
        {model: 'Comment', name: 'comments'}
    ]
});
```

现在，再来分析 Post 对象和 Comment 对象之间的关系。从一个论坛的概念来分析，一个帖子允许多个评论，而评论的主体是属于 Post 对象的。因此可以得出以下代码：

```
Ext.regModel('Post',{
    fields:['id','user_id'],
    belongsTo:'User',
    hasMany:{model:'Comment',name:'comments'}
});
Ext.regModel('Comment',{
    fields:['id','user_id','post_id'],
    belongsTo:'Post'
});
```

4. 采用 Store 对象代理

一般情况下，我们需要在各种界面中读取和显示 Model 实例对象的数据，因此我们可以在创建 Store 实例对象时，指定 Model 实体对象名称。如以下代码：

```
var store = new Ext.data.Store({
    model:'User'
});
store.load();
```

9.12.4　View 视图类

View 视图类作为 MVC 模式中的 View 模型，其主要作用是提供各种界面元素或功能。在 Sencha Touch 框架中，View 视图更多地是承担定义和显示应用程序界面的任务。

如下示例代码：

```
MyApp.views.panel = Ext.extend(Ext.Panel,{
    id : 'myAppPanel',
     layout : 'card',
     indicator : false,
     fullscreen :true,
    initComponent : function(){
             MyApp.views.panel.superclass.initComponent.apply(this,arguments);
        }
});
Ext.reg("myAppPanel",MyApp.views.panel);
```

该示例使用 Ext.extend 方法继承 Ext.Panel 组件创建一个新的组件类型，并将组件对象存储到 MyApp.views.panel 命名空间变量中。

在代码的最后一行，我们使用 Ext.reg 方法为 MyApp.views.panel 组件注册一个 xtype 类型组件。

实际上，上面的代码只是创建一个新组件对象，而不是实例化一个组件。如果实例化一个组件，就不需要采用 Ext.extend 和 Ext.reg，只需要简单地 new 一个对象即可，如以下代码：

```
MyApp.views.panel = new Ext.Panel({
    id : 'myAppPanel',
     layout : 'card',
     indicator : false,
     fullscreen :true
});
```

此时，MyApp.views.panel 所存储的是一个实例对象，而不是组件对象。

如何创建组件与组件之间的从属关系

我们在介绍 application 应用程序的时候提到，各个组件之间都可以通过 items 属性来设置子组件。现在，我们使用 items 属性来实现第二个新的 Panel 组件对象，代码如下：

```
MyApp.views.subPanel = Ext.extend(Ext.Panel,{
    id : 'myAppSubPanel',
     indicator : false,
     fullscreen :true,
initComponent : function(){
         MyApp.views.subPanel.superclass.initComponent.apply(this,arguments);
     }
});
Ext.reg("myAppSubPanel",MyApp.views.subPanel);
```

上面的代码重新定义一个继承 Panel 组件的对象，并将 id 和 xtype 名称更改为 myAppSubPanel。

现在就来结合 myAppPanel 对象和 myAppSubPanel 对象组合成具有父子关系的树形组件结构。myAppSubPanel 将作为 myAppPanel 的子组件。因此，myAppPanel 需要设置 items 属性并指定 myAppSubPanel 组件的 xtype 类型。代码如下：

```
MyApp.views.panel = Ext.extend(Ext.Panel,{
    id : 'myAppPanel',
     layout : 'card',
     indicator : false,
     fullscreen :true,
     items:['myAppSubPanel'],
    initComponent : function(){
            MyApp.views.panel.superclass.initComponent.apply(this,arguments);
        }
});
```

同样，如果 myAppPanel 对象需要设置两个或更多的子组件，代码如下：

```
items:['myAppSubPanel','myAppSubPanel']
```

9.12.5 setActiveItem 使用方法

很多开发者使用 Sencha Touch 开发移动 Web 应用程序的时候，都会遇到一个问题：如何切换各个 UI 组件的显示和隐藏。

实际上，每个继承 Component 对象的组件，包括各种界面组件库，都有两个方法用于控制组件的显示和隐藏，分别是：

```
//显示 panel 实例对象
panel.show();
//隐藏 panel 实例对象
panel.hide();
```

当然，我们可以使用 show 和 hide 两个方法来控制组件的显示和隐藏。但是当页面组件元素非常多的时候，这些组件的控制往往变得非常烦琐，这就导致在很多业务逻辑中包含了非业务性质的代码。

我们在前面介绍组件之间的关系时，每个组件之间都存在一种树形结构关系。Sencha Touch 为此树形结构关系提供了一个方法：setActiveItem。它允许在当前的组件下激活子组件的状态，也就是说，它能间接地控制组件之间的显示和隐藏功能。

下面，我们以一个简单的示例讲解如何使用 setActiveItem 方法。

首先，我们定义三个继承 Panel 对象的新组件对象。我们把该三个组件的关系定义为 myAppPanel 包含两个子组件 myAppSubPanel 和 myAppSubPanel2。

```
MyApp.views.panel = Ext.extend(Ext.Panel,{
    id:'myAppPanel',
     layout:'card',
     indicator:false,
     fullscreen:true,
    items:['myAppSubPanel','myAppSubPanel2'],
    initComponent : function(){
         MyApp.views.panel.superclass.initComponent.apply(this,arguments);
     }
});
Ext.reg("myAppPanel",MyApp.views.panel);
MyApp.views.subPanel = Ext.extend(Ext.Panel,{
    id : 'myAppSubPanel',
    initComponent : function(){
         MyApp.views.subPanel.superclass.initComponent.apply(this,arguments);
     }
});
Ext.reg("myAppSubPanel",MyApp.views.subPanel);
MyApp.views.subPanel2 = Ext.extend(Ext.Panel,{
    id : 'myAppSubPanel2',
    initComponent : function(){
         MyApp.views.subPanel2.superclass.initComponent.apply(this,arguments);
     }
});
Ext.reg("myAppSubPanel2",MyApp.views.subPanel2);
```

在 myAppPanel 组件中定义了 layout 属性值为 card。因此该 Panel 的所有子组件默认只会显示第一个子组件，其余组件会被设置为隐藏状态。

此时当前的 myAppSubPanel 组件是显示状态，myAppSubPanel2 组件是隐藏状态。如果我们需要切换两个子组件之间的状态，可以使用刚才介绍的 show 和 hide 方法，代码如下：

```
Ext.getCmp('myAppSubPanel').hide();
Ext.getCmp('myAppSubPanel2').show();
```

如果使用 setActiveItem 方法又会如何呢？代码如下：

```
Ext.getCmp('myAppPanel').setActiveItem('myAppSubPanel2');
```

只需要简单一行代码即可实现第二个子组件的切换。不过，setActiveItem 方法是调用父元素组件的 setActiveItem 设置哪一个子组件是激活状态，即显示状态。

需要注意的是， setActiveItem 方法允许改变切换组件时采用的动画效果，代码如下：

```
Ext.get('myAppPanel').setActiveItem('myAppSubPanel2',{
    type:'slide',
    direction:'right'
});
```

上面的示例讲述了如何使用 setActiveItem 方法控制显示不同的组件。因此，我们在开发 Sencha Touch 应用程序的时候，setActiveItem 方法是使用最多也是最重要的方法之一。

9.12.6 Controller 业务逻辑类

Controller 类作为 Sencha Touch 应用程序的业务逻辑类，其主要功能是封装各种业务函数或 API 接口。Controller 的作用有些类似于 J2EE 中的 Action 类，如 Struts。

那么，如何定义一个具有 Controller 业务逻辑控制类的对象呢？

Ext 对象提供一个方法用于注册 Controller 类型的对象，示例代码如下：

```
MyApp.controllers.demoAction = Ext.regController('demoAction',{
    //业务逻辑函数
});
```

Ext.regController 方法的作用是注册一个 Controller 类型对象，并指定该对象的名称为 demoAction。然后，我们就可以在第二个参数编写各种函数接口业务。

Controller 封装视图组件切换业务逻辑

下面我们根据之前介绍的切换两个视图组件的方法，将切换功能放到 Controller 业务逻辑类内，如下代码：

```
MyApp.controllers.demoAction = Ext.regController('demoAction',{
    showSubPanel2:function(){
        Ext.get('myAppPanel').setActiveItem('myAppSubPanel2',{
        type:'slide',
        direction:'right'
        });
    }
});
```

从上述代码中可以看到，在该类中定义了一个函数 showSubPanel2，并将 setActiveItem 功能代码复制到该函数内，这样就实现了封装一个业务逻辑代码功能块。

业务逻辑函数已经实现了，那么我们该如何调用这个业务逻辑函数呢？实际上，只需要按照如下语法便可以调用该函数：

```
MyApp.controllers.demoAction.showSubPanel2();
```

现在根据之前定义的视图对象稍做修改，增加一个 toolbar 工具栏和一个按钮，并为按钮添加触摸事件，在该事件内指向这个业务逻辑函数。代码如下：

```
MyApp.views.panel = Ext.extend(Ext.Panel,{
    id : 'myAppPanel',
     layout : 'card',
     indicator : false,
     fullscreen :true,
    dockedItems:[{
        xtype:'toolbar',
        dock : 'top',
        title:'标题',
        items:[{
            xtype:'button',
            text : '刷新',
            handler : function(){
                        MyApp.controllers.demoAction.showSubPanel2();
                    }
        }]
    }],
    items:['myAppSubPanel',myAppSubPanel2],
```

```
    initComponent : function(){
        MyApp.views.panel.superclass.initComponent.apply(this,arguments);
    }
});
Ext.reg("myAppPanel",MyApp.views.panel);
```

本节我们为读者介绍了如何使用 Sencha Touch 的 MVC 开发模式。由于 MVC 模式将视图和业务逻辑分离，因此对于大型项目开发来说非常合适，特别是多人同时开发移动 Web 应用程序的时候，开发者可以根据实际情况编写不同的功能模块。

9.13 本章小结

Sencha Touch 是目前一款比较成熟的基于 HTML5 标准的移动 Web 应用程序框架。SenchaTouch 框架的实现原理和 ExtJS 基本相同，因此其语法方面基本上一致。

由于上述这个原因，本章并没有针对 Sencha Touch 的实现原理及核心功能做详细的探讨，而是主要介绍了一些比较常用的界面组件库，例如工具栏、Tab、浮动层、选择器、列表等，以及一些在开发移动 Web 应用中比较重要的组件。然而，我们并没深入地探讨 Sencha Touch 的各种特性，而是通过大量示例代码来讲解各个组件库的使用方法。

在介绍完 UI 组件库后，我们还根据 Sencha Touch 对 HTML5 的支持情况进行了简单的分析并通过示例代码来讲述如何运用这些特性。

在本章的最后，我们还讨论了 Sencha Touch 的一项重要特性：MVC 模式的基本用法。并通过对 MVC 开发模式的入门介绍，让读者学到如何使用 Sencha Touch 开发真正的移动 Web 应用程序。

第 10 章

跨平台的 PhoneGap 应用介绍

PhoneGap 是一个非常有趣的跨平台 Web 应用框架。本章我们将为读者介绍这款非常优秀的框架，并通过介绍其 API 接口让读者对 PhoneGap 有基本认识。

10.1 PhoneGap 概述

PhoneGap 是一款基于 HTML5 标准的跨平台开源手机 Web 应用开发框架。它允许用户通过 Web 技术访问移动设备的本地应用、API 接口及应用程序库等。

PhoneGap 将移动设备提供的 API 进行了抽象和简化，提供了丰富的 API 接口供开发者调用，开发者只要会编写 HTML 和 JavaScript 语言，就可以利用 PhoneGap 提供的 API 去调用移动设备内置的各种功能，开发者只需要开发一套 Web 应用程序，就能运行在多平台手机上。

PhoneGap 的官方网站是 http://www.phonegap.com，如图 10-1 所示。读者可以通过官方网站获取关于 PhoneGap 的最新信息、版本及 API 文档。

功能特性

PhoneGap 是一套非常优秀的手机应用程序框架，它具有以下一些特性：

- 开源、免费。
- 跨平台框架，目前支持多种移动设备平台，包括：iOS、Android、BlackBerry、WebOS、Symbian、Windows Phone、Bada 等。
- 基于 HTML5 标准的手机应用框架，支持 HTML5、CSS3、JavaScript 等 Web 技术。
- Written once,run everywhere。真正实现了编写一次，云端运行。

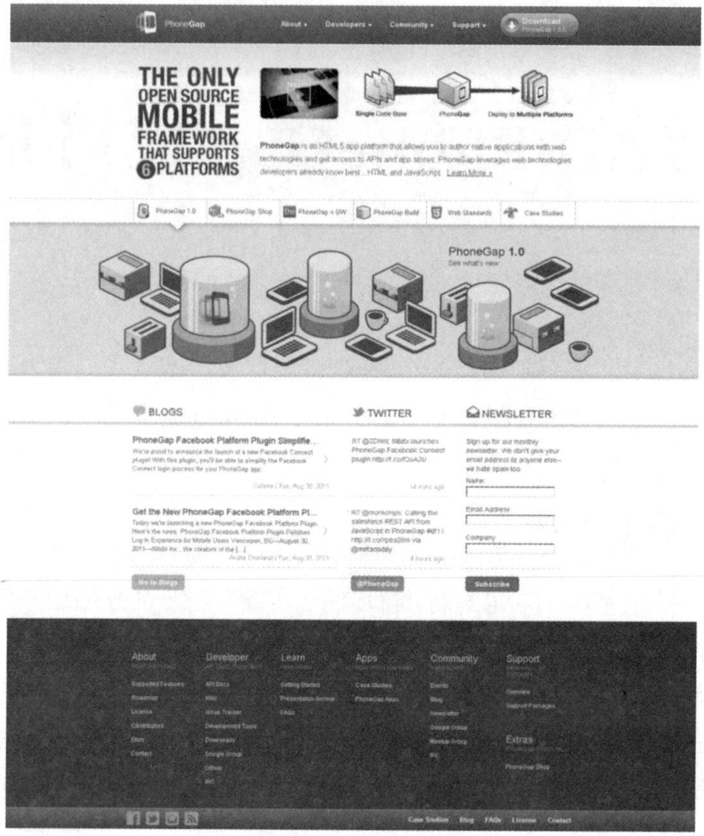

图 10-1　PhoneGap 官方网站

PhoneGap 提供非常丰富的 API 接口，包括：加速度传感器（Accelerometer）、摄像头（Camera）、设备指向（Compass）、通信录（Contacts）、设备信息（Device）、文件系统（File）、GPS 感应器、多媒体（Media）、网络（Network）、存储（Storage）及公告（Notification）等。

API 接口的具体用法将会在后续章节中详细介绍。

10.2　搭建 PhoneGap 开发环境

在介绍 PhoneGap 之前，我们首先了解一下如何在 Android 平台和 iOS 平台下搭建 PhoneGap 开发环境。

10.2.1　如何在 Android 平台下搭建 PhoneGap 开发环境

在搭建 Android 平台的 PhoneGap 开发环境前，首先我们要准备一些必备的工具和 SDK，包括：

- Eclipse 3.4 版本以上的开发环境。Eclipse 开发环境可以在其官方网站下载，下载地址是：http://www.eclipse.org/downloads/。
- Android SDK 包。该 SDK 包文件可以在 Android 官方网站下载，下载地址是：http://developer.android.com/sdk/index.html
- ADT Plugin for Eclipse 插件。
- PhoneGap 套件包。

由于本章重点不是讲述如何在 Eclipse 中部署 Android 开发环境，因此本节不会详细介绍部署 Android 开发环境，其重点是介绍如何使用 PhoneGap 框架 API 接口的基本用法。

1．创建项目

① 打开 Eclipse。

② 单击“new Android Project”，创建一个新的 Android 项目，效果如图 10-2 所示。

③ 在“Project name”中输入 Android 项目的名称，在“Build Target”下的列表中选择“Target name”名称为“Android 2.2”的选项。

④ 在“Package name”中自定义项目的类包路径，如 com.phonegap.helloworld。

⑤ 单击“Finish”按钮完成后项目工程创建完毕，我们现在可以开始项目的开发工作了。

2．开发 PhoneGap 应用

① 在新建 Android 项目的根目录下创建两个新的文件目录：/libs 和/assets/www。

② 复制从网络上下载的 PhoneGap.js 文件到/assets/www 目录下。

③ 复制从网络上下载的 PhoneGap.jar 文件到/libs 目录下。

④ 在 com.phonegap.helloworld 类包下创建一个文件 app.java。

⑤ 在 app.java 中将继承类 Activity 更变为 DroidGap，同时将 app.java 类内的 setContentView()方法替换成 super.loadUrl(“file:///android_asset/www/index.html”);

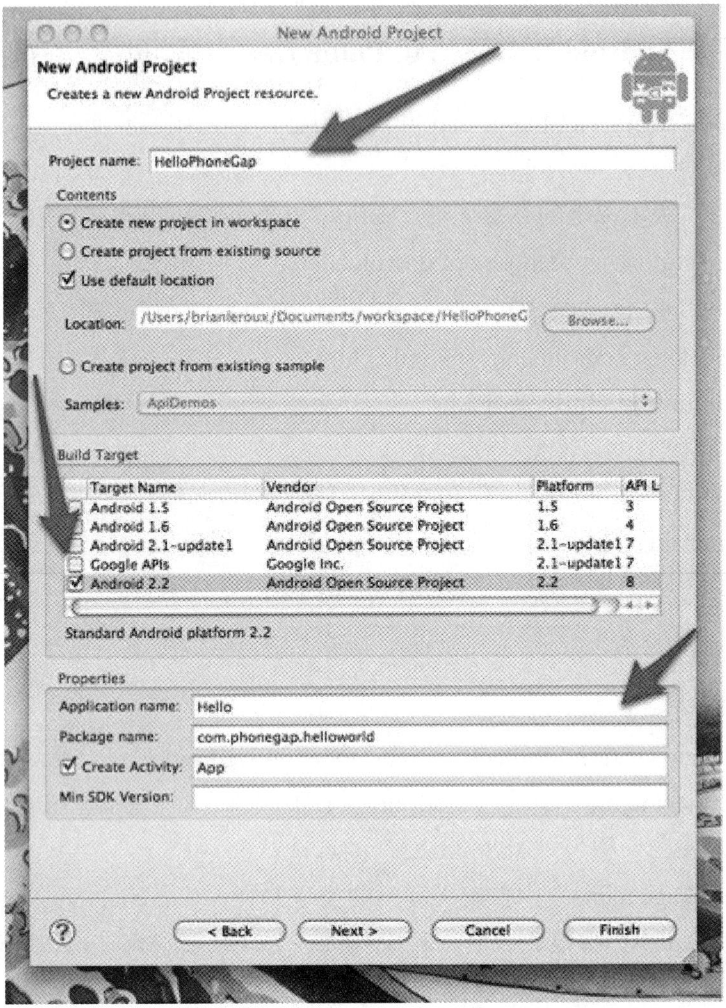

图 10-2　创建 Android 项目的界面（图片来源于官方网站）

⑥ 最后将 phoneGap 类包导入，如“import com.phongap.*;”。同时删除“import android.app.Activity”的类包。效果如图 10-3 所示。

⑦ 如果在使用 phonegap.jar 类库包时发现 Java 中找不到类库，可以在项目的 build Paths 选项导入该类库。地址在右击弹出的快捷菜单中选择“properties”→“Java Build Path”→“Libraries”，然后单击“Add JARs”并将项目的 libs 目录下的 phonegap.jar 导入。

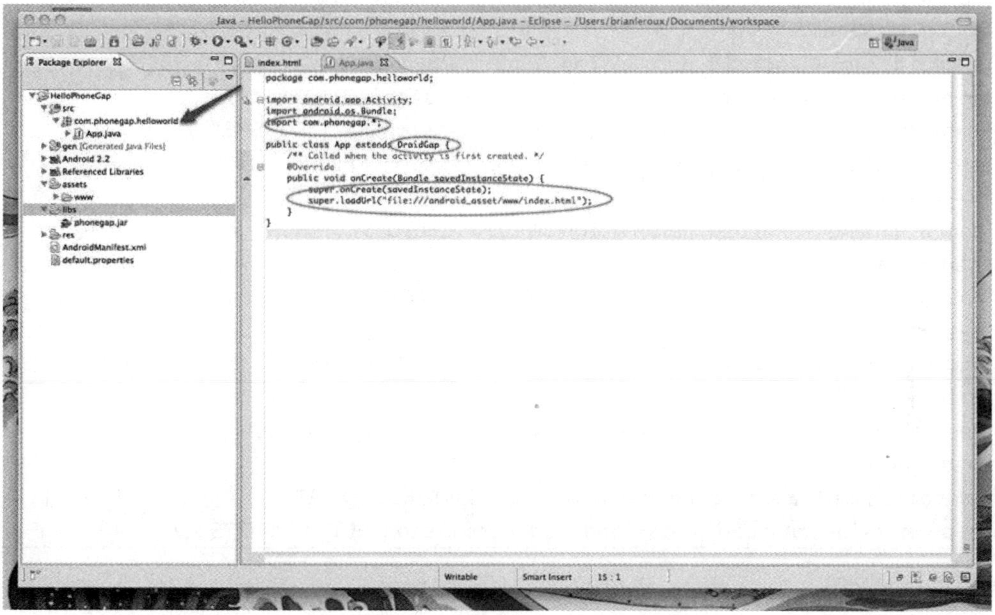

图 10-3　app.java 类文件图（图片来源于官方网站）

3. 修改配置

① 用文本方式打开项目根目录下的 AndroidManifest.xml。

② 将代码 10-1 复制到该 XML 文件中。

代码 10-1　AndroidManifest.xml 部分代码

```
<supports-screens
    android:largeScreens="true"
    android:normalScreens="true"
    android:smallScreens="true"
    android:resizeable="true"
    android:anyDensity="true"
/>
<uses-permission android:name="android.permission.CAMERA" />
<uses-permission android:name="android.permission.VIBRATE" />
<uses-permission
    android:name="android.permission.ACCESS_COARSE_LOCATION" />
<uses-permission
    android:name="android.permission.ACCESS_FINE_LOCATION" />
<uses-permission android:
```

```
    name="android.permission.ACCESS_LOCATION_EXTRA_COMMANDS" />
<uses-permission
    android:name="android.permission.READ_PHONE_STATE" />
<uses-permission android:name="android.permission.INTERNET" />
<uses-permission android:name="android.permission.RECEIVE_SMS" />
<uses-permission android:name="android.permission.RECORD_AUDIO" />
<uses-permission
    android:name="android.permission.MODIFY_AUDIO_SETTINGS" />
<uses-permission
    android:name="android.permission.READ_CONTACTS" />
<uses-permission
    android:name="android.permission.WRITE_CONTACTS" />
<uses-permission
    android:name="android.permission.WRITE_EXTERNAL_STORAGE" />
<uses-permission
    android:name="android.permission.ACCESS_NETWORK_STATE" />
<uses-permission android:name="android.permission.GET_ACCOUNTS" />
```

③ 接着增加一个 activity 配置文件代码，如代码 10-2 所示。

代码 10-2　增加 activity 文件

```
<activity android:name="com.phonegap.DroidGap"
        android:label="@string/app_name"
        android:configChanges="orientation|keyboardHidden">
    <intent-filter>
    </intent-filter>
</activity>
```

④ AndroidManifest.xml 的完整代码如代码 10-3 所示。

代码 10-3　AndroidManifest.xml 配置文件代码

```
<?xml version="1.0" encoding="utf-8"?>
<manifest
         xmlns:android="http://schemas.android.com/apk/res/android"
       package="com.phonegap.Sample"
         android:versionName="1.1"
         android:versionCode="1">
    <supports-screens
        android:largeScreens="true"
        android:normalScreens="true"
        android:smallScreens="true"
```

```
        android:resizeable="true"
        android:anyDensity="true"
    />
    <uses-permission android:name="android.permission.CAMERA" />
    <uses-permission
        android:name="android.permission.VIBRATE" />
    <uses-permission
        android:name="android.permission.ACCESS_COARSE_LOCATION" />
    <uses-permission
        android:name="android.permission.ACCESS_FINE_LOCATION" />
    <uses-permission
        android:name="android.permission
            .ACCESS_LOCATION_EXTRA_COMMANDS" />
    <uses-permission
        android:name="android.permission.READ_PHONE_STATE" />
    <uses-permission android:name="android.permission.INTERNET" />
    <uses-permission
        android:name="android.permission.RECEIVE_SMS" />
    <uses-permission
        android:name="android.permission.RECORD_AUDIO" />
    <uses-permission
        android:name="android.permission.MODIFY_AUDIO_SETTINGS" />
    <uses-permission
        android:name="android.permission.READ_CONTACTS" />
    <uses-permission
        android:name="android.permission.WRITE_CONTACTS" />
    <uses-permission
        android:name="android.permission.WRITE_EXTERNAL_STORAGE" />
    <uses-permission
        android:name="android.permission.ACCESS_NETWORK_STATE" />
    <application
        android:icon="@drawable/icon"
        android:label="@string/app_name"
        android:debuggable="true">
       <activity android:name=".Sample"
          android:label="@string/app_name"
              android:configChanges="orientation|keyboardHidden">
          <intent-filter>
              <action android:name="android.intent.action.MAIN" />
              <category
                       android:name="android.intent.category.LAUNCHER" />
          </intent-filter>
```

```
        </activity>
    </application>
      <uses-sdk android:minSdkVersion="2" />
</manifest>
```

4. Hello World 例子

在项目工程的 www 目录下新建 index.html 文件，如代码 10-4 所示。

代码 10-4　index.html 示例代码

```
<!DOCTYPE HTML>
<html>
<head>
<title>PhoneGap</title>
<script type="text/javascript" charset="utf-8" src="phonegap.js"></script>
</head>
<body>
<h1>Hello World</h1>
</body>
</html>
```

5. 部署应用

最后，鼠标右键单击项目名称，在快捷菜单中选择“Run As”选项，然后再选择“Android Application”，项目工程便编译代码和启动 Android 模拟器运行 PhoneGap 应用程序。

10.2.2　如何在 iOS 平台下搭建 PhoneGap

要搭建 iOS 平台的 PhoneGap 应用程序，首先必须准备一台带 Mac OS 操作系统的 Apple 电脑作为程序开发环境。

然后建议最好有一台 Apple iOS 设备，如 iPod touch、iPhone、iPad 等。如果开发者开发的 iOS 应用程序需要部署安装到 iOS 设备上，也需要申请 Apple 开发者认证账号。

1. 创建新项目

① 打开 Xcode 4 应用程序，在“File”菜单下选择“New”，然后选择“New Project”新建工程项目，如图 10-4 所示。

② 在图 10-4 中，选择“Application”应用程序选项，然后在右侧选择“PhoneGap-based Application”模板，并单击“Next”按钮进入创建项目工程的选项界面，

效果如图 10-5 所示。

③ 输入项目工程的名称及公司标识符后，单击“Next”按钮。PhoneGap 项目工程已经创建完毕，下面我们开始编写一个简单的 helloworld 小程序。

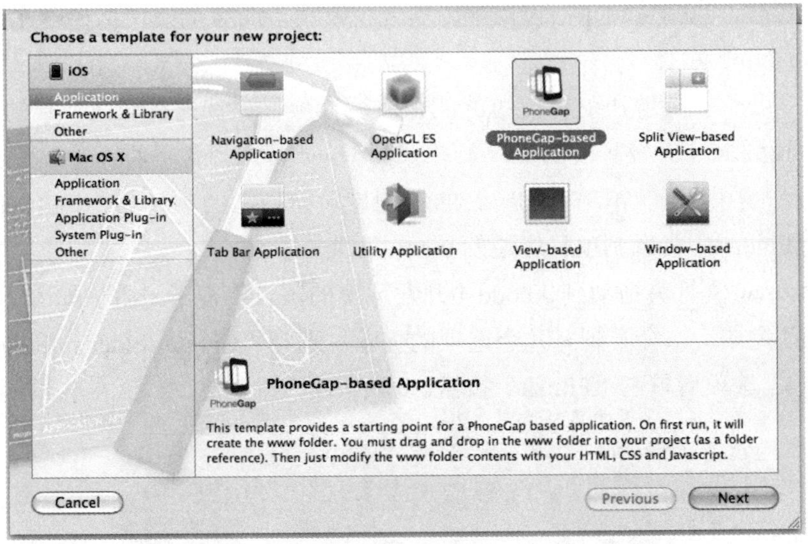

图 10-4　创建 iOS 工程项目界面（图片来源于官方网站）

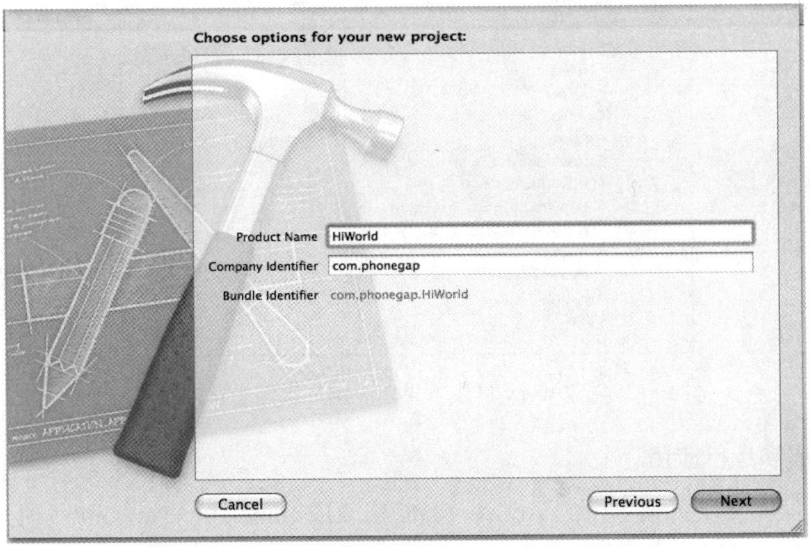

图 10-5　创建项目名称界面（图片来源于官方网站）

2．创建 PhoneGap 应用

① 图 10-6 是 Xcode 项目工程的目录结构。点击 Xcode 4 左上角的“Run”按钮编译代码并在模拟器里运行。

② 运行时，我们看到在模拟器中出现一个错误，而这个错误是告诉你项目工程内找不到 index.html 文件。

③ 现在我们只要解决这个问题就能正常运行项目。首先我们在下载的 PhoneGap 开发库包中找到 iOS 开发环境的目录，并找到 www 目录，然后将 www 目录复制到项目。操作方法是用鼠标单击 Xcode 4 的左侧导航窗口上的项目名称，单击“show in finder”。在 Finder 中会看到项目旁边的 www 目录。

④ 将 www 文件夹拖动到 Xcode 4 开发环境的项目工程下，效果如图 10-6 所示。

⑤ 拖动完毕后，会看到有几个选项的提示。选择“Create folder references for any added folders”选项后单击“Finish”按钮。

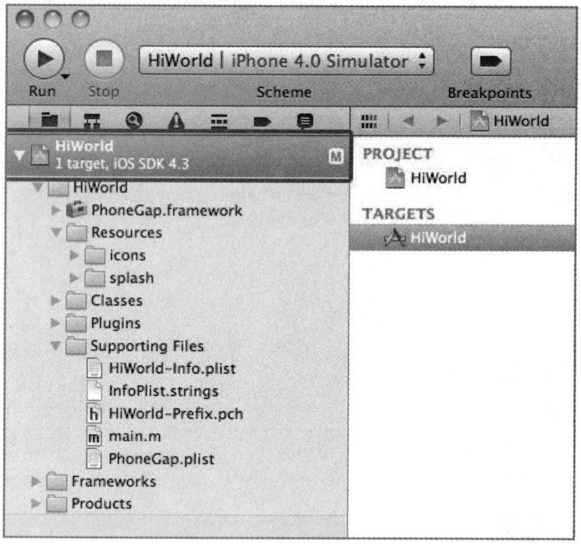

图 10-6　创建 www 目录效果图（图片来源于官方网站）

3．部署和运行应用

① 确保将左上角菜单中的 Active SDK 修改成 Simulator+version#（模拟器和版本号），然后单击工程项目窗口标题的“Run”按钮运行，效果如图 10-6 所示。

② 如何部署到 iOS 设备？首先打开工程名称目录下的 Info.plist 文件，将

BundleIdentifier（包标识符）改成苹果提供的标识符。接着将左上角菜单中的 Active SDK 改成 Device+version#（设备和版本号）。最后单击工程项目窗口标题的“Run”按钮运行。

10.3　硬件设备接口

在上一节我们简单介绍了如何在 Android 平台和 iOS 平台下搭建 PhoneGap 开发环境。现在我们开始学习神秘的 PhoneGap 框架。

本节将介绍 PhoneGap 提供了哪些 API 接口以及如何使用 JavaScript 调用移动设备中的硬件设备属性。目前，PhoneGap 支持硬件相关的接口包括：

- 加速度传感器（Accelerometer）
- 指南针信息（Compass）
- 设备网络状态（Connection）
- 文件系统（File）
- 移动设备信息（Device）

10.3.1　Accelerometer 加速度传感器

现在的智能手机，特别是 Android 和 iOS 平台的手机，都内置提供基于硬件设备的加速度传感器。这种加速度传感器可以根据当前手机三维方向的位置变化而触发事件。

在 PhoneGap 框架中，它提供一套接口，可以获取当前移动设备相对于原来位置的移动情况，这种加速度感应器在智能手机中是三维全方向感知，即通过 *X*、*Y*、*Z* 值便可得知手机位置移动情况。

Accelerometer 加速度传感器支持的平台包括：

- Android
- iOS（iPhone、iPod、iPad）
- BlackBerry WebWorks (OS 5.0 and higher)

PhoneGap 提供如下三种方法获得 Accelerometer 加速度的信息：

- getCurrentAcceleration：第一次获取当前移动设备加速度传感器的位置。
- watchAcceleration：实时监控当前移动设备的加速度传感器的位置变化情况。
- clearWatch：取消由 watchAcceleration 创建的实时监控对象。

1. getCurrentAcceleration

语法如下：

```
navigator.accelerometer.getCurrentAcceleration(accelerometerSuccess,
                                               accelerometerError);
```

第一次获取当前移动设备 X、Y、Z 的值表示当前设备加速度传感器的位置信息。函数中的第一个参数为获取成功后的回调函数；第二个参数为获取失败后的回调函数。

下面我们来看一下这个方法的实际用法，如代码 10-5 所示。

代码 10-5　读取加速计的示例代码

```
<!DOCTYPE html>
<html>
  <head>
    <title>Acceleration Example 1</title>

    <script type="text/javascript" charset="utf-8" src="phonegap.js"></script>
    <script type="text/javascript" charset="utf-8">

    document.addEventListener("deviceready", function(){
       navigator.accelerometer.getCurrentAcceleration(onSuccess, onError);
    }, false);

    function onSuccess(acceleration) {
       alert('Acceleration X: ' + acceleration.x + '\n' +
             'Acceleration Y: ' + acceleration.y + '\n' +
             'Acceleration Z: ' + acceleration.z + '\n' +
             'Timestamp: '     + acceleration.timestamp + '\n');
    }

    function onError() {
       alert('Acceleration onError!');
    }

    </script>
  </head>
  <body>
  </body>
</html>
```

2. watchAcceleration

以一定时间间隔监控当前移动设备的加速度传感器的位置变化。

3. clearWatch

取消当前移动设备移动感应器的监控对象。

在上一个示例中，我们使用了 getCurrentAcceleration 方法第一次获取当前设备的加速度传感器的位置信息，但是该方法在获取一次后就不会再根据当前设备的位置变化而重新获取。现在使用 watchAcceleration 和 clearWatch 两个方法来展示如何实时监控传感器的位置变化。

实时监控传感器位置变化的示例如代码 10-6 所示。

代码 10-6　实时监控传感器位置变化的示例代码

```
<!DOCTYPE html>
<html>
  <head>
    <title>Acceleration Example 2</title>

    <script type="text/javascript" charset="utf-8" src="phonegap.js"></script>
    <script type="text/javascript" charset="utf-8">
    var watchID = null;
    document.addEventListener("deviceready", function(){
        startWatch();
    }, false);
    function startWatch() {
        //3s 更新一次 Accelerometer 对象
        var options = { frequency: 3000 };
        watchID  =  navigator.accelerometer.watchAcceleration(onSuccess,  onError,
options);
    }
    function onSuccess(acceleration) {
        var element = document.getElementById('accelerometer');
        element.innerHTML = 'Acceleration X: ' + acceleration.x + '<br />' +
                          'Acceleration Y: ' + acceleration.y + '<br />' +
                          'Acceleration Z: ' + acceleration.z + '<br />' +
                          'Timestamp: '      + acceleration.timestamp + '<br />';
    }
    function onError() {
```

```
        alert('Acceleration onError!');
    }
    //清除事件监听
    function stopWatch() {
        if (watchID) {
            navigator.accelerometer.clearWatch(watchID);
            watchID = null;
        }
    }
    </script>
  </head>
  <body>
    <div id="accelerometer"></div>
    <button onclick="stopWatch();">停止 Acceleration 事件监听</button>
  </body>
</html>
```

10.3.2 Compass 对象获取指南针信息

现在的智能手机都配备有指南针功能，同时 Android 和 iOS 平台内部也开放 API 接口，允许开发者读取智能手机上的指南针信息。

在 PhoneGap 框架中，它针对智能手机指南针的功能特性，提供了一套接口用于读取手机指南针的信息。

目前 Compass 对象支持的平台包括：

- Android
- iOS（iPhone、iPod、iPad）

Compass 对象内置三种方法用于读取和监控指南针变化的情况：

- getCurrentHeading
- watchHeading
- clearWatch

1. getCurrentHeading

读取当前手机指南针信息。当第一次读取指南针信息时需要调用该方法。该方法可以传入三个参数：compassSuccess 参数是获取成功后的回调函数；compassError 参数是获取失败后的回调函数；compassOptions 是可选参数，主要是配置参数属性。具体语法如下：

```
navigator.compass.getCurrentHeading(compassSuccess, compassError, compassOptions);
```

下面我们来看一下 getCurrentHeading 方法的基本用法，如代码 10-7 所示。

代码 10-7　getCurrentHeading 方法示例代码

```
<!DOCTYPE html>
<html>
  <head>
    <title>Compass Example 1</title>
    <script type="text/javascript" charset="utf-8" src="phonegap.js"></script>
    <script type="text/javascript" charset="utf-8">

        //监听设备初始化后读取 Compass 对象
        document.addEventListener("deviceready",function(){
            navigator.compass.getCurrentHeading(onSuccess, onError);
        }, false);

        //成功后回调函数
        function onSuccess(heading) {
            alert('Heading: ' + heading);
        }

        //失败后回调函数
        function onError() {
            alert('onError!');
        }
    </script>
  </head>
  <body>
  </body>
</html>
```

2. watchHeading

以一定时间间隔监听移动设备上指南针的指向变化。该方法传入的参数和 getCurrentHeading 方法一样，语法如下：

```
navigator.compass.watchHeading(compassSuccess, compassError, compassOptions);
```

compassOptions 参数可以传递一个属性 frequency，该属性用于定义 watchHeading 方法间隔多长时间更新一次 Compass。单位是毫秒，默认值是 100。

3. clearWatch

取消监听移动设备指南针变化情况。

在上一个示例中我们介绍了如何使用 getCurrentHeading 方法第一次获取当前手机的指南针信息，但是如何实现实时监控指南针的变化情况呢？现在，我们使用 watchHeading 和 clearWatch 两个方法实现一个简单例子，如代码 10-8 所示。

代码 10-8　watchHeading 和 clearWatch 方法的示例代码

```
<!DOCTYPE html>
<html>
  <head>
    <title>Compass Example 2</title>
    <script type="text/javascript" charset="utf-8" src="phonegap.js"></script>
    <script type="text/javascript" charset="utf-8">

        //监视 ID
        var watchID = null;
        document.addEventListener("deviceready",function(){
            startWatch();
        }, false);

        //初始化监视器
        function startWatch() {

            //每 3s 更新一次 Compass
            var options = { frequency: 3000 };

            watchID = navigator.compass.watchHeading(onSuccess, onError, options);
        }

        //停止监视
        function stopWatch() {
            if (watchID) {
                navigator.compass.clearWatch(watchID);
                watchID = null;
            }
        }

        //成功回调函数
        function onSuccess(heading) {
            alert("heading : " + heading);
```

```
        }

        //失败回调函数
        function onError() {
            alert('onError!');
        }

    </script>
  </head>
  <body>
  </body>
</html>
```

10.3.3　使用 connection 对象检测网络状态

目前大部分智能手机都具有连接无线网络的功能，再加上原有的 2G 或 3G 网络，智能手机几乎随时随地都可以访问互联网。

在 PhoneGap 框架中，connection 对象的作用是读取移动设备的蜂窝或无线网络的信息。

目前，connection 对象支持的平台包括：

- iOS（iPhone、iPod、iPad）
- Android
- BlackBerry WebWorks (OS 5.0 and higher)

connection 对象是通过 navigator.network.connection 获取的。它的属性 type 用于确定当前移动设备的网络连接状态和连接类型。如以下代码：

```
function checkConnection() {
    var networkState = navigator.network.connection.type;
    var states = {};
    states[Connection.UNKNOWN]  = 'Unknown connection';
    states[Connection.ETHERNET] = 'Ethernet connection';
    states[Connection.WIFI]     = 'WiFi connection';
    states[Connection.CELL_2G]  = 'Cell 2G connection';
    states[Connection.CELL_3G]  = 'Cell 3G connection';
    states[Connection.CELL_4G]  = 'Cell 4G connection';
    states[Connection.NONE]     = 'No network connection';
    alert('Connection type: ' + states[networkState]);
}
```

从上述代码中可以看到，connection 对象还内置一些常量，它们包括：

- UNKNOW：找不到网络连接
- ETHERNET：有线连接
- WIFI：WIFI 联网
- CELL_2G：2G 网络
- CELL_3G：3G 网络
- CELL_4G：4G 网络
- NONE：找不到网络

10.3.4 File 对象操作文件系统

PhoneGap 框架为开发者提供了一套 API 接口，用于读取、写入和浏览移动设备上的文件系统。

1. 目录对象

DirectoryEntry 对象表示文件系统中的一个目录。目前支持的平台包括：

- iOS（iPhone、iPod、iPad）
- Android
- BlackBerry

表 10-1 所示是 DirectoryEntry 对象可以使用的属性列表。

表 10-1 DirectoryEntry 对象的属性一览表

属 性 名	类 型	说 明
isFile	boolean	总是 false
isDirectory	boolean	总是 true
name	DOMString	目录名称（不包含路径）
fullPath	DOMString	DirectoryEntry 目录对象的完整路径

表 10-2 所示是 DirectoryEntry 对象所提供的方法。

表 10-2 DirectoryEntry 对象的方法一览表

方 法	说 明
getMetadata	获取目录的元数据
moveTo	移动一个目录到文件系统中的不同位置

续表

方　法	说　明
copyTo	复制一个目录到文件系统中的不同位置
toURI	返回一个可以定位目录的 URI
remove	删除一个目录，被删除的目录必须是空目录的
getParent	查找父级目录
createReader	创建一个可以从目录中读取条目的新 DirectoryReader 对象
getDirectory	创建或查找一个目录
getFile	创建或查找一个文件
removeRecursively	删除一个目录和它的所有内容

（1）getMetadata 方法

获取目录的元数据。使用方法如下：

```
getMetadata(successCallback,errorCallback);
```

其中 successCallback 参数是获取元数据成功后的回调函数，回调函数会返回一个 Metadata 对象在函数内调用；errorCallback 参数是获取元数据失败时的回调函数，该回调函数也会返回一个 FileError 对象在函数内调用。简单示例代码如下：

```
entry.getMetadata(function(metadata){
        console.log("directory name is " + metadata.name);
},function(error){
        alert("getMetadata error code is " + error.code);
});
```

（2）moveTo 方法

移动一个目录到文件系统的不同位置。使用方法如下：

```
moveTo(parent,newName,successCallback,errorCallback);
```

其中 parent 参数是移动目标的父级目录，参数类型是 DirectoryEntry 对象；newName 参数是新目录的名称，如果没有指定，默认为当前名字；successCallback 参数是移动目录成功后的回调函数，回调函数会返回一个 Metadata 对象到函数内部；errorCallback 参数是移动目录失败时的回调函数，回调函数也会返回一个 FileError 对象到函数内部。简单示例代码如下：

```
function moveToEntry(){
        var parent = document.getElementById("panret").value;
```

```
        var newname = document.getElementById("newname").value;
        parentEntry = new DirectoryEntry({fullPath:panret});
        entry.moveTo(parentEntry,newname,function(entry){
            console.log("new path is " + entry.fullPath);
        },function(error){
            alert("moveTo error code is " + error.code);
        });
}
```

调用 moveTo 方法进行目录的移动，当出现以下情况时，方法会调用 errorCallback 回调函数。

- 移动目录到自身目录或其目录的所有子目录；
- 将一个目录移动到它的父目录时没有提供和当前目录不同的名称；
- 移动目录到一个文件所占用的路径；
- 移动目录到一个非空目录所占用的路径。

（3）copyTo 方法

复制一个目录到文件系统中不同位置。使用方法是：

```
copyTo(parent,newName,successCallback,errorCallback);
```

parent 参数是复制目录的目标父级目录，参数类型是 DirectoryEntry 对象；newName 参数是复制的新目录名称，如果没有指定，默认为当前名字；successCallback 参数是复制目录成功后的回调函数，回调函数会返回一个 Metadata 对象到函数内部；errorCallback 参数是移动目录失败时的回调函数，回调函数会返回一个 FileError 对象到函数内部。示例代码如下：

```
function copyToEntry(){
        var parent = document.getElementById("panret").value;
        var newname = document.getElementById("newname").value;
        parentEntry = new DirectoryEntry({fullPath:panret});
        entry.copyTo(parentEntry,newname,function(entry){
            console.log("new path is " + entry.fullPath);
        },function(error){
            alert("copyTo error code is " + error.code);
        });
}
```

目录的复制总是递归操作，也就是说会将目录内的所有内容一并复制。调用 copyTo

方法复制目录，当出现以下情况时，方法会调用 errorCallback 回调函数。

- 复制一个目录到其深度的子目录中；
- 将一个目录复制到它的父目录时没有提供和当前目录不同的名称。

（4）remove 方法

删除一个目录，被删除的目录必须是空的。使用方法如下：

```
remove(successCallback,errorCallback);
```

successCallback 参数是删除目录成功后的回调函数，该回调函数没有参数；errorCallback 参数是删除目录时发生错误的回调函数，该回调函数会返回一个 FileError 对象到函数内部。示例代码如下：

```
entry.remove(function(){
        console.log("remove success");
},function(error){
        alert("remove method error, code is " + error.code);
})
```

当目录发生删除错误或失败时，remove 方法会调用 errorCallback 回调函数。

- 删除一个非空的目录；
- 删除文件系统的根目录。

（5）getParent 方法

查找父级目录。使用方法如下：

```
getParent(successCallback,errorCallback);
```

successCallback 参数是查找父级目录成功后的回调函数，该回调函数返回一个父级目录 DirectoryEntry 对象的参数到函数内部；errorCallback 参数是查找父级目录发生错误时的回调函数，该回调函数会返回一个 FileError 对象到函数内部。示例代码如下：

```
entry.getParent(function(parentEntry){
        console.log("parent directory name is" + parentEntry.name);
},function(error){
        alert("failed getParent method,code is" + error.code);
});
```

（6）createReader 方法

创建一个可以从目录中读取条目的新 DirectoryReader 对象。示例代码如下：

```
var directoryReader = entry.createReader();
```

DirectoryReader 对象是包含目录中所有的文件和子目录的列表对象。DirectoryReader 对象含有一个方法 readEntries，该方法的作用是读取目录中的所有条目。

readEntries 方法的语法如下：

```
directoryReader.readEntries(successCallback,errorCallback);
```

successCallback 参数是读取条目成功时的回调函数，该函数返回一个参数，其参数是一个包括 FileEntry 和 DirectoryEntry 的对象数组。errorCallback 参数是读取错误时的回调函数，该函数返回一个 FileError 对象的参数。示例代码如下：

```
var directoryReader = entry.createReader();
directoryReader.readEntries(function(entries){
        for(var i=0;i<entries.length;i++){
            console.log("name is" + entries[i].name);
        }
},function(error){
        alert("readEntries Method failed,code is " + error.code );
});
```

（7）getDirectory 方法

创建或查找一个目录。使用方法如下：

```
getDirectory(path,options,successCallback,errorCallback);
```

path 参数是创建或查找的目录路径，它允许使用一个绝对路径或相对于当前 DirectoryEntry 对象的路径；options 参数是指定查找的目录不存在时是否创建新目录等选项，它传入的是一个 Flags 类型的 Object 对象；successCallback 参数是查找成功时的回调函数，该函数会返回一个创建或已查找到的目录 DirectoryEntry 对象到函数内部；errorCallback 参数为查找错误时的回调函数，并且函数返回一个 FileError 对象到函数内部。

示例代码如下：

```
entry.getDirectory("newPath",{create:true,exclusive:false},function(entry){
        console.log("directory path is" + entry.fullPath);
},function(error){
        alert("fail getDirectory method,code is " + error.code);
});
```

（8）getFile 方法

创建或查找一个文件。使用方法和 getParent 一样，唯一的区别是创建或查找文件成功后的回调函数所传递的参数是一个 FileEntry 对象。示例代码如下：

```
entry.getFile("newPath",{create:true,exclusive:false},function(entry){
        console.log("file name is" + entry.name);
},function(error){
        alert("fail file method,code is " + error.code);
});
```

getFile 和 getDirectory 的 options 参数传入的是一个 Object 对象。该对象包含两个键值对的选项，它们的功能如下：

- create：指定当目录或文件不存在时是否创建该目录或文件。
- exclusive：默认值为 false，但实际上设置该参数并没有太多的效果。结合 create 参数，当要创建的目录或文件的路径已经存在时，它会导致文件或目录创建失败。也就是说，当 exclusive 为 true 时，如果查找不到指定的文件或目录时，会自动创建一个新的文件或目录，然后返回该文件或目录的对象。。

（9）removeRecursively 方法

删除一个目录和它的所有内容。使用方法如下：

```
removeRecursively(successCallback,errorCallback);
```

successCallback 参数是删除成功后的回调函数，该函数没有返回参数；errorCallback 参数是删除过程中发生错误时的回调函数，并返回一个 FileError 对象。其示例代码如下：

```
entry.removeRecursively(function(){
        console.log("remove recursively success");
},function(error){
        alert("faild removeRecursively,code is" + error.code);
});
```

2．文件对象

File 对象描述的是文件系统中的文件属性。我们通过 FileEntry 对象的 file 方法可以获得 File 对象实例。

File 对象的属性如表 10-3 所示。

3．文件系统对象

FileSystem 对象描述的是一个文件系统，该对象表示当前文件系统的信息。文件系统的名称在公开的文件系统列表中是唯一的。它的 root 属性包含一个当前文件系统根目录的 DirectoryEntry 对象。

表 10-3　File 对象属性一览表

属 性 名	类　型	描　述
name	字符串	名称
fullPath	字符串	完整路径
type	字符串	mime 类型
lastModifiedDate	日期类型	最后修改时间
size	长整型	文件大小，以字节为单位

FileSystem 对象的属性如表 10-4 所示。

表 10-4　FileSystem 对象属性一览表

属 性 名	类　型	描　述
name	DOMString	文件系统的名称
root	DirectoryEntry	文件系统根目录的 DirectoryEntry 对象

FileSystem 对象的使用方法如下代码所示：

```
window.requestFileSystem(LocalFileSystem.PERSISTENT,0,successCallback,null);
function successCallback(fileSystem){
    console.log("FileSystem name is " + fileSystem.name);
    console.log("root DirectoryEntry name is" + fileSystem.root.name);
}
```

4. 文件实体对象

FileEntry 对象描述的是文件系统中的一个文件对象。

该对象的属性如表 10-5 所示。

表 10-5　FileEntry 对象的属性一览表

属 性 名	类　型	描　述
isFile	boolean	总是返回 true
isDirectory	boolean	总是返回 false
name	DOMString	文件的名称（不包含路径）
fullPath	DOMString	FileEntry 的完整绝对路径

FileEntry 对象提供的方法和 DirectoryEntry 对象相似，如表 10-6 所示。

表 10-6　FileEntry 对象的方法一览表

方　法	描　述
getMetadata	获取文件的元数据
moveTo	移动一个文件到文件系统中不同位置
copyTo	复制一个文件到文件系统中不同位置
toURI	返回一个可以定位文件的 URI
remove	删除一个文件
getParent	查找父级目录
createWriter	创建一个可以写入新文件的 FileWriter 对象。FileWriter 对象的基本用法将会在后面的章节中详细说明
file	创建一个包含属性的 File 文件对象

FileEntry 对象的 getMetadata 方法、moveTo 方法、copyTo 方法、toURI 方法、remove 方法、getParent 方法的用法和 DirectoryEntry 对象对应的方法在前面已经介绍过，读者可以到介绍 DirectoryEntry 对象的小节了解这些方法的基本用法。

下面我们简单介绍一下 FileEntry 对象特有的一些方法。

（1）createWriter 方法

创建一个可以写入内容的 FileWriter 对象。使用方法如下：

```
entry.createWriter(function(w){
        w.writer("text")
},function(error){
        alert("createWriter method,code is"+error.code);
});
```

（2）file 方法

创建一个 File 文件对象。使用方法如下：

```
entry.file(function(file){
        console.log("file size is" + file.size);
},function(error){
        alert("file error,code is" + error.code);
})
```

5. 文件读取对象

FileReader 是用于读取文件的对象。该对象是读取文件系统文件的一种方式，从 FileReader 对象读取出来的数据，都是文本字符串或 Base64 编码的字符串等。

FileReader 对象的属性如表 10-7 所示。

表 10-7　FileReader 对象的属性一览表

属 性 名	类　型	描　述
readyState		获取当前读取器所处的状态。它返回三种可选状态：EMPTY、LOADING、DONE
result	DOMString	已读取文件的内容
error	FileError	返回包含错误信息的 FileError 对象。FileError 对象的基本用法将会在后面的章节中详细说明
onloadstart	Function	读取启动时调用的回调函数
onprogress	Function	读取过程中调用的回调函数。目前并不支持该函数
onload	Function	读取成功后调用的回调函数
onabort	Function	读取时被中止后调用的回调函数
onerror	Function	读取失败后调用的回调函数
onloadend	Function	无论请求成功或失败，请求结束后调用的回调函数

FileReader 对象的方法如表 10-8 所示。

表 10-8　FileReader 对象的方法一览表

方　法	描　述
abort	中止读取文件
readAsDataURL	读取文件，并返回 Base64 编码的 data URL
readAsText	读取文件，并返回文本字符串。该方法可以传递两个参数，第一个是文件对象；第二个参数是编码格式，默认值为 UTF-8。iOS 平台不支持第二个参数的设置

（1）readAsDataURL 和 readerAsText

两个方法的用法基本一样，唯一的区别就是读取文件成功后，返回的 result 值不同，示例如下：

```
entry.file(function(file){
        //创建 FileReader 对象
        var reader = new FileReader();
        //读取完成后调用的函数
        reader.onloadend = function(evt){
            console.log("reader success");
            console.log("file data = " + evt.target.result);
        }
        //读取 Base64 编码的文件
        reader.readAsDataURL(file);
},function(error){
        console.log("read file error,code is" + error.code);
})
```

（2）abort 方法

中止读取文件。示例如下：

```
entry.file(function(file){
        //创建一个 FileReader 对象
        var reader = new FileReader();
        //读取完成后调用的函数
        reader.onloadend = function(evt){
            console.log("reader success");
        }
        //被 abort 方法中止时调用的函数
        reader.onabort = function(){
            console.log("read abort");
        }
        //以文本数据方式读取文件
        reader.readAsText(file);
        //中止读取
        reader.abort();
},function(error){
        console.log("read file error,code is" + error.code);
})
```

6. 写文件对象

FileWriter 是用于写文件的对象，该对象是文件系统写入文件的一种方式。

一个 FileWriter 对象对应一个文件实体，并可以对该文件进行操作。FileWriter 对象维护文件的指针位置和长度属性，因此可以使用该对象对文件进行多次写入操作或在文件的任意地方进行查找或写入操作。

在默认情况下，FileWriter 将从文件的开始位置写入数据并覆盖现有的数据。我们可以通过设置 FileWriter 对象的构造函数的参数 append 值为 true，文件便会从文件末尾开始写入数据操作。

FileWriter 对象的属性如表 10-9 所示。

表 10-9　FileWriter 对象的属性一览表

属 性 名	类　型	描　述
readyState		获取当前读取器所处的状态
fileName	DOMString	要写入文件的名称

续表

属 性 名	类　　型	描　　述
length	长整型	要写入文件的长度
position	长整型	文件指针的当前位置
error	FileError	返回包含错误信息的 FileError 对象。FileError 对象的基本用法将会在后面的章节中详细说明
onwritestart	Function	写入操作启动时调用的回调函数
onprogress	Function	写入过程中调用的回调函数。目前并不支持该函数
onwrite	Function	写入成功后调用的回调函数
onabort	Function	写入时被中止后调用的回调函数
onerror	Function	写入失败后调用的回调函数
onwriteend	Function	无论请求成功或失败，请求结束后调用的回调函数

FileWriter 对象的方法如表 10-10 所示。

表 10-10　FileWriter 对象的方法一览表

方　　法	描　　述
abort	中止写入文件
seek	移动文件指针到指定字节的位置
truncate	按指定长度截取文件内容
write	向文件写入数据

下面我们来介绍 FileWriter 对象中几个方法的基本用法。

（1）seek 方法

移动文件指针到指定字节的位置。示例代码如下：

```
entry.createWriter(function(writer){
        //将文件指针移动到文件末尾位置
        writer.seek(writer.length);
        //将文件指针移动到文件开始位置
        writer.seek(0);
},function(error(){
        console.log("createWriter method error,code is " + error.code);
});
```

（2）truncate 方法

按指定长度截取文件内容。示例代码如下：

```
entry.createWriter(function(writer){
```

```
        //截取长度为 10 字节的文件内容
        writer.truncate(10);
},function(error(){
        console.log("createWriter method error,code is " + error.code);
});
```

（3）write 方法

向文件写入数据。

现在，我们结合 seek、truncate、write 三个方法通过实例说明如何使用 FileWriter 对象。

示例如代码 10-9 所示。

代码 10-9　FileWriter 示例

```
<!DOCTYPE html>
<html>
<head>
    <title>FileWriter Object Example</title>
    <script type="text/javascript" charset="utf-8" src="phonegap.js"></script>
    <script type="text/javascript" charset="utf-8">

        document.addEventListener("deviceready",function(){

        }, false);

        function gotFS(fileSystem) {
            //文件系统根目录下创建 readme.txt 文件
            fileSystem.root.getFile("readme.txt",  {create:  true},  gotFileEntry,
fail);
        }

        function gotFileEntry(fileEntry){
            //创建 FileWriter 对象
            fileEntry.createWriter(gotFileWriter, fail);
        }

        function gotFileWriter(writer) {
            //成功写入文件操作后回调的函数
            writer.onwrite = function(evt) {
                console.log("write success");
            };
```

```
            //在文件的开始位置写入'fileWriter writer text example'
            writer.write("fileWriter writer text example");
            //截取文件的长度，字符串为'fileWriter writer text'
            writer.truncate(22);
            //移动文件指针到'fileWriter'字符串的'r'字符后面
            writer.seek(10);
            //继续写入字符操作，结果是'fileWriter object writer text example'
            writer.write(" object ");
        }

        function fail(error) {
            console.log(error.code);
        }

    </script>
</head>
<body>
</body>
</html>
```

首先，该例子在文件系统根目录下创建 readme.txt 文件，然后在其返回的 gotFileEntry 函数中调用 createWriter 方法创建 FileWriter 对象，并在创建成功后的回调函数内执行文件操作。

接着，在 gotFileWriter 函数内部首先将一个空白的 readme.txt 文件写入“fileWriter writer text example”字符串，然后通过调用 truncate 方法，截取字符串前 22 个字符。

最后，调用 seek 方法将文件的指针指向第 10 个字符中，即字符‘r’。最后在字符‘r’的位置后面插入一段字符“Object”。最终，readme.txt 的字符串就是“fileWriter object writer text example”。

7. 文件错误对象

FileError 对象是所有 File API 的错误回调函数的唯一参数对象。开发者可以通过该对象返回的错误代码，识别出各种错误类型。

该对象只有一个属性：code。该属性返回一个错误代码常量。根据这个错误代码就可以实现各种错误的提醒。

FileError 对象的常量非常多，如表 10-11 所示。

表 10-11　FileError 对象的常量一览表

方　法	描　述
FileError.NOT_FOUND_ERR	没有找到对应的文件或目录
FileError.SECURITY_ERR	安全错误。如当前文件在 Web 应用中被访问是不安全的
FileError.ABORT_ERR	中止错误
FileError.NOT_READABLE_ERR	不能读取文件或目录。如读取该文件时，已经被另一个应用获取该文件的引用并使用了并发锁
FileError.ENCODING_ERR	编码错误
FileError.NO_MODIFICATION_ALLOWED_ERR	拒绝修改。如当试图尝试修改一个文件系统状态时不能修改的文件或目录
FileError.INVALID_STATE_ERR	无效状态
FileError.SYNTAX_ERR	语法错误
FileError.INVALID_MODIFICATION_ERR	非法的修改请求。如移动文件或目录到其目录时没有提供和当前名称不同的名称
FileError.QUOTA_EXCEEDED_ERR	超过配额错误
FileError.TYPE_MISMATCH_ERR	类型不匹配
FileError.PATH_EXISTS_ERR	路径已存在。如当尝试创建已经存在的文件或目录时

8．文件上传对象

FileTransfer 是一个提供上传文件到服务器的对象。

它提供一种将文件上传到服务器的方法，通过 HTTP 的 post 请求（支持 HTTP 和 HTTPS 协议），同时上传方法 upload 可以传入一个 FileUploadOptions 对象用于指定文件上传格式或类型。当文件上传成功后，系统会调用返回成功的回调函数并返回一个 FileUploadResult 对象。当上传过程中出现错误时，系统会调用上传失败的回调函数并返回一个 FileTransferError 对象。

（1）FileUploadOptions

FileUploadOptions 对象是作为参数传递给 FileTransfer 对象的方法 upload，用于指定上传的属性参数。

它有以下 4 个属性：

- filekey：表单元素的 name 值。默认值是“file”。
- fileName：指定文件存储到服务器的文件名，默认值是“image.jpg”。
- mimeType：上传文件的 mime 类型，默认值是“image/jpg”。
- params：Object 类型，发送到服务器的参数，key/value 值对。

（2）FileUploadResult

FileUploadResult 对象在 FileTransfer 的 upload 方法执行成功后，通过成功回调函数将一个 FileUploadResult 对象返回到函数内。

FileUploadResult 对象包括以下三个属性。

- bytesSent：上传文件时向服务器所发送的字节数。
- responseCode：服务器返回的 HTTP 请求代码。
- response：服务器返回的 HTTP 响应。

在 iOS 平台下返回的 FileUploadResult 对象中不包含 bytesSent 和 responseCode 属性。

（3）FileTransferError

FileTransferError 对象是当 FileTransfer 对象的 upload 方法上传文件出现错误时失败回调函数所返回的参数对象。

FileTransferError 对象提供一个 code 属性，用于返回错误代码。同时，FileTransferError 对象还提供三个常量，用于判断返回的 code 属性值属于哪种类型。常量如下：

- FileTransferError.FILE_NOT_FOUND_ERR：文件未找到。
- FileTransferError.INVALID_URL_ERR：无效的 URL 地址。
- FileTransferError.CONNECTION_ERR：连接错误。

目前，FileTransfer、FileUploadOptions、FileUploadResult、FileTransferError 等对象都得到 iOS、Android、Black Berry 等平台的支持。

根据前面介绍的几个对象，现在我们以具体的示例介绍如何在移动设备上上传一张图片，如代码 10-10 所示。

代码 10-10　FileTransfer 具体示例代码

```
<!DOCTYPE html>
<html>
<head>
    <title>FileWriter Object Example</title>
    <script type="text/javascript" charset="utf-8" src="phonegap.js"></script>
    <script type="text/javascript" charset="utf-8">

        document.addEventListener("deviceready", function(){
            // 从指定来源检索图像文件位置
            navigator.camera.getPicture(uploadPhoto,
                function(message){
```

```
                alert('get picture failed');
            },{
                quality: 50,
                destinationType: navigator.camera.DestinationType.FILE_URI,
                sourceType: navigator.camera.PictureSourceType.PHOTOLIBRARY }
        );
    }, false);

    function uploadPhoto(imageURI) {
        var options = new FileUploadOptions();
        options.fileKey="file";
        options.fileName=imageURI.substr(imageURI.lastIndexOf('/')+1);
        options.mimeType="image/jpeg";

        var params = new Object();
        params.value1 = "test";
        params.value2 = "param";

        options.params = params;

        var ft = new FileTransfer();
        ft.upload(imageURI, "http://file.server.com/upload.php", successCallback,
failCallback, options);
    }

    function successCallback(result) {
        console.log("Code = " + result.responseCode);
        console.log("Response = " + result.response);
        console.log("Sent = " + result.bytesSent);
    }

    function failCallback(error) {
        alert("An error has occurred: Code = " + error.code);
    }

  </script>
</head>
<body>
</body>
</html>
```

首先，我们在 deviceready 事件中通过 navigator.camera.getPicture 方法读取图像文件资源，并在传递一个函数 uploadPhoto 到 getPicture 方法中，用于当图像文件读取成功后执行该函数。

uploadPhoto 函数的作用是将图像上传到服务器。首先使用 new FileUploadOptions() 新建一个参数对象并设置各种参数属性，如 fileKey、fileName 等。接着在函数内部创建一个 FileTransfer 对象，并通过 upload 方法上传到服务器。

upload 方法的第一个参数为从移动设备中读取图像的 URI 地址；第二个参数为上传到服务器的请求地址；第三个参数为上传成功后调用的回调函数；第四个参数为上传出错时调用的回调函数；最后一个参数为 FileUploadOptions 对象参数。

upload 方法上传文件成功后，successCallback 函数通过 console.log 输出对象的全部属性值，以便能够实时观察到这些属性值的变化。

9．获取根文件系统

LocalFileSystem 对象的作用是获取根文件系统。该对象提供如下两个方法：

（1）requestFileSystem 方法

请求一个 FileSystem 对象。示例如下：

```
window.requestFileSystem(LocalFileSystem.PERSISTENT,0,function(fileSystem){
        console.log(fileSystem.name);
},function(error){
        console.log(error.code);
});
```

（2）resolveLocalFileSystemURI 方法

通过本地 URI 参数查找 DirectoryEntry 或 FileEntry 对象。示例如下：

```
window.resolveLocalFileSystemURI("file:///example.txt",function(fileSystem){
        console.log(fileSystem.name);
},function(error){
        console.log(error.code);
});
```

LocalFileSystem 对象还有如下两个常量，主要用于 requestFileSystem 方法内。

- LocalFileSystem.PERSISTENT：不经过应用程序或用户许可就无法通过用户代理移除的存储类型。
- LocalFileSystem.TEMPORARY：不需要保证持久化的存储类型。

10. 文件或目录元数据

Metadata 对象提供一个文件或目录的状态信息。我们可以通过 DirectoryEntry 或 FileEntry 对象的 getMetadata 方法获得 Metadata 实例对象。

该对象只有一个属性：modificationTime。它的作用是返回文件或目录的最后修改时间。

使用方法代码如下：

```
entry.getMetadata(function(metadata){
        console.log("last modified is " + metadata.modificationTime);
},null);
```

10.3.5 使用 Device 对象获取移动设备的信息

我们知道，移动设备都有其软硬件的基本信息，例如产品名称或代号、操作系统以及版本号等信息。作为用户来说，他们并不关心移动设备的产品代号这类信息，它们只是产品的使用者。但对于开发者来说，这些都是非常有用的数据。因此，PhoneGap 为我们提供了获取软硬件信息相关的接口。

PhoneGap 的 Device 对象的作用是获取移动设备的软硬件基本信息。

目前 Device 对象支持的平台包括：

- iOS（iPhone、iPod、iPad）
- Android
- BlackBerry
- BlackBerry WebWorks (OS 5.0 and higher)。

Device 对象封装了以下 5 种属性。

1. device.name

获取手机设备的型号或产品的名称。如下代码：

```
var name = window.device.name;
```

这个名称是根据不同产品的不同版本而不同的，而且这个值是由设备制造商决定的。

iPhone 返回的是设备定制的名称而不是型号，如“sankyu’s iphone”；Android 平台是获取产品的名称，如 Motorola Droid 手机返回的名称为“voles”；BlackBerry 平台的 Bold 8900 手机，返回的名称为“8900”。

2. device.phonegap

获取运行在移动设备上的 phonegap 版本信息。如下代码：

```
var version = window.device.phonegap;
```

3. device.platform

获取移动设备的操作系统名称。如下代码：

```
var platform = window.device.platform;
```

4. device.uuid

获取移动设备 UUID，该值是由设备生产商决定的。如下代码：

```
var deviceId = window.device.uuid;
```

iPhone 返回的是由多个硬件设备标识所生成的哈希值；Android 返回的是随机的 64 位整数；BlackBerry 返回的是一个九位数的唯一整数。

5. device.version

读取手机设备的操作系统版本信息。如下代码：

```
var version = window.device.version;
```

例如，iPhone iOS 3.2 返回的版本是“3.2”；BlackBerry 平台使用 OS 4.6 的 Bold 9000 返回的是“4.6.0.282”；Android 平台的 Friyo 返回的版本是“2.2”。

现在，我们通过一个完整的示例展示如何调用 device 对象，如代码 10-11 所示。

代码 10-11　device 对象示例代码

```
<!DOCTYPE html>
<html>
<head>
    <title>Device Example</title>
    <script type="text/javascript" charset="utf-8" src="phonegap.js"></script>
    <script type="text/javascript" charset="utf-8">

        //等待加载 PhoneGap
        document.addEventListener("deviceready", onDeviceReady, false);

        //PhoneGap 加载完成
```

```
        function onDeviceReady() {
            var deviceinfo = 'Device Name: '+ device.name + ',Device PhoneGap: ' +
device.phonegap + ',Device Platform: ' + device.platform +',Device UUID: ' + ',Device
Version: ' + device.version;
            console.log(deviceinfo);
        }
    </script>
</head>
<body>
</body>
</html>
```

10.4　软件接口

本节我们将为读者介绍 PhoneGap 在移动设备上支持的软件类型 API 接口。目前，PhoneGap 支持的软件类型 API 接口包括：

- 照片资源（Camera）
- 多媒体资源采集（Capture）
- 通讯录（Contacts）
- 公告警示（Notification）
- 多媒体（Media）

10.4.1　Camera 对象获取照片资源

相机拍照及相册存取已经成为智能手机上最重要的功能之一。现在任何用户都会使用相机功能进行拍照，并同时在手机上浏览照片。在 Web 平台，由于其特殊性，一般的 Web 技术是不支持读取手机上的图片信息的，但 PhoneGap 为开发者提供了 Camera 对象用于实现获取智能手机的照片数据。

Camera 对象允许访问移动设备中相册的图片或者从摄像头拍摄的图片。

Camera 对象目前支持的平台包括：

- Android
- iOS（iPhone、iPod、iPad）
- BlackBerry WebWorks（OS 5.0 and higher）

camera.getPicture 允许通过配置不同的参数，访问由摄像头拍摄或从相册中读取的图片。通过该方法读取的照片既可以返回基于 base64 格式编码的字符串，也可以是一个只有 URI 图片位置的字符串。

通过返回两种不同的图像格式，我们可以将图像应用到以下的场景：

- 通过 img 标签渲染当前页面的图像。
- 将 Base64 格式的图像存储到如 LocalStorage 本地存储中。
- 将图片提交到远程服务器。

其语法如下：

```
navigator.camera.getPicture(cameraSuccess,cameraError,[cameraOptions]);
```

其中，第一个参数是读取照片成功后的回调函数；第二个参数是读取照片失败时的回调函数；第三个参数为可选参数，用于传递各种配置属性。

如何读取返回 Base64 解码的图片呢？示例代码如下：

```
navigator.camera.getPicture(onSuccess, onFail, { quality: 50 });
function onSuccess(imageData) {
    var image = document.getElementById('myImage');
    image.src = "data:image/jpeg;base64," + imageData;
}
function onFail(message) {
    alert('Failed because: ' + message);
}
```

在上述例子中，我们通过 imageData 返回的图像 base64 编码字符串，增加前缀字符串“data:image/jpeg;base64,”以表示该图片是采用 base64 编码的图片。

如果采用 URI 路径方式显示的图片，其代码用法和普通的 URI 地址基本一样，示例代码如下：

```
navigator.camera.getPicture(onSuccess, onFail, { quality: 50,
    destinationType: Camera.DestinationType.FILE_URI });
function onSuccess(imageURI) {
    var image = document.getElementById('myImage');
    image.src = imageURI;
}
function onFail(message) {
    alert('Failed because: ' + message);
}
```

在上述例子中，我们在 getPicture 方法中传入参数 camera.destinationType.FILE_URI 指定成功回调函数返回的参数采用 URI 地址字符串，然后只需要直接赋值到 image.src 中就能读取并显示该图片。

实际上，Camera 对象提供的配置参数非常多。参数如下：

1. quality

图片的质量，值的范围是 0～100。

2. destinationType

定义返回的图片格式，Base64 或 URI。

设置 Camera.DestinationType.DATA_URL 参数时，返回的格式是 Base64 格式字符串，DATA_URL 的实际值是 0；当设置 Camera.DestinationType.FILE_URI 参数时，返回的格式是 URI 路径，FILE_URI 的实际值是 1。如果没有指定该参数，默认是 DATA_URL。

3. sourceType

指定图片的来源。当设置 Camera.PictureSourceType.PHOTOLIBRARY 时，指定从图像数据库获取；当设置 Camera.PictureSourceType.CAMERA 时，指定从相机中获取；当设置 Camera.PictureSourceType.SAVEDPHOTOALBUM 时，指定从相册中获取。

4. allowEdit

在选中图片之前是否允许编辑图片。

5. encodingType

返回的图像格式。当设置 Camera.EncodingType.JPEG 时，指定返回 JPEG 格式的图像；当设置 Camera.EncodingType.PNG 时，指定返回 PNG 格式的图像。

6. targetWidth

图像的像素宽度。

7. targetHeight

图像的像素高度。

10.4.2 Capture 对象采集多媒体资源

Capture 对象的主要功能是提供音频、视频、图像采集功能的访问。

目前 Capture 对象支持的平台包括：

- Android
- iOS（iPhone、iPod、iPad）
- BlackBerry WebWorks（OS 5.0 and higher）

通过 navigator.device.capture 可以获取 Capture 对象。我们可以利用 Capture 对象在手机上对音频、视频及图像等的采集操作。

1. 音频采集

captureAudio 方法允许通过移动设备的音频录制应用程序采集录制的音频数据。

该操作允许设备用户在一个会话中同时采集多个音频数据。

音频采集功能语法如下：

```
navigator.device.capture.captureAudio(CaptureCB    captureSuccess,CaptureErrorCB
captureError,[CaptureAudioOptions options]);
```

captureSuccess 参数为音频采集结束后的回调函数；captureError 参数为音频采集过程中中断时的回调函数；CaptureAudioOptions 参数主要传递相关配置属性。

CaptureAudioOptions 参数的配置属性可以传入以下三个属性。

（1）limit

在一次采集过程中允许录制音频片段数量的最大值。

该值必须大于或等于 1，默认值为 1。

（2）duration

允许录制音频片段的最长时间，单位为秒。

该参数目前不支持 Android、iOS、Black Berry 平台。

（3）mode

选择音频的格式。

使用 captureAudio 方法采集音频片段时，这个模式必须设定为 capture.supportedAudioModes。该参数并不支持 Android、iOS、Black Berry 三个主流平

台。但是在 Android 和 Black Berry 平台，它们默认使用 AMR 格式进行音频录制编码；iOS 平台则使用 WAV 格式进行音频录制编码。

如何使用 captureAudio 方法采集音频片段？示例如代码 10-12 所示。

代码 10-12　captureAudio 示例

```
<!DOCTYPE html>
<html>
  <head>
    <title>Capture Example 1</title>

    <script type="text/javascript" charset="utf-8" src="phonegap.js"></script>
    <script type="text/javascript" charset="utf-8">
        navigator.device.capture.captureAudio(function(mediaFiles){
            var i, path, len;
            for (i = 0, len = mediaFiles.length; i < len; i += 1) {
                //获取文件的路径
                path = mediaFiles[i].fullPath;
                //在此处可以对文件进行任何操作
            }
        }, function(){
            alert('Capture Error');
        }, {limit:2});
    </script>
  </head>
  <body>
  </body>
</html>
```

2. 图像采集

captureImage 方法允许通过移动设备的摄像头应用程序采集生成的图像文件信息。该方法允许设备用户在一个会话中同时采集多个图像。

captureImage 方法采集图像语法如下：

```
navigator.device.capture.captureImage(CaptureCB    captureSuccess,CaptureErrorCB
captureError,[CaptureImageOptions options]);
```

CaptureCB 参数为采集成功后的回调函数；CaptureErrorCB 参数为采集过程中中断时的回调函数；CaptureImageOptions 可选参数主要传递相关属性配置。

CaptureImageOptions 参数的配置属性允许传入以下两个属性。

（1）limit

在一个采集过程中允许选择图像数量的最大值。

该值必须大于或等于 1，默认值是 1。目前只有 Android 和 Black Berry 平台支持该属性，而 iOS 平台只允许采集一幅图像。

（2）mode

选定的图像模式。当使用 captureImage 方法采集图像时，这个模式必须设定为 capture.supportedImageModes。

该模式目前不支持 Android、iOS、Black Berry 平台。不过移动设备允许用户修改图像的大小，默认保存的图像格式是 JPEG。

captureImage 方法的使用方法与 captureAudio 方法基本相同，如代码 10-13 所示。

代码 10-13　captureImage 示例代码

```
<!DOCTYPE html>
<html>
  <head>
    <title>Capture Example 2</title>
    <script type="text/javascript" charset="utf-8" src="phonegap.js"></script>
    <script type="text/javascript" charset="utf-8">
        navigator.device.capture.captureImage(function(mediaFiles){
            var i, path, len;
            for (i = 0, len = mediaFiles.length; i < len; i += 1) {
                //获取文件的路径
                path = mediaFiles[i].fullPath;
                //在此处可以对文件进行任何操作
            }
        }, function(){
            alert('Capture Error');
        }, {limit:1});
    </script>
  </head>
  <body>
  </body>
</html>
```

3. 视频采集

captureVideo 方法允许通过移动设备的视频录制应用程序采集录制的视频数据。该方法允许用户在一个会话中同时采集多个视频数据。语法如下：

```
navigator.device.capture.captureVideo(CaptureCB    captureSuccess,CaptureErrorCB
captureError,[CaptureVideoOptions options]);
```

CaptureCB 参数为采集成功后的回调函数；CaptureErrorCB 参数为采集过程中中断时的回调函数；CaptureVideoOptions 可选参数主要传递相关属性配置。

CaptureAudioOptions 参数的配置属性允许传入以下三个属性。

（1）limit

在一次采集过程中允许录制视频片段数量的最大值。

该值必须大于或等于 1，默认值是 1。该属性支持 Android 和 BlackBerry 平台。但不支持 iOS 平台，每次采集都只允许采集一个视频文件。

（2）duration

允许录制视频片段的长度，单位是秒。

该参数目前不支持 Android、iOS、Black Berry 平台，因此无法通过 duration 属性设置视频片段的长度。

（3）mode

选择视频的大小和格式。当使用 captureVideo 方法采集视频时，这个模式必须设定为 capture.supportedAudioModes。

mode 参数目前不支持 Android、iOS、Black Berry 平台。

Android 平台和 Black Berry 平台录制的视频格式默认是 3GPP 格式。而 iOS 平台录制的视频格式默认是 MOV 格式。

captureVideo 方法的使用方法与 captureAudio 方法基本相同，如代码 10-14 所示。

代码 10-14　captureVideo 示例代码

```
<!DOCTYPE html>
<html>
  <head>
    <title>Capture Example 3</title>
    <script type="text/javascript" charset="utf-8" src="phonegap.js"></script>
    <script type="text/javascript" charset="utf-8">
        navigator.device.capture.captureVideo(function(mediaFiles){
            var i, path, len;
            for (i = 0, len = mediaFiles.length; i < len; i += 1) {
                //获取文件的路径
```

```
                path = mediaFiles[i].fullPath;
                //在此处可以对文件进行任何操作
            }
        }, function(){
            alert('Capture Error');
        }, {limit:1});
    </script>
  </head>
  <body>
  </body>
</html>
```

4. 采集文件

Capture 采集多媒体数据后，在回调函数中会返回一个 MediaFile 对象。mediaFile 对象包含以下属性：

- name：采集文件的文件名。
- fullPath：包含文件名的路径。
- type：MIME 类型。
- lastModifiesDate：文件最后修改的日期时间。
- size：文件大小，单位为字节数。

通过 mediaFile.getFormatData 方法可以获取媒体文件的格式信息。语法如下：

```
mediaFile.getFormatData(
    MediaFileDataSuccessCB successCallback,
    [MediaFileDataErrorCB errorCallback]
);
```

MediaFileDataSuccessCB 参数是获取媒体文件成功时回调函数，该回调函数会返回一个 MediaFileData 对象。MediaFileDataErrorCB 参数是获取媒体文件失败时的回调函数。

MediaFileData 对象描述了文件格式信息。它包含有 5 种属性，分别是 codecs、bitrate、height、width、duration。

可是，三种平台对这 5 种属性的支持程度都不一致，表 10-12 列出了 MediaFileData 对象属性支持情况一览表。

表 10-12　MediaFileData 对象属性支持情况一览表

属　　性	iOS	Android	Black Berry
codecs	不支持，属性值总是 null	不支持，属性值总是 null	不支持，属性值总是 null
bitrate	iOS4 版本仅支持音频，图像和视频属性值为 0	不支持，属性值总是 0	不支持，属性值总是 0
height	支持图像和视频文件	支持图像和视频文件	不支持，属性值总是 0
width	支持图像和视频文件	支持图像和视频文件	不支持，属性值总是 0
duration	支持音频和视频文件	支持音频和视频文件	不支持，属性值总是 0

10.4.3　使用 Contacts 对象获取通信录资源

Contacts 对象的主要功能是提供对移动设备的通信录数据库的访问。

该对象目前支持的平台包括：

- Android
- iOS
- BlackBerry WebWorks（OS 5.0 and higher）

1．创建 Contacts 对象

create 方法的作用是创建并返回一个新 Contact 对象。但是，创建后的新对象并不会被持久化到通信录数据库中，如果将对象持久化到数据库，需要调用 Contact.save。

create 方法的语法如下：

```
var contact = navigator.contacts.create(properties);
```

create 方法创建新 Contact 对象的简单示例如代码 10-15 所示。

代码 10-15　创建 Contact 对象示例代码

```
<!DOCTYPE html>
<html>
  <head>
    <title>Contacts Example 1</title>
    <script type="text/javascript" charset="utf-8" src="phonegap.js"></script>
    <script type="text/javascript" charset="utf-8">
        document.addEventListener("deviceready",function(){
            var myContact = navigator.contacts.create({"displayname":"HTML5
Group"});
```

```
            console.log("The Contact is " + myContact.displayname);
        }, false);
    </script>
  </head>
  <body>
  </body>
</html>
```

2. 查询功能

Contact 对象的 find 方法允许查询通信录数据库，并返回一个或多个指定字段的 Contact 对象数组。

其语法如下：

```
navigator.service.contacts.find(contactFields, contactSuccess, contactError, con
tactFindOptions);
```

find 方法可传入的参数包括：

- contactFields 参数用于指定返回的 Contact 对象结果中的字段，如果该参数定义 0 长度的字段参数，则 contactSuccess 返回的 Contact 数组结果中只存在 id 属性字段。
- contactSuccess 参数是查询通信录成功后的回调函数。find 方法返回的结果会传递到 contactSuccess 回调函数内部。
- contactError 参数是查询通信录中断或发生错误时的回调函数。该参数可选。
- contactFindOptions 参数是配置过滤搜索结果的选项。该参数可选。

使用 find 方法查询数据库的简单示例如代码 10-16 所示。

代码 10-16　find 方法基本用法示例代码

```
<!DOCTYPE html>
<html>
  <head>
    <title>Contacts Example 1</title>
    <script type="text/javascript" charset="utf-8" src="phonegap.js"></script>
    <script type="text/javascript" charset="utf-8">
        document.addEventListener("deviceready",function(){
            //从通信录数据库中查找符合"陈"字匹配的 displayName 和 name 字段
            var options = new ContactFindOptions();
            options.filter="陈";
```

```
            var fields = ["displayName", "name"];
            navigator.contacts.find(fields, onSuccess, onError, options);
        }, false);
        //成功后回调函数
        function onSuccess(contacts) {
            for (var i=0; i<contacts.length; i++) {
                console.log("display Name = " + contacts[i].displayName);
            }
        }
        //失败后回调函数
        function onError(contactError) {
            alert('onError!');
        }
    </script>
  </head>
  <body>
  </body>
</html>
```

3. Contact 对象属性介绍

Contact 对象包含非常多的属性，表 10-13 列出了这些属性列表清单。

表 10-13　Contact 对象属性一览表

属 性 名	类　　型	描　　述
id	字符串	全局唯一标识
displayname	字符串	联系人显示名称
name	ContactName	联系人姓名所有部分的对象
nickname	字符串	昵称
phoneNumbers	ContactField	联系人所有联系电话
emails	ContactField	联系人所有 E-mail 地址
addresses	ContactAddresse	联系人所有联系地址
ims	ContactField	联系人所有 IM 地址
organizations	ContactOrganization	联系人所属所有组织
birthday	日期类型	联系人生日
note	字符串	联系人备注
photos	ContactField	联系人所有照片
categories	ContactField	联系人所属的自定义分组类别
urls	ContactField	联系人的所有网址

有些遗憾的是，表 10-13 中的属性并不是所有平台都支持，即使是相同的平台之间，不同的版本也有不同程度的支持。接下来我们介绍一下这些平台之间的支持情况：

（1）Android 平台的特殊性

在 Android 1.X 版本中，下面所列的属性都不支持，它们的值都总是返回 null。但是，在 Android 2.X 版本中，只有 categories 属性不支持，其余属性都得到支持。

- name
- nickname
- birthday
- photos
- categories
- urls

（2）iOS 平台的特殊性

在 iOS 平台下，属性的支持情况也有所不同，例如：

- displayName 属性。iOS 不支持。除非没有给联系人指定 ContactName，否则该字段的返回值总是 null。如果没有指定 ContactName，系统会依次返回 composite name，nickname 或空字符串。
- birthday 属性。该属性是一个对象，而且必须是一个 JavaScript 日期对象，其返回值同样是一个日期对象。
- photos 属性。该属性返回的照片会存储在应用程序的临时目录中，同时返回指向该照片的 URL 地址。当应用程序退出后，临时目录就会被删除。
- categories 不支持该属性，返回值总是为 null。

（3）BlackBerry 平台的特殊性

在 Black Berry 平台下，也有部分属性是不支持的。例如：

- nickname 属性。Black Berry 平台不支持该属性，返回值总是为 null。
- 部分支持 phoneNumber 属性，不同类型的电话号码会存储到 Black Berry 中的不同字段。
- 部分支持 emails 属性，前三个邮件地址会分别存储到 Black Berry 中的 email1、email2、email3 三个字段。
- 部分支持 addresses 属性，第一地址会被存储到 Black Berry 的 homeAddress 字段，而第二个地址将被存储到 workAddress 字段。

- 不支持 ims 属性，返回值总是为 null。
- Organizations 属性。第一个组织的名称会存储到 Black Berry 的 company 字段，而第一个组织的职务被存储到 title 字段。
- 部分支持 photos 属性。目前只支持一个缩略图大小的图片。
- 部分支持 categories 属性。目前只支持“Business”和“Personal”两种类别。
- 部分支持 urls 属性。第一个 URL 地址会存储到 Black Berry 的 webpage 字段。

4. 联系地址对象

addresses 属性对应的类型是一个 ContactAddress 类型，该类型存储着一个联系人的地址信息。

一个 Contact 对象允许存储一个或多个 ContactAddress 对象。因此，Contact 对象的 addresses 属性类型是 ContactAddress[]数组。

一个 ContactAddress 对象包含有 8 种属性，分别如下：

- pref 属性。如果该值为 true，则 ContactAddress 对象包含用户的首选值。iOS、Android 和 BlackBerry 都不支持该属性，默认返回 false。
- type 属性。表示该地址对应的字符串类型。Android 1.X 版本不支持该属性；Black Berry 只能存储一个“home”类型和一个“work”类型的地址。
- formatted 属性。完整的地址格式。iOS 不支持该属性。
- streeAddress 属性。完整的街道地址。Android 1.X 版本不支持该属性。
- locality 属性。城市或地区。Android 1.X 版本不支持该属性。
- region 属性。州或省份。Android 1.X 版本不支持该属性。
- postalCode 属性。邮政编码。Android 1.X 版本不支持该属性。
- country 属性。国家名称。Android 1.X 版本不支持该属性。

5. 通用字段对象

ContactField 对象是存储 Contact 联系人信息的通用字段类型。在一般情况下，ContactField 对象主要是作为 Contact 对象的属性类型，比如 emails、addresses、phone、numbers 和 urls 等属性。

ContactField 对象包含三种属性。

- type：指明当前字段类型，如“home”。
- value：字段对应的值。

- pref：ContactField 包含用户的首选值。目前 iOS、Android、Black Berry 三个平台都不支持该属性。

6．联系人名字属性对象

ContactName 对象是 Contact 联系人信息 name 属性的属性类型。它主要用于存储联系人的详细信息。

ContactName 对象包含 6 个属性，如表 10-14 所示。

表 10-14　ContactName 对象属性表

属性名	描　述	支持情况
formatted	全名	Android 返回的是 honorificPrefix + givenName + middleName + familyName + honorificSuffix 的串联字符串结果。BlackBerry 则返回 firstName 和 lastName 两个字段串联的结果
familyName	姓氏	BlackBerry 存储到 lastName 字段
givenName	名字	BlackBerry 存储到 firstName 字段
middleName	中间名	BlackBerry 不支持该属性
honorificPrefix	敬语前缀，如 Mr.	BlackBerry 不支持该属性
honorificSuffix	敬语后缀，如 Esq	BlackBerry 不支持该属性

7．组织信息对象

ContactOrganization 对象是 Contact 对象的 organizations 属性的属性类型。其主要作用是存储联系人的组织机构信息。

Contact 对象的 organizations 属性允许存储一个或多个 ContactOrganization 对象。因此，Contact 对象的 Organizations 属性类型是 ContactOrganization[]数组。

ContactOrganization 对象包含 5 个属性，如表 10-15 所示。

表 10-15　ContactOrganization 对象属性表

属性名	描　述	支持情况
pref	ContactOrganization 包含用户的首选值设置	iOS、Android、BlackBerry 平台都不支持该属性
type	地址对应的类型的字符串	Android 1.X、iOS、BlackBerry 平台不支持该属性
name	组织名称	在 iOS 平台下是存储到 kABPersonOrganizationProperty 字段；BlackBerry 平台会将第一个组织名称存储到 company 字段

续表

属性名	描　述	支持情况
department	部门	在 iOS 平台下是存储到 kABPersonDepartmentProperty 字段；BlackBerry 不支持该属性
title	职务	Android 1.X 不支持该属性；BlackBerry 平台会将第一个职务存储到 jobTitle 字段；iOS 平台是存储到 kABPersonJobTitleProperty 字段

8．保存 Contact 对象

save 方法是将一个新 Contact 联系人对象存储到通信录数据库。如果通信录数据库中已经存在该 Contact 对象的 id 属性，则更新该记录。

save 方法的用法如代码 10-17 所示。

代码 10-17　Contact 对象的 save 方法示例代码

```
<!DOCTYPE html>
<html>
  <head>
    <title>Contacts Example</title>
    <script type="text/javascript" charset="utf-8" src="phonegap.js"></script>
    <script type="text/javascript" charset="utf-8">
        function onSuccess(contacts) {
            alert("Save Success");
        }

        function onError(contactError) {
            alert("Error = " + contactError.code);
        }

        // 建立一个新的联系人对象
        var contact = navigator.service.contacts.create();
        contact.displayName = "Sankyu";
        contact.nickname = "Sankyu";

        // 存储到移动设备上
        contact.save(onSuccess,onError);
    </script>
  </head>
  <body>
  </body>
</html>
```

9. 克隆 Contact 对象

clone 方法是返回一个新 Contact 对象。它是调用对象的深度拷贝，并将其新 Contact 对象的 id 属性值重设为 null。

clone 方法的用法如代码 10-18 所示。

代码 10-18　clone 方法示例代码

```
<!DOCTYPE html>
<html>
  <head>
    <title>Contacts Example</title>
    <script type="text/javascript" charset="utf-8" src="phonegap.js"></script>
    <script type="text/javascript" charset="utf-8">
        function onSuccess(contacts) {
            alert("Save Success");
        }

        function onError(contactError) {
            alert("Error = " + contactError.code);
        }

        // 建立一个新的联系人对象
        var contact = navigator.service.contacts.create();
        contact.displayName = "Sankyu";
        contact.nickname = "Sankyu";
        contact.save(onSuccess,onError);

        var clone = contact.clone();
        clone.nickname = "nick";

        console.log("contact object nickname = " + contact.nickname);
        console.log("clone object nickname =" + clone.nickname);
        console.log("clone object id = " + clone.id);

    </script>
  </head>
  <body>
  </body>
</html>
```

10. 删除联系人对象

remove 方法是从通信录数据库中删除联系人。若删除失败，会触发 ContactError 对象的错误处理回调函数。

remove 方法的示例如代码 10-19 所示。

代码 10-19　remove 方法的示例代码

```
<!DOCTYPE html>
<html>
  <head>
    <title>Contacts Example</title>
    <script type="text/javascript" charset="utf-8" src="phonegap.js"></script>
    <script type="text/javascript" charset="utf-8">
        function onSuccess(contacts) {
            alert("Save Success");
        }

        function onError(contactError) {
            alert("Error = " + contactError.code);
        }
        //删除成功后的回调函数并返回被删除的联系人的快照
        function onRemoveSuccess(contacts){
            alert("remove success");
        }
        //删除失败后的回调函数并返回 ContactError 错误对象
        function onRemoveError(contactError){
            alert("Error = " + contactError.code);
        }

        // 建立一个新的联系人对象
        var contact = navigator.service.contacts.create();
        contact.displayName = "Sankyu";
        contact.nickname = "Sankyu";
        //保存联系人
        contact.save(onSuccess,onError);

        //删除联系人
        contact.remove(onRemoveSuccess,onRemoveError);

    </script>
  </head>
```

```
  <body>
  </body>
</html>
```

10.4.4 公告警示信息

Notification 对象是提供一类视觉、听觉、触觉方面的通知。比如手机的对话框提示、震动提示、蜂鸣声等。

1．可定制对话框

alert 方法的功能是显示一个定制的警告或对话框。语法如下：

```
navigator.notification.alert(message,alertCallback,[title],[buttonName]);
```

其中：

- message 参数为对话框的消息；
- alertCallback 参数是当警告对话框被忽略时调用的回调函数；
- title 参数是对话框标题，属于可选参数，默认值为“Alert”；
- buttonName 参数是按钮名称，属于可选参数，默认值为“OK”。

目前该方法所支持的平台包括：

- iOS
- Android
- BlackBerry

大部分 PhoneGap 的本地应用都使用这个方法实现对话框的定制功能。而浏览器的原生函数通常是不建议使用的。

2．可定制确认对话框

confirm 方法的作用是显示一个可定制的确认对话框。该方法的定制功能相比浏览器的原生 confirm 函数的定制功能强大。

confirm 方法语法如下：

```
navigator.notification.confirm(message,confirmCallback,[title],[buttonLabels]);
```

其中：

- message 参数为显示对话框的信息；

- confirmCallback 参数是按下按钮后触发的回调函数；
- title 参数是对话框标题，属于可选参数，默认值为“Confirm”；
- buttonLabels 参数是逗号分隔的按钮标签字符串，属于可选参数，默认值为“OK、Cancel”。

3. 蜂鸣声

PhoneGap 为我们提供了一个非常特殊的功能：beep 方法。它能使设备发出蜂鸣声。其语法如下：

```
navigator.notification.beep(times);
```

其中 times 参数是指定蜂鸣声的重复次数。目前支持的平台包括：

- iOS
- Android
- BlackBerry

在 Android 平台下，beep 方法会播放在“设置/音效及显示”面板中指定的默认“通知铃声”。

PhoneGap 在 iPhone 下的 beep 方法会被忽略蜂鸣次数的参数，并通过多媒体 API 播放音频文件来实现蜂鸣。同时，手机用户必须提供一个包含所需蜂鸣声的文件，此文件的播放时长必须少于 30 秒，而且文件命名是 beep.wav，路径位于 www/root。

4. 震动功能

PhoneGap 封装了手机上的震动功能，并提供 vibrate 方法用于设置移动设备震动指定的时长。

其语法如下：

```
navigator.notification.vibrate(milliseconds);
```

其中 milliseconds 参数是设置以毫秒为单位的设备震动时长，1000 毫秒为 1 秒。不过 iPhone 忽略时长参数，震动的时长为预先设定值。

该方法目前支持的平台包括：

- iOS
- Android
- BlackBerry

10.4.5 Media 对象

Media 对象是提供录制和回放设备上的音频文件的功能。

目前 Media 对象支持的平台包括：

- Android
- iOS

目前，PhoneGap 的 Media 功能实现并没有遵守 W3C 媒体的相关规范，主要是为了提供方便。据官方的解释，未来的版本将会遵守最新的 W3C 规范，并且有可能不再支持当前的 API。因此本节主要简单介绍 Media 的 API 接口，对多媒体有兴趣研究的读者可以阅读 PhoneGap 官方网站。

创建一个 Media 对象方法如下：

```
var media = new Media(src,mediaSuccess,[mediaError],[mediaStatus]);
```

其中，参数 src 是一个音频文件的 URI 地址；mediaSuccess 参数是回调函数，该函数是当一个 Media 对象完成当前的播放、录制、停止操作时触发；mediaError 参数为当出现错误时触发的回调函数；mediaStatus 参数为当状态发生变化时触发的回调函数。

Media 对象的方法如表 10-16 所示。

表 10-16 Media 对象的方法一览表

方　法	说　明
getCurrentPosition(successCallback,[errorCallback])	返回一个音频文件的当前位置
getDuration()	返回一个音频文件的总时长
play()	开始或恢复播放音频文件
release()	释放底层操作系统的音频文件资源
seekTo()	在音频文件中移动到相应的位置
startRecord()	开始录制音频文件
stopRecord()	停止录制音频文件
stop()	停止播放音频文件

10.5 Events 事件

PhoneGap 框架为开发者提供一套事件用于监听各种手机的操作。

目前，PhoneGap 事件机制一共分为三类：公共事件、Android 专有事件及网络状态事件。

公共事件包括：

- PhoneGap 被完全加载后触发事件；
- 应用程序进入后台时触发事件；
- 应用程序恢复到前台时触发事件。

Android 专有事件包括：

- Android 平台手机返回按钮事件；
- Android 平台手机菜单按钮事件；
- Android 平台手机搜索按钮事件。

网络状态事件：

- 网络状态进入网络状态时触发事件；
- 网络状态进入无网络状态时触发事件。

10.5.1　公共事件

1．deviceready 事件

当 PhoneGap 程序被完全加载后触发该事件。也就是说，当移动设备触发该事件后，用户就可以使用 PhoneGap 的各种函数 API。

deviceready 事件目前支持平台包括：

- iOS
- Android
- BlackBerry

实际上，我们在介绍该事件之前，前面的章节已经不断使用该事件。deviceready 事件的用法如下：

```
document.addEventListener("deviceready", onDeviceReady, false);
```

在 BlackBerry 平台下有一种特殊的情况，RIM 的 BrowserField（网页浏览器视图）不支持自定义事件，所以不会触发 deviceready 事件。

我们可以使用一种解决方案，即程序一直查询 PhoneGap.available 方法直到 PhoneGap 完全加载完毕。如下代码所示：

```
function onLoad() {
    // BlackBerry OS 4 浏览器不支持自定义事件
    // 因此通过手动方式等待，直到 PhoneGap 加载完毕
    var intervalID = window.setInterval(
        function() {
            if (PhoneGap.available) {
            window.clearInterval(intervalID);
            onDeviceReady();
        }
    },
    500
    );
}

function onDeviceReady() {
    // 现在可以安全地调用 PhoneGap API
}
```

上述代码利用 window.setInterval 不断轮询判断 PhoneGap.available 方法是否可用。如果可用，就直接调用 onDeviceReady 方法并移除 intervalID。

2. 进入后台的事件

当 PhoneGap 应用程序被放到后台时触发 pause 事件。

该事件目前支持的平台包括：

- iOS
- Android
- BlackBerry

pause 事件的使用方法如代码 10-20 所示。

代码 10-20　pause 事件示例代码

```
<!DOCTYPE html>
<html>
<head>
    <title>Device Example</title>
    <script type="text/javascript" charset="utf-8" src="phonegap.js"></script>
    <script type="text/javascript" charset="utf-8">

        //等待加载 PhoneGap
        document.addEventListener("deviceready", onDeviceReady, false);
```

```
        //PhoneGap 加载完成
        function onDeviceReady() {
            //注册返回按钮事件监听器
            document.addEventListener("pause",function(){
                //处理进入后台的时候的操作
            },false);
        }
    </script>
</head>
<body>
</body>
</html>
```

3. 恢复到前台的事件

当 PhoneGap 应用程序被恢复到前台运行时触发 resume 事件。

该事件目前支持的平台包括：

- iOS
- Android
- BlackBerry

resume 事件的使用方法如代码 10-21 所示。

代码 10-21　resume 事件示例代码

```
<!DOCTYPE html>
<html>
<head>
    <title>Device Example</title>
    <script type="text/javascript" charset="utf-8" src="phonegap.js"></script>
    <script type="text/javascript" charset="utf-8">

        //等待加载 PhoneGap
        document.addEventListener("deviceready", onDeviceReady, false);

        //PhoneGap 加载完成
        function onDeviceReady() {
            //注册返回按钮事件监听器
            document.addEventListener("resume",function(){
                //处理恢复到前台时的操作
            },false);
        }
    </script>
```

```
</head>
<body>
</body>
</html>
```

10.5.2 网络状态事件

1. online

当 PhoneGap 应用程序的网络连接状态切换到已连接网络时触发 online 事件。

online 事件的使用方法如代码 10-22 所示。

代码 10-22 online 事件的使用方法示例代码

```
<!DOCTYPE html>
<html>
<head>
    <title>online event Example</title>
    <script type="text/javascript" charset="utf-8" src="phonegap.js"></script>
    <script type="text/javascript" charset="utf-8">

        //等待加载 PhoneGap
        document.addEventListener("deviceready", onDeviceReady, false);

        //PhoneGap 加载完成
        function onDeviceReady() {
            //注册返回按钮事件监听器
            document.addEventListener("online",function(){
                //事件处理
            },false);
        }
    </script>
</head>
<body>
</body>
</html>
```

2. offline

当 PhoneGap 应用程序的网络连接进入无网络状态时触发 offline 事件。

offline 事件的使用方法如代码 10-23 所示。

代码 10-23　offline 事件的示例代码

```
<!DOCTYPE html>
<html>
<head>
    <title>offline event Example</title>
    <script type="text/javascript" charset="utf-8" src="phonegap.js"></script>
    <script type="text/javascript" charset="utf-8">

        //等待加载 PhoneGap
        document.addEventListener("deviceready", onDeviceReady, false);

        //PhoneGap 加载完成
        function onDeviceReady() {
            //注册返回按钮事件监听器
            document.addEventListener("offline",function(){
                //处理点击搜索按钮时的操作
            },false);
        }
    </script>
</head>
<body>
</body>
</html>
```

10.5.3　Android 专有事件

1. “返回”按钮事件

当用户在基于 Android 平台的移动设备上单击“返回”按钮时触发 backbutton 事件。该事件目前只支持 Android 平台。

backbutton 事件的使用方法如代码 10-24 所示。

代码 10-24　backbutton 事件示例代码

```
<!DOCTYPE html>
<html>
<head>
    <title>backbutton Example</title>
    <script type="text/javascript" charset="utf-8" src="phonegap.js"></script>
    <script type="text/javascript" charset="utf-8">
```

```
        //等待加载 PhoneGap
        document.addEventListener("deviceready", onDeviceReady, false);

        //PhoneGap 加载完成
        function onDeviceReady() {
            //注册“返回”按钮事件监听器
            document.addEventListener("backbutton",function(){
                //处理“返回”按钮的操作
                console.log("Android backbutton is called");
            },false);
        }
    </script>
</head>
<body>
</body>
</html>
```

2. 菜单按钮事件

当用户在基于 Android 平台的移动设备上单击菜单按钮时触发 menubutton 事件。该事件目前只支持 Android 平台。

menubutton 事件的使用方法如代码 10-25 所示。

代码 10-25　menubutton 事件示例代码

```
<!DOCTYPE html>
<html>
<head>
    <title>menubutton event Example</title>
    <script type="text/javascript" charset="utf-8" src="phonegap.js"></script>
    <script type="text/javascript" charset="utf-8">

        //等待加载 PhoneGap
        document.addEventListener("deviceready", onDeviceReady, false);

        //PhoneGap 加载完成
        function onDeviceReady() {
            //注册“返回”按钮事件监听器
            document.addEventListener("menubutton",function(){
                //处理单击菜单按钮的操作
                console.log("Android menubutton is called");
```

```
            },false);
        }
    </script>
</head>
<body>
</body>
</html>
```

3. 搜索按钮事件

当用户在基于 Andriod 平台的设备上单击搜索按钮时触发 searchbutton 事件。

该事件目前只支持 Android 平台。

searchbutton 事件的使用方法如代码 10-26 所示。

代码 10-26 searchbutton 事件的示例代码

```
<!DOCTYPE html>
<html>
<head>
    <title>searchbutton event Example</title>
    <script type="text/javascript" charset="utf-8" src="phonegap.js"></script>
    <script type="text/javascript" charset="utf-8">

        //等待加载 PhoneGap
        document.addEventListener("deviceready", onDeviceReady, false);

        //PhoneGap 加载完成
        function onDeviceReady() {
            //注册“返回”按钮事件监听器
            document.addEventListener("searchbutton",function(){
                //处理单击“搜索”按钮时的操作
            },false);
        }
    </script>
</head>
<body>
</body>
</html>
```

10.6 HTML5 特性

前面几章我们介绍了 PhoneGap 的基本用法，并逐一对其 API 接口进行介绍，你现在已经知道 PhoneGap 在移动设备上能实现怎样的应用程序了。实际上，PhoneGap 也支持部分 HTML5 的特性。因此，我们也能利用 HTML5 特性实现有意义的功能。

10.6.1 GeoLocation 定位位置

GeoLocation 对象提供对移动设备 GPS 传感器的访问。

在第 7 章已经介绍过 GeoLocation 地理定位的相关知识。由于 PhoneGap 的应用层是基于 JavaScript 语言的，因此，PhoneGap 也完美支持 GeoLocation 地理定位 API。具体的用法和原生 GeoLocation 相同，读者可参考第 7 章的内容。

10.6.2 Storage 特性

在 PhoneGap 中，Storage 对象允许提供对移动设备的存储和访问，该对象基于 W3C Web SQL DataBase Specification 和 W3C Web Storage API Specification 两种标准。

但是，有些设备已经提供了对该规范的实现，对于已实现规范的设备，则采用内置实现而不是使用 PhoneGap 框架的实现，否则会利用 PhoneGap 框架实现。

PhoneGap 的 Storage 对象支持 LocalStorage 特性。关于 localStorage 的具体使用方法可参考第 4 章的内容。

PhoneGap 同时还支持采用 Web SQL DataBase 标准的本地数据库。通过这类标准，我们可以实现创建本地的数据库、查询或插入数据及执行 SQL 语句等功能。

10.7 本章小结

本章我们主要介绍了 PhoneGap 的基本 API 知识，让读者对 PhoneGap 有一个基本认识，同时通过介绍各种接口，让读者能够分辨出 PhoneGap 能实现什么样的功能。

本章主要分成 5 部分介绍 PhoneGap 知识。首先，我们为读者介绍 PhoneGap 基本概念以及如何搭建 PhoneGap 开发环境，让读者对 PhoneGap 有一个入门的认识。

接下来，我们通过介绍基于硬件特性和软件特性的各类接口，让用户了解 PhoneGap 框架在智能手机中能够实现的功能效果，同时还介绍了 PhoneGap 目前所支持的事件、平台以及 HTML5 特性。

第 11 章 构建基于 HTML5 的生活轨迹 Web App

本章我们将通过构建 Web App 例子，介绍如何运用 Sencha Touch 搭建移动 Web 用户界面，并采用 HTML5 离线特性构建离线应用，HTML5 本地存储特性作为本地数据库，以及 Geolocation 和 Google 地图 API 接口实现记录当前地理位置信息。

11.1 项目背景

现在，越来越多的移动端应用程序都提供了地理定位的功能，并且也可以公开或选择性地向好友分享你的位置。然而，这些功能都是基于移动设备的原生客户端应用程序，它们都需要程序的安装、账户注册等才能正常使用地理位置分享功能。对于移动端的 Web 应用程序呢？Geolocation 技术就是为了解决 Web 端获取当前地理位置信息的。

本示例 Web App 应用程序，提供一种全新的 Web 应用体验方式，用户无须安装客户端应用程序。它的运行环境是基于支持 HTML5 标准的 Web 浏览器，无论用户当前网络是否在线，都可以通过 Web 应用程序记录事件或日记、地理定位（需要有网络状态下）、离线应用等功能。

11.1.1 功能介绍

基于 HTML5 的生活轨迹 Web 应用程序功能非常简单，其功能类似于记事本，但它比记事本多了一种地理定位的功能。

本实例的主要功能是提供给用户创建生活轨迹内容，并且允许获取当前用户所在地理位置的坐标信息。同时，用户还可以浏览生活轨迹列表，如果记录的生活轨迹内容保存着当前地理位置信息，浏览时便以地图的方式展示，否则以文本形式显示。

生活轨迹 Web App 应用程序使用的技术要点包括：Sencha Touch、Geolocation API、离线应用、LocalStorage 本地存储等。

Web App 既支持 IE 9、Chrome、Safari、FireFox、Opera 等桌面浏览器，也支持 iPhone、Android、BlackBerry、iPad 等智能移动设备。

1. Sencha Touch

Sencha Touch 是一套基于 HTML5 的富应用程序框架，主要提供创建移动 Web 应用程序所需的用户界面库，并且还可以通过业务逻辑实现各种界面之间的转换。

本实例将采用 Sencha Touch 的一项新特性：使用 MVC 开发模式编写 Web 应用程序。数据模型、数据展示及业务逻辑操作代码各自独立，因此，代码将变得更容易维护。

2. Geolocation

Web App 应用程序将主要使用 HTML5 的 Geolocation 技术获取用户当前的地理位置信息，并将读取的经纬度信息标记在 Google 地图上。

3. localStorage

对于数据的存取，我们采用 HTML5 标准的本地存储 LocalStorage 对象记录数据。在示例中，我们并没有采用 localStorage 对象提供的原生 API，而是采用由 Sencha Touch 封装的 LocalStorage 对象存取数据。

4. 离线应用

本实例的最后，我们增加了一种新功能特性：在网络离线状态下也可访问 Web 应用程序。这个功能特性是采用 HTML5 标准中的离线应用，我们将大部分资源文件存储在用户的 Web 浏览器客户端中，同时使用 manifest 配置文件根据版本的变化而更新资源文件到本地。

由于例子中使用到 Google 地图 API 接口，而 API 不属于我们可以控制的范围，而且 Google 地图图片数据需要实时读取，并将地理位置信息标记在地图上，因此当用户的网络处于离线状态时，Web 应用程序将无法读取 Google 地图数据。

11.1.2　功能模块

本实例 Web App 应用程序的代码文件组织结构将按照 Sencha Touch 推荐使用的 MVC 模式文件目录结构，如图 11-1 所示。

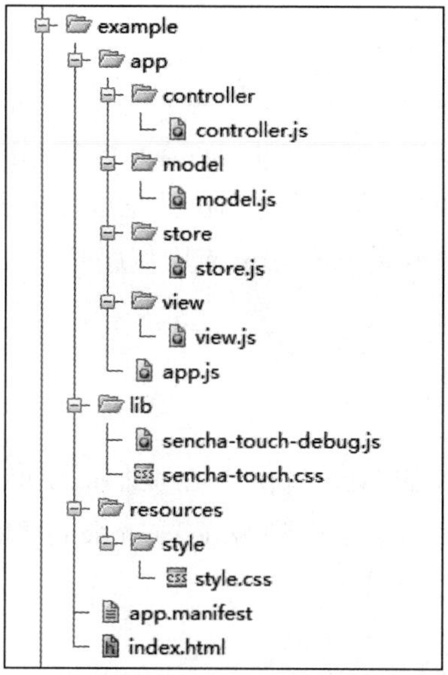

图 11-1　实例代码目录结构

现在，我们介绍一下图 11-1 中所示的目录结构的主要作用。

- example 目录是本实例 Web 应用程序的整个目录，目录下共有三个子目录：app、lib、resources。同时还包括两个主要文件：index.html 和 app.manifest。index.html 为整个 Web App 的首页；app.manifest 则是离线应用的配置文件。
- app 目录主要存放 Sencha Touch 的 MVC 应用程序 JavaScript 文件。这部分代码是整个 Web App 的核心代码，其中包括数据模型、视图界面及业务逻辑。app 目录下还包含一个 app.js，这个文件将是 Sencha Touch 应用程序的入口。
- controller 目录主要存放 Sencha Touch 应用程序的业务逻辑代码文件，这部分业务代码还包括获取地理位置信息、获取地图数据等功能。
- model 目录主要存放 Sencha Touch 应用程序中数据模型 Model 类代码文件。

- store 目录主要存放 Sencha Touch 应用程序的数据 Store 对象文件。虽然这个目录不是 Sencha Touch 推荐使用，并且建议目录中的 Store 对象存放在 Model 目录内，但作者觉得在采用 MVC 模式开发 Web App 时 Store 对象作为数据操作对象，其功能类似于 JDBC（Java Data Base Connectivity，Java 数据库连接）的功能，最好将其独立分开。开发人员则可以根据实际情况而自定义此目录。
- view 目录主要存放 Sencha Touch 应用程序定义的视图界面文件。几乎所有的界面如 Panel 组件都是在这里定义的。
- lib 目录存放的是 Sencha Touch 的 JavaScript 源码库和 CSS 源码库。本实例采用的是一个 Sencha Touch 开发模式的 JavaScript 代码库，这个 JavaScirpt 代码库是未经过特殊工具的压缩，这方便我们在开发过程中调试编写的程序代码。
- resource 目录主要存放开发 Web App 应用程序时的自定义图片、CSS 样式文件等。

11.2 创建基本应用程序

在正式开始基于 HTML5 的 Web App 之前，我们需要准备 index.html，并导入 Sencha Touch 类库和样式文件。同时，由于用到 Sencha Touch 的 MVC 开发模式，我们也需要在 app.js 中创建一个 application 对象作为整个 Web App 的根节点对象。

11.2.1 创建首页

创建一个 HTML5 标准文档格式 HTML 文件，并将 JavaScrip 类库、自定义 JavaScript 文件、CSS 文件导入到文件，并命名为 index.html，如代码 11-1 所示。

在代码 11-1 中，关于 Sencha Touch 的外部资源文件导入的顺序，需要注意以下几点。

（1）由于 sencha-touch-debug.js 文件是 Sencha Touch 框架基础类库，所有基于该框架库开发的 JavaScript 文件，其导入的位置必须在 Sencha-Touch-debug.js 文件后面。

（2）app.js 是整个 Web App 的 JavaScript 开始文件。因此 app.js 导入的位置必须在 sencha-touch-debug.js 文件后面，同时也必须在 model.js、store.js、view.js、controller.js 文件前面。

（3）对于使用 MVC 模式中的 model.js、store.js、view.js、controller.js 这 4 个文件，一般情况下 controller 业务类都位于底层，其余文件导入的位置则根据实际情况而定。

代码 11-1　index.html 代码

```
<!DOCTYPE HTML>
<html>
<head>
    <meta charset="UTF-8">
    <title>我的生活轨迹</title>
    <link rel="stylesheet"type="text/css"
href="lib/sencha-touch.css" />
<link rel="stylesheet" type="text/css"
href="resources/style/style.css" />
    <script type="text/javascript" src="lib/sencha-touch-debug.js">
</script>
<script type="text/javascript"
src="http://maps.google.com/maps/api/js?sensor=true">
</script>
<script type="text/javascript" src="app/app.js"></script>
<script type="text/javascript" src="app/model/model.js">
</script>
<script type="text/javascript" src="app/store/store.js">
</script>
<script type="text/javascript" src="app/view/view.js">
</script>
<script type="text/javascript"
src="app/controller/controller.js">
</script>
</head>
<body>
</body>
</html>
```

11.2.2　创建入口函数

1. app.js

我们在前面多次提及 app.js 这个文件，app.js 作为整个 Sencha Touch MVC 应用程序的入口，属于 Web App 的核心功能 JS 文件，如代码 11-2 所示。该文件内只有一个创建 Application 对象的方法，其中参数 name 设置“app”作为命名空间名称，同时 launch 参数设置应用程序的初始化函数，这个函数将是整个应用程序的入口函数。

代码 11-2 app.js 文件代码

```
Ext.regApplication({
    /* 定义应用程序名称，并作为命名空间 */
    name : 'app',
    /* 默认目标名称 */
    defaultTarget : 'viewport',
    /* 初始化函数 */
    launch : function(){
        this.viewport = new app.views.viewport();
    }
});
```

2. 主视图 viewport

从代码 11-2 可以看到，我们在 launch 初始化函数内定义了一个 viewport 变量，并且将变量指向继承 Ext.Panel 的自定义组件对象实例。

app.views.viewport 是由 Sencha Touch 定义的命名空间变量格式，同时也是所有视图组件的父级对象，任何子视图以及其他组件对象都定义在其属性 items 内。由于我们是使用 Ext.Extend 方法继承 Panel 组件的方式创建一个新对象的，因此 app.views.viewport 只是一个对象，而非对象实例。创建实例仍然需要配合 new 关键字，如 new app.views.viewport()。

app.views.viewport 对象的定义在 view.js 文件内，代码如下：

```
app.views.viewport = Ext.extend(Ext.Panel,{
    id:'viewport',
    fullscreen:true,
    layout:'card',
      //默认显示第一个 item 项
    activeItem:0,
    items:[
        {
            xtype:'listPanel'
        },{
            xtype:'noteForm'
        },{
            xtype:'viewNote'
        }
    ],
    initComponent : function(){
         app.views.viewport.superclass.
```

```
            initComponent.apply(this,arguments);
        }
});
```

其中 fullScreen、layout 两个属性作为父视图 viewport 是必须定义的，这两个属性用于设置自适应整个应用程序的界面大小及子视图的显示方式。

定义 id 属性主要为后面实现视图切换时可以通过 id 值获取该组件的实例对象。

在代码中，我们看到 items 属性指定了三种不同名称类型的 xtype，在这里我们先不介绍这些自定义 xtype 类型的组件，后续介绍 View 视图组件的时候会展示这部分代码。

11.3　设置 Model 数据模型

Web App 要实现在 Sencha Touch 中对数据的存取，首先需要创建一个 Model 实体数据模型及用于存取数据操作的 Store 对象。接下来我们将为你介绍如何实现这部分的代码。

11.3.1　创建 Model 实体类

现在我们开始编写 MVC 应用程序。首先在 model.js 中建立一个 model 实体类 note，并存储为命名空间变量 app.models.note，如代码 11-3 所示。

从代码 11-3 中可以看到，我们定义了 proxy 属性参数，并指定 type 类型为 localStorage，表示采用本地存储将数据存储到浏览器中。

代码 11-3　model.js 完整代码

```
app.models.note = Ext.regModel("note",{
    fields:[
       {name:'id',type:'int'},
       {name:'title',type:'string'},
       {name:'content',type:'string'},
       {name:'position',type:'string'},
       {name:'latitude',type:'string'},
       {name:'longitude',type:'string'}
    ],
    /* 使用 localStorage 代理 */
    proxy : {
        type:'localstorage',
        id:'noteStorage'
    }
});
```

11.3.2 设置 Store 对象

现在我们来定义 Store 组件对象，该对象的作用是数据存取对象。由于本实例只有一个 Model 数据模型，同时处理的业务需求也相对简单，因此我们只实例化一个 Store 对象，并定义到命名空间变量 app.stores.noteStore。

store.js 的完整代码如代码 11-4 所示。

代码 11-4　store.js 完整代码

```
app.stores.noteStore = new Ext.data.Store({
    model:'note',
    id:'noteStore'
});
```

11.4 创建 View 视图组件

上一节我们已经准备了存取数据最基本的组件对象：Model 对象和 Store 实例对象。现在，我们开始创建 Web App 视图界面组件。

11.4.1 列表视图

在 Web App 应用程序实例中，最主要的视图就是内容列表视图，同时也是所有功能模块的入口，它位于主视图 viewport 下的子视图。该视图实现的界面效果如图 11-2 所示。

图 11-2　列表视图

列表视图主要分成两部分：顶部的工具栏模块和列表模块。工具栏模块左右两侧分别有一个按钮，中间是一个标题。列表模块主要是显示生活轨迹内容清单。

定义列表视图的源代码位于 view.js 文件内，代码如下：

```
app.views.listPanel = Ext.extend(Ext.Panel,{
    id:'listPanel',
    layout:'card',
    dockedItems:[{
        xtype:'toolbar',
        dock:'top',
        title:'生活轨迹',
        items:[{
            xtype:'button',
            text:'添加',
            handler:function(){
                app.controllers.appController.showNoteForm();
            }
        },{
            xtype:'spacer'
        },{
            xtype:'button',
            text:'更多功能',
            handler:function(){
                app.controllers.appController
                  .showNoteActionSheet();
            }
        }]
    }],
    items:[{
        xtype:'noteList'
    }],
    initComponent : function(){
         app.views.listPanel.superclass.initComponent
             .apply(this,arguments);
     }
});
Ext.reg('listPanel',app.views.listPanel);
```

11.4.2 列表组件

我们注意到列表视图代码中的 items 属性参数使用了自定义的 xtype 类型：noteList。这个 xtype 类型对象是通过继承 Ext.List 组件对象而创建的新组件对象，并使用 Ext.reg 方法命名 xtype 类型名称。

noteList 列表组件的源代码位于 view.js 文件内，代码如下：

```
app.views.noteList = Ext.extend(Ext.List,{
    store : app.stores.noteStore,
   cls:'noteList',
    itemTpl : '<p class="title">{title}</p><p>{content}</p>',
   onItemDisclosure:{
       scope:this,
       handler:function(record, btn, index){
       }
   },
        initComponent : function(){
            app.stores.noteStore.load();
            app.views.noteList.superclass
              .initComponent.apply(this,arguments);
            this.enableBubble('selectionchange');
        }
});
Ext.reg('noteList',app.views.noteList);
```

从代码中可以看到，在 initComponent 初始化组件函数内有以下一段代码：

```
app.stores.noteStore.load();
```

这段代码的作用是当加载列表组件时，组件自动加载列表视图的数据。因此本 Web App 实例在组件渲染完毕时，会自动加载数据，并立即显示在页面上。

11.4.3 表单视图

表单视图的功能是给用户提供标题、内容的输入以及获取当前所在的位置地理经纬度信息。该视图实现的界面效果如图 11-3 所示。

图 11-3　创建生活轨迹表单视图

表单视图的源代码位于 view.js 文件内，代码如下：

```
app.views.noteForm = Ext.extend(Ext.form.FormPanel,{
    id:'noteForm',
    scroll:'vertical',
    dockedItems:[{
        xtype:'toolbar',
        dock:'top',
        title:'创建',
        items:[{
            xtype:'button',
            text:'提交',
            handler:function(){
            }
        },{
            xtype:'spacer'
        },{
            xtype:'button',
            text:'返回',
            handler:function(){
            }
```

```
        }]
    }],
    items:[
        {
            xtype:'textfield',
            name:'title',
            labelWidth:'0%',
            maxLength:20,
            placeHolder:'请输入标题'
        },{
            xtype:'textareafield',
            name:'content',
            labelWidth:'0%',
            maxLength : 1024,
            maxRows : 10,
            placeHolder:'请输入生活轨迹内容'
        },{
            xtype:'togglefield',
            name:'isPosition',
            label:'是否获取你的当前位置',
            labelWidth:'65%',
            listeners:{
                change:function(slider,thumb,newValue,oldValue){
                }
            }
        },{
            xtype:'hiddenfield',
            id:'latitude',
            name:'latitude'
        },{
            xtype:'hiddenfield',
            id:'longitude',
            name:'longitude'
        }
    ],
    initComponent : function(){
          app.views.listPanel.superclass.initComponent
               .apply(this,arguments);
     }
});
Ext.reg('noteForm',app.views.noteForm);
```

11.4.4　浏览生活轨迹视图

浏览一条列表项的视图主要提供两种界面用于显示该列表项的内容。第一种视图风格是当列表项中没有地理位置信息时，视图就只显示文字内容；第二种视图风格是当列表项中含有地理位置信息时，视图将显示 Google 地图，并在中间位置显示该地理位置标记，当点击地图上的标记时会显示你记录过的生活轨迹内容。

Google 地图视图显示的效果界面如图 11-4 所示。

图 11-4　显示 Google 地图的视图

显示一条内容项的视图源代码位于 view.js 文件内，两种不同风格的视图效果将合并到一个视图组件源码，代码如下：

```
app.views.viewNote = Ext.extend(Ext.Panel,{
    id:'viewNote',
    tpl : new Ext.XTemplate(
        '<header><h1><em>标题：</em>{title}</h1></header>',
        '<p><em>内容：</em>{content}</p>'
    ),
```

```
    dockedItems:[{
        xtype:'toolbar',
        dock:'top',
        title:'生活轨迹',
        items:[{
            xtype:'button',
            text:'返回',
            handler:function(){
            }
        },{
            xtype:'spacer'
        },{
            xtype:'button',
            text:'删除',
            handler:function(){
            }
        }]
    }],
    items:[{
        xtype:'map',
        id:'map',
        mapOptions:{
            zoom : 14
        }
    },{
        xtype:'hiddenfield',
        id:'noteId'
    }],
    initComponent : function(){
         app.views.viewNote.superclass.initComponent
              .apply(this,arguments);
         }
});
```

11.4.5 Sheet 组件选择更多功能

在列表视图中，我们可以看到工具栏右侧有一个“更多功能”按钮。当单击该按钮时，Sencha Touch 会调用由 Ext.ActionSheet 组件创建的实例对象，该对象的作用是显示更多的功能选择浮动层界面。由于本实例功能简单，现在只提供一个清除所有列表项功能的按钮，用户可以根据实际情况增添更多其他的功能按钮，该功能的界面效果如图 11-5 所示。

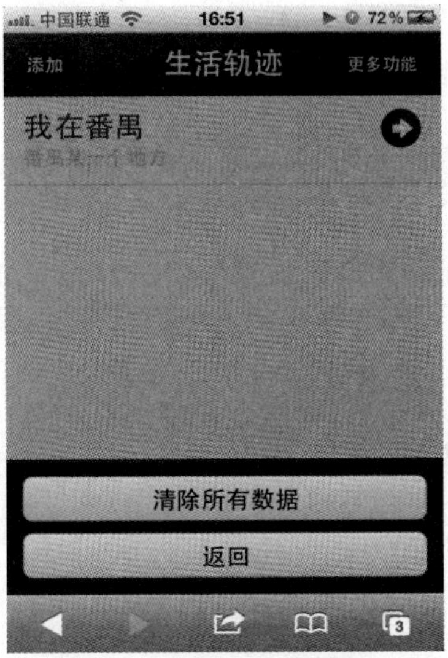

图 11-5　Sheet 视图组件

ActionSheet 视图组件的实例对象源代码位于 view.js 文件内，代码如下：

```
app.views.moreActionSheet = new Ext.ActionSheet({
    items : [
        {
            text:'清除所有数据',
            scope:this,
            handler:function(){
            }
        },{
            text:'返回',
            scope:this,
            handler:function(){
            }
        }
    ]
});
```

11.5 业务逻辑

在 11.4 节，我们完成了整个 Web App 应用程序的用户界面视图组件。接下来我们将要实现连接各个用户界面组件的业务逻辑功能。

11.5.1 定义 controller 类

我们先实现一个 controller 实例对象，并在该对象下实现各种业务逻辑功能，也就是 controller.js 代码结构。

代码如下：

```
app.controllers.appController =
        new Ext.regController('appController',{
    //在这里定义各种业务逻辑函数
});
```

11.5.2 实现视图之间的切换

在介绍 View 视图组件的时候，我们一共创建了三个页面视图：列表视图、表单视图、含 Google 地图的视图。那么我们如何实现这些视图之间的切换呢？其奥妙就在以下代码片段内。

1．切换列表视图函数

首先定义一个切换到列表视图功能的函数：showListPanel。

其源代码位于 controller.js 文件内，代码如下：

```
showListPanel:function(){
        Ext.getCmp("viewport").setActiveItem('listPanel',{
        type:'slide',
        direction:'left'
        });
}
```

接着在表单视图的工具栏右侧“返回”按钮的单击或触摸事件中添加 showListPanel 函数，因为它非常符合将表单视图切换回列表视图的业务需求。代码如下：

```
app.views.noteForm = Ext.extend(Ext.form.FormPanel,{
    ……
    dockedItems:[{
        xtype:'toolbar',
        dock:'top',
        title:'创建',
        items:[{
            xtype:'button',
            text:'提交',
            handler:function(){
                app.controllers.appController.saveNote();
            }
        },{
            xtype:'spacer'
        },{
            xtype:'button',
            text:'返回',
            handler:function(){
                app.controllers.appController.showListPanel();
            }
        }]
     ……
});
```

同理，当浏览一条生活轨迹内容视图时，其工具栏左侧的“返回”按钮也符合切换回列表视图的业务需求，因此在该视图的“返回”按钮中可以直接添加该业务逻辑函数，代码如下：

```
app.views.viewNote = Ext.extend(Ext.Panel,{
    ……
        items:[{
            xtype:'button',
            text:'返回',
            handler:function(){
                app.controllers.appController.showListPanel();
            }
        }
     ……
});
```

2．切换表单视图函数

切换表单视图函数和切换列表视图函数的实现方法基本相同。

首先定义一个 showNoteForm 函数用于切换到表单视图功能，代码如下：

```
showNoteForm:function(){
       Ext.getCmp('viewport').setActiveItem('noteForm',{
            type:'slide',
      direction:'left'
       });
}
```

我们在列表视图的工具栏右侧提供一个“添加”按钮，该按钮的作用是切换到表单视图页面。同样地，我们在该按钮的单击或触摸事件中直接调用这个 showNoteForm 函数来处理这种业务需求，代码如下：

```
app.views.listPanel = Ext.extend(Ext.Panel,{
    ……
   dockedItems:[{
      xtype:'toolbar',
      dock:'top',
      title:'生活轨迹',
      items:[{
         xtype:'button',
         text:'添加',
         handler:function(){
            app.controllers.appController.showNoteForm();
         }
      }
    ……
});
```

3．切换含地图的视图函数

同理，在 controller.js 内定义 showViewNote 函数。该函数的主要功能是显示一条内容页面的视图，代码如下：

```
showViewNote:function(){
   Ext.getCmp("viewport").setActiveItem('viewNote',{
```

```
        type:'slide',
        direction:'left'
    });
}
```

11.5.3　保存生活轨迹内容

在表单视图组件的工具栏右侧有一个“提交”按钮，该按钮的主要功能是提交表单视图的所有表单内容，并存储到 localStorage 对象。代码如下：

```
saveNote:function(){
        var form = Ext.getCmp("noteForm");
    var store = app.stores.noteStore;
    var last = store.last();
    var maxId = last==undefined?1:last.data.id+1;
    form.submit({
            waitMsg:'处理中...',
        success:function(){
            app.controllers.appController.showListPanel();
        }
    });
    var m = Ext.ModelMgr.create({id:maxId},'note');
    form.updateRecord(m,false);
    app.stores.noteStore.insert(maxId,m);
    app.stores.noteStore.sync();
    form.reset();
    app.controllers.appController.showListPanel();
}
```

11.5.4　实现 Geolocation 地理定位

如图 11-3 所示，获取地理定位信息是通过一个开关按钮控制的，在默认情况下，该开关按钮是关闭状态，用户需要自行开启并确认获取当前地理位置信息。

在这里，我们在代码中使用开关按钮的 change 事件，实时监听开关按钮的状态变化，以确定地理位置信息是否允许获取，代码如下：

```
{
            xtype:'togglefield',
        name:'isPosition',
```

```
        label:'是否获取你的当前位置',
        labelWidth:'65%',
        listeners:{
            change:function(slider,thumb,newValue,oldValue){
            //从关闭状态切换到开启状态时
            if(newValue==1 && oldValue==0){
                app.controllers.appController
                    .getCurrentPosition();
            }
            //切换关闭状态
             if(newValue == 0){
                app.controllers.appController
                    .clearPosition();
            }
        }
    }
}
```

当开关按钮切换状态时触发 change 事件，事件函数内会调用 controller 实例对象的 getCurrentPosition 函数，该函数的代码如下：

```
getCurrentPosition:function(){
    var geo = new Ext.util.GeoLocation({
        autoUpdate: true,
        listeners: {
            locationupdate: function (geo) {
                Ext.getCmp('latitude')
                    .setValue(geo.coords.latitude);
                Ext.getCmp('longitude')
                    .setValue(geo.coords.longitude);
            },
            locationerror:function(geo,
                                bTimeout,
                          bPermissionDenied,
                          bLocationUnavailable,
                          message){
            }
        }
    });
    geo.updateLocation();
}
```

clearPosition 函数的主要功能是当用户反选取消不获取位置信息时，程序需要将隐藏域中两个字段值置为空值，代码如下：

```
clearPosition:function(){
    Ext.getCmp('latitude').setValue('');
    Ext.getCmp('longitude').setValue('');
}
```

11.5.5　显示生活轨迹内容

本实例在显示生活轨迹内容视图的时候，采用了两种不同的视图显示类型。当单击列表项右侧图标时将触发 onItemDisclosure 事件，事件将在 handler 函数内调用 controller 实例对象的 showNote 函数，代码如下：

```
app.views.noteList = Ext.extend(Ext.List,{
        ……
   onItemDisclosure:{
       scope:this,
       handler:function(record, btn, index){
           app.controllers.appController
                 .showNote(record, btn, index);
       }
   }
        ……
});
```

showNote 函数的主要功能是判断当前生活轨迹内容是否存在地理位置信息，当不存在地理位置信息时，由视图组件定义的 tpl 模板转化成实际 HTML 代码并显示在视图组件可视区域。

showNote 函数代码位于 controller.js 文件内，代码如下：

```
showNote:function(record, btn, index){
    app.controllers.appController.showViewNote();
    var data = record.data;
    var viewNote = Ext.getCmp('viewNote');
    if(data.latitude == "" || data.longitude == ""){
        Ext.getCmp('viewNote').update(data);
        Ext.getCmp('map').hide();
    }else{
```

```
        app.controllers.appController.showNoteByMap(data);
    }
    Ext.getCmp('noteId').setValue(data.id);
}
```

代码中通过判断已选中的列表项是否存在 latitude 和 longitude 两个属性值来判断显示哪一种视图显示方式。当两个值为空时，视图实例对象会调用 update 方法更新 tpl 模板，并转化成 HTML 代码显示在视图可见区域，同时隐藏地图组件。

11.5.6 显示 Google 地图

一般情况下，通过 Geolocation API 读取的地理位置信息，latitude 和 longitude 经纬度值是同时存在的，不可能出现其中一个属性为空而另外一个属性不为空的情况。因此无须判断两个值是否同时存在空置等业务逻辑。

在 showNote 函数中，当 latitude 和 longitude 两个属性值不为空时，将直接调用 controller 实例对象内的 showNoteByMap 函数。该函数的主要功能是将列表项的地理经纬度信息标记在 Google 地图上。

showNoteByMap 函数源代码位于 controller.js 文件内，代码如下：

```
showNoteByMap:function(data){
    var map = Ext.getCmp('map');
    map.show();
    var latlng = {latitude:data.latitude,
            longitude:data.longitude};
            //更新地图组件中心坐标位置
            map.update(latlng);
            //创建显示在地图中的信息窗口
            var infowindow = new google.maps.InfoWindow({
                content: '<p>'+data.title+'</p><p>'+data.content+'</p>'
            });
            //创建 google 地图标记的坐标位置对象
            var center = new google.maps
                    .LatLng(data.latitude, data.longitude);
            //创建显示在 Google 地图中的标记
            var marker = new google.maps.Marker({
                position: center,
                title : data.title,
                map: map.map
```

```
        });
        //监听鼠标移动到标记事件或触摸一下标记事件
        google.maps.event.addListener(marker,'mouseover',
            function(){
                infowindow.open(map,marker);
            }
        );
        //监听鼠标移开标记的事件或触摸非标记位置时的事件
        google.maps.event.addListener(marker, 'mouseout',
                function(){
                    infowindow.close();
            }
        );
}
```

代码中主要存在几个功能点：更新地图组件的坐标位置、创建显示地图信息窗口、创建 Google 地图标记、注册标记事件。

代码运行后的效果如图 11-4 所示，当点击或触摸图中的标记时，将会显示如图 11-6 所示的内容窗口。

图 11-6　显示 Google 地图

11.5.7 显示 Sheet 组件函数

本实例的列表视图中提供了一个选择更多功能的按钮，该按钮有别于其他切换视图的业务逻辑，它提供一种 Action Sheet 组件视图功能，用于给用户提供一种额外的区域让用户选择更多功能。

由于在此之前已经定义好了 Sheet 视图组件，现在创建一个函数用于显示该 Sheet，我们将其命名为 showNoteActionSheet，然后在函数内调用该实例对象的 show 方法将其显示在页面上。

showNoteActionSheet 函数源代码位于 controller.js 文件内，代码如下：

```
showNoteActionSheet:function(){
    app.views.moreActionSheet.show();
}
```

然后，在列表视图的“更多功能”按钮中添加单击或触摸事件函数调用 showNoteActionSheet 函数，代码如下：

```
{
    xtype:'button',
    text:'更多功能',
    handler:function(){
        app.controllers.appController.showNoteActionSheet();
    }
}
```

11.5.8 清除所有存储的列表函数

从 Sheet 组件中显示的视图来看，我们提供了一个清除所有列表项数据的功能按钮和“返回”按钮。两个按钮都在自己的单击或触摸事件中添加各自的业务逻辑函数，代码如下：

```
app.views.moreActionSheet = new Ext.ActionSheet({
   items : [
      {
         text:'清除所有数据',
         scope:this,
         handler:function(){
            app.controllers.appController.removeAllNote();
         }
      },{
```

```
            text:'返回',
            scope:this,
            handler:function(){
                app.views.moreActionSheet.hide();
            }
        }
    ]
});
```

清除所有列表项数据的业务逻辑是调用 controller 实例对象的 removeAllNote 函数；返回按钮则直接调用 Sheet 实例对象的 hide 方法隐藏。

removeAllNote 函数源代码位于 controller.js 文件内，代码如下：

```
removeAllNote:function(){
    Ext.Msg.confirm("确认","你确认要清除本地所有数据?",function(){
        var count = app.stores.noteStore.getCount();
        for(var i=0;i<count;i++){
            app.stores.noteStore.removeAt(0);
        }
        app.stores.noteStore.sync();
        app.views.moreActionSheet.hide();
    });
}
```

11.5.9　删除一条记录的函数

最后，本实例还提供单独删除一条记录的功能，该功能位于浏览生活轨迹视图的工具栏右侧，效果如图 11-4 所示。

controller 实例对象内的 deleteNote 函数代码如下：

```
deleteNote:function(){
    var noteId = Ext.getCmp('noteId').getValue();
    var store = app.stores.noteStore;
    var record = store.findRecord('id',noteId);
    store.remove(record);
    store.sync();
    app.controllers.appController.showListPanel();
}
```

在“删除”按钮的单击或触摸事件中调用 controller 实例对象的 deleteNote 函数，代码如下：

```
{
        xtype:'button',
        text:'删除',
        handler:function(){
            app.controllers.appController.deleteNote();
        }
}
```

11.6 缓存文件

至此，整个示例应用程序基本介绍完毕，不过 HTML5 为我们提供了一种非常实用的功能：离线应用。虽然该标准目前还不是很完善，但完全不影响我们在本例中使用它。

11.6.1 设置 manifest 文件内容

首先，我们创建一个 manifest 格式文件，并命名为 app.manifest，代码如下：

代码 11-5 app.manifest 文件完整代码

```
CACHE MANIFEST

#version 1.00

CACHE:
index.html
lib/sencha-touch-debug.js
app/app.js
app/model/model.js
app/controller/controller.js
app/store/store.js
app/view/view.js
resources/style/style.css
lib/sencha-touch.css

NETWORK:
http://maps.google.com/maps/api/js?sensor=true
http://maps.gstatic.com/intl/zh_cn/mapfiles/api-3/6/8/main.js
*
```

在使用离线应用特性时，需要注意如下两点。

1．更新 manifest 文件

当离线应用功能生效后，如果多次修改 app.manifest 文件中 CACHE 指定的文件，整个应用程序不会识别这些文件是否有修改。只有当 app.manifest 文件被修改过时，应用程序才会识别到 manifest 文件已更新并重新下载 CACHE 指定的文件。

作者推荐使用版本号的方案作为更新 CACHE 的文件，如上述代码中“#version 1.00”。当每次修改一次或多次文件后，我们都可以将 1.00 修改为 1.01 或 1.1 等自定义版本号。这样离线应用会识别到 manifest 已被更新并重新下载，这样的方案就不影响 manifest 文件内部定义的列表清单结构。

不过，当 manifest 版本被更新后，应用程序会被重新下载到本地，而此时整个应用程序依然使用上一版本的缓存文件。如果需要使用最新下载的版本文件，需要再重新刷新加载一次页面，新版本的功能才会正式生效。

2．服务器配置 manifest 格式文件

在本书介绍离线应用的时候提到过，一般情况下，如 Tomcat 或 Apache 等 Web 应用服务器默认不会识别 manifest 格式文件，如果要支持 manifest 格式文件，需要对这些应用服务器配置 mime 类型以支持 manifest 格式。

如果在使用离线应用过程中，发现开发人员工具界面的控制台出现如图 11-7 所示显示 Invalid manifest mime type 等错误提示，就表明服务器无法识别 manifest 格式文件，需要配置服务器支持 manifest 文件格式。

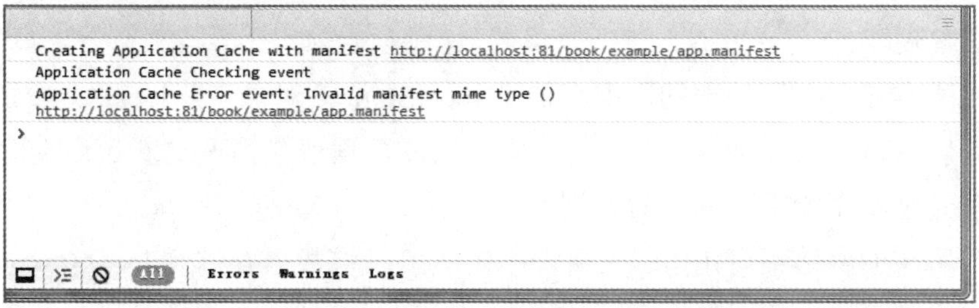

图 11-7　服务器无法识别 manifest 格式文件错误提示

11.6.2　设置 HTML 缓存文件

定义完 app.manifest 配置文件后，接下来我们要真正实现离线应用的功能。

现在将 app.manifest 文件部署到 HTML 代码中，代码效果如下：

```
<html manifest="app.manifest">
```

离线应用第一次下载或更新 CACHE 指定的文件时效果如图 11-8 所示。

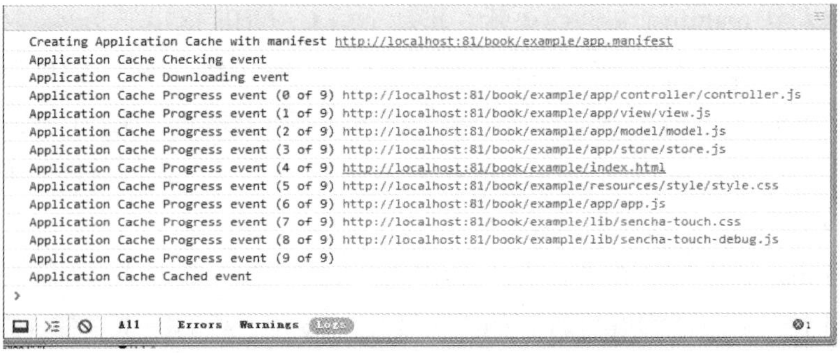

图 11-8　第一次下载或更新 CACHE 指定的文件效果图

11.7　后端服务器通信

本章的综合实例，大部分都是围绕前端业务进行的，并没有和后台服务器进行任何通信。在实际项目中，前端和后端之间的通信和数据交换非常频繁。本实例为了更好地展示 HTML5 特性的应用，没有介绍任何后端技术。

基于此，本实例仍然有很多实用功能扩展空间，并且有潜力成为一个真正有意义的 Web 应用程序。特别是实例中使用的 localStorage 对象，它的作用远远没有在本实例中得到很好的体现。

前端将所有业务逻辑处理的数据存储到 localStorage 对象，当 localStorage 对象发生变化时，可以通过 Ajax 异步请求方式，根据当前数据变化情况更新到后端服务器中，而此过程中完全不影响用户的正常使用。

当用户所在的网络不可用时，应用程序依然可以将数据存储到 localStorage 对象中，此时由于网络不可用，数据将不会自动更新到后端服务器。在网络可用状态下，程序会自动更新数据到后端服务器。

读者可以根据上述提到的功能特点，自行编写代码应用到这个实例中，让整个应用程序变得更强大。

11.8　本章小结

本章通过一个简单的实例实现开发一套基于移动端的 Web 应用程序。

示例中以 Sencha Touch 框架作为整个应用程序的基础库，利用了 Panel 视图组件、表单元素组件、Sheet 组件、地图组件、本地存储代理等特性构建一套 Web 应用程序界面。

同时，利用 HTML5 标准对移动 Web 应用程序的良好支持，使用 Geolocation 特性获取用户当前地理位置信息，并通过 Google 地图提供的 API 接口将位置信息标记到 Google 地图上，以提供更好的体验给用户。

最后，在示例应用程序中增加离线应用特性，可以使移动设备在没有网络状态的情况下依然可以使用应用程序的基本功能。

第 12 章

进阶之路

至此，基于 HTML5 标准创建移动 Web 应用程序的学习旅行已经进入了尾声。通过阅读本书，你基本上掌握了 HTML5 部分标准的基本知识，以及如何开发移动 Web 应用程序。然而，HTML5 标准还没有正式发布，未来的标准仍然存在相对较多的变化，读者在学习 HTML5 的同时，也需要关注各类标准的变化情况和浏览器的支持情况，以确保你的 HTML5 应用程序能够被正常运行。

HTML5 标准规范非常多，本书将针对目前 HTML5 标准特性为读者探讨如何应用于移动领域，对于部分热门技术知识点如 Canvas 特性并没有详细介绍。本书的宗旨是为读者提供学习移动 Web 开发技术的入门基础知识，如果你要深入理解移动 Web 开发领域的高级特性，仍然需要不断学习并提高各种 Web 编程知识及掌握各种移动设备之间的特性等。

在本书的最后，我们将为你提供一些学习移动 Web 开发技术的参考资料以及移动 Web 框架。

12.1 重新理解 HTML5

作为开发者，开发基于移动平台的 Web 应用程序是作为 HTML5 实践的方向之一。但目前它的发展仍然受制于很多因素，例如硬件设备、浏览器等。

HTML5 标准距离正式发布还有一段时间，但已经显示出其功能强大之处。实际上，HTML5 并不是万能的，它只是能够解决在移动 Web 平台上的很多问题。

作者认为，HTML5 只是一个标准，它涉及的技术范围非常广泛。从技术层面来说，HTML5 主要包括：重新定义 Web 文档语义，增强 JavaScript 语言 API 接口，美化页面样式的 CSS3，Web 通信协议。因此，无论使用 HTML5 开发移动 Web 应用程序，还是开发游戏，最重要的技能仍然是熟悉 JavaScript 和 CSS 两种语言。

HTML5 虽然强大，但在实际项目中不能盲目地使用 HTML5 技术。首先，我们在项目中使用 HTML5 时，需要对标准的成熟程度、浏览器支持情况及适用范围有一定的了解，并且还需要评估使用该技术所带来的风险程度。其次，不能过度使用 HTML5 技术，需要根据项目的实际情况循序渐进地运用 HTML5 新技术，以提高开发效率。

12.2　浏览器的 Web 开发文档

读者可以访问以下这些浏览器官方开发文档，即可了解各种移动平台下的浏览器对 HTML5 的支持情况及其浏览器 Web 开发文档。

- http://developer.apple.com/library/safari/

Safari 浏览器开发者库。

- https://bdsc.webapps.blackberry.com/html5/

BlackBerry 黑莓平台开发文档，提供开发文档、API 文档及 Web App 的简单示例。

- http://www.webkit.org/

Webkit 开源项目的浏览器，你可以在这里找到 Webkit 的特性介绍、开发者文档、示例等。

12.3　网站或社区的推荐

目前，无论国内还是国外，关于 HTML5 技术的讨论非常激烈，很多开发者都在尝试使用 HTML5 开发各种小应用及小游戏。希望以下这些网站或社区能给读者帮助。

- http://www.mhtml5.com/

HTML5 研究小组官方网站。该小组专注于 HTML5 技术在中国的发展和应用，致力于 HTML5 知识的交流、分享、推广。读者可以从这里获得最新 HTML5 资讯、活动及各种学习资源。在这里还可以每周阅读到由国内开发者参与整理的 HTML5 周刊，参与小组定期举办的各种线上线下的沙龙和培训。

- http://www.html5china.com/

HTML5 中文网。该网站主要提供新闻资讯、技术文档、视频教程、游戏源码、人才交流及论坛等服务。读者可以在这里找到 HTML5 大部分标准的学习资源。

- http://html5weekly.com/

如果你想了解国外 HTML5 的最新情况，可以在 html5weekly 留下你常用的电子邮件，html5weekly 会定期发送 HTML5 最新资讯给你，当然你所订阅的资讯基本上以英文为主。

- http://html5test.com/

该网站主要提供用户检测指定浏览器支持哪些 HTML5 新特性，并给出该浏览器的评估分数。你还可以通过在移动平台上的 Web 浏览器访问该网站来查看浏览器对 HTML5 的支持情况。

- http://mobilehtml5.org/

该网站提供 HTML5 标准在移动平台上的各种 Web 浏览器的支持情况一览表。

12.4 移动 Web 应用框架

实际上，目前移动 Web 应用框架不仅仅只有本书中提及的三种，其实还有很多非常优秀的移动 Web 框架库。在这里向读者推荐以下这些框架，如有兴趣可以阅读相关的文档。

- mobl

mobl 是一个新的开源编程语言，该语言主要用于加速手机应用程序的开发效率，使用 mobl 能够构建支持任何 HTML5 技术的手机 Web 应用程序。

- Dojo Mobile

Dojo Mobile 是一套移动 Web 应用程序框架，是 Dojo 的一个子项目。该框架主要为移动设备提供 Web 富客户端应用的开发，并且提供了 iPhone 和 Android 两套主题。

- The-M-Project

The-M-Project 是一套开源的基于 HTML5 的 JavaScript 框架，通过它能够开发出各种 HTML5 应用，并且支持多种移动平台，如 iOS、Android、Palm WebOS、BlackBerry 等。

- Titanium

Titanium 是一个和手机平台无关的开发框架，通过它能够开发出具有本地应用效果的 Web 应用程序。目前主要支持 iPhone 和 Android 手机。

- iWebkit

iWebkit 是一个模拟 iPhone native app 外观的手机 Web App 应用程序框架。